# Joconde

## Cakery

# 조꽁드 케이커리

ISBN 978-89-314-6782-6

독자님의 의견을 받습니다.
이 책을 구입한 독자님은 영진닷컴의 가장 중요한 비평가이자 조언가입니다. 저희 책의 장점과 문제점이 무엇인지, 어떤 책이 출판되기를 바라는지, 책을 더욱 알차게 꾸밀 수 있는 아이디어가 있으면 이메일, 또는 우편으로 연락주시기 바랍니다. 의견을 주실 때에는 책 제목 및 독자님의 성함과 연락처(전화번호나 이메일)를 꼭 남겨 주시기 바랍니다. 독자님의 의견에 대해 바로 답변을 드리고, 또 독자님의 의견을 다음 책에 충분히 반영하도록 늘 노력하겠습니다.

파본이나 잘못된 도서는 구입처에서 교환 및 환불해 드립니다.

이메일 | support@youngjin.com

주소 | (우)08507 서울특별시 금천구 가산디지털1로 128 STX-V타워 4층 401호
등록 | 2007. 4. 27. 제16-4189호

STAFF
저자 조꽁드 허혜원 | 책임 강상희 | 기획·편집 강상희, 정은아 | 편집 한지수, 최용준, 김서정
내지·표지 디자인 강민정, 류금혜 | 디자인 일러스트레이터 허지원 | 영업 박준용, 임용수, 김도현, 이윤철
마케팅 이승희, 김근주, 조민영, 김민지, 김진희, 이현아 | 제작 황장협 | 인쇄 제이엠

# 조꽁드 케이커리

저자 조꽁드 허혜원

YoungJin.com Y.
영진닷컴

## 조꽁드 케이커리를 펴내며

베이킹에 푹 빠지거나 또 그 길을 직업으로 삼은 사람들의 이야기를 들어 보면 어릴 때
부터 빵과 과자가 좋아서 이런 일을 꼭 해 보고 싶었다던가, 원래 요리 솜씨로 소문이 자
자하던가, 가족을 위해 건강한 과자를 만들고 싶었다던가, 베이킹에 관해 좋은 교육을
받을 기회가 있었다던가 하는 무언가 그렇게 될 만한 '동기'가 있는 것 같아요.

하지만 저는 특별히 잘하는 것이 없는 평범한 한 아이의 엄마였죠. 제 인생에서 베이킹
이란 그냥 미지의 세상이었어요. 게다가 케이크, 과자, 빵 이런 것은 일절 좋아하지도 않
았죠. 그러던 어느 날 난데없이 몸에 이상 증상이 생겼어요. 음식을 먹으면 소화가 잘 안
되고, 어지럼증이 심하여 아무것도 할 수가 없는 지경이었죠. 한 1년간 힘든 날을 보내던
중 '갑자기!' 케이크가 먹고 싶다는 생각이 강하게 들었어요. 그냥 말도 안 되게 맛있는
케이크가 먹고 싶었죠. 그래서 그날 평생 처음으로 나만을 위해 홀 케이크를 사왔답니
다. 케이크를 자르지도 않고 퍼먹으면서 생각했어요.
'나도 이렇게 예쁘고 맛있는 케이크를 만들어 보고 싶다….'
마침 이웃에 제과를 좀 하는 절친한 언니가 있었어요. 수진이 언니는 예쁜 쿠키를 구워
서 이웃에게 나누어 주었고, 세상 맛있는 부들부들한 수플레 치즈 케이크를 구워서 티타
임을 가지기도 했죠. 크리스마스 즈음 언니는 치즈 케이크가 얼마나 만들기 어려운지에
대해서 말해 주었고, 저는 잘 이해를 못 하면서도 열심히 고개만 끄덕였어요. 그러다가
문득,
"언니 생크림 케이크도 만들 줄 알아요?"라고 툭 물어보았어요.
"당연하지!"
그리고 다음 날, 우리집 주방에서는 인생 첫 베이킹 클래스가 열리고, 생애 첫 딸기 쇼트
케이크를 만들게 되었답니다. 그날부터 하루도 빠짐없이 빵을 굽고 케이크를 만들고 크
림을 연구하는 일상이 시작되었죠. 케이크에 푹 빠져 지내면서, 해외 셰프들의 책도 찾
아 읽었고, 도움을 얻고자 SNS로 질문도 하고, 필요한 것은 배우러 갔으며, 온갖 정보를

수집해 보기도 했어요. 많은 레시피를 따라해 보며. 실패도 백만 번 경험했고요. 그 실패들 덕분에 값진 노하우도 많이 얻었답니다.

그렇게 시간이 흘러 '조꽁드 베이킹(Joconde's Baking)'까지 운영하게 되었죠. 유튜브 채널의 시청자분들이 점점 많아지고, 제 작품을 인정해 주시는 분들이 늘어나면서, 제 냉장고가, 케이크 재료들로 채워지고, 주방용품의 절반은 베이킹 도구로 넘쳐나게 되었죠. 하루아침에 인생이 이렇게 달라질 수 있을까요? 뜬금없이 케이크가 만들고 싶었고, 때마침 가르쳐 줄 사람이 나타나고…. 결국엔 베이킹 유튜버로서 나를 알리기까지….

어떻게 이런 길을 걷게 되었냐는 질문을 받으면 이렇게 대답합니다.

"저는 베이킹을 할 운명이었나 봐요."

첫 케이크를 만든 날부터 벌써 9년이 흘렀네요. 제과는 음식 만드는 것과는 다르게 정확성을 요구하고 모든 단계에서 계획성이 필요했어요. 꾸준한 연습이 있어야 결과물이 더욱 좋아지는 분야였죠. 저는 원래 덤벙대고 참을성이 부족한 사람이었지만, 과자를 굽고 케이크를 만들면서 세심하고 꼼꼼한 성격으로 변했고, 제 삶은 무언가를 꾸준하게 실천하는 삶으로 변화되었습니다. 또 하나하나 완성되는 케이크들을 보면서 소소한 행복과 만족감을 느끼게 되었고요.

9년 전에 비해 요즘은 일반인들도 베이킹에 취미를 갖고, 이 분야에 해박한 지식을 가진 분들이 정말 많아졌어요. 그리고 저의 케이크를 따라 만들어 본 분들도 많고 관심을 보내 주시는 분들이 많아졌죠. 반면, 케이크는 어렵고, 과정이 복잡하고 힘들다, 또는 나는 재주가 없어서 만들기 어렵다고 생각하시는 분들도 여전히 많아요. 그래서 저는 케이크를 좋아하고 가족을 위해 직접 만들어 보고 싶은 초보분들이 좀 더 쉽고 명확한 과정을 안내받아 괜찮은 결과물을 만드는 데 도움을 주는 책을 쓰고 싶었어요. 저 역시도 처음부터 타고난 금손이 아니었고, 실수가 잦으며 어설픈 사람이었기 때문에 낭패를 줄이고 무엇보다 성공률을 높일 수 있는 매뉴얼이 필요하다는 것을 잘 알고 있죠.

사실 베이킹을 할 때는 눈대중, 손대중 또는 느낌이 아닌 일정한 작업 스타일과 정확한 재료, 딱 맞는 온도, 적절한 도구가 매우 중요해요. 심하게는 정형화된 프로세스와 디테일한 수치를 지켜야 한결같은 패턴이 나오게 되죠. 이 모든 것이 지켜지면 누구나 멋진 결과물을 만들어 낼 수 있어요. 그래서 이 책에서는 될 수 있으면 다른 곳에선 잘 알려주지 않았던 디테일한 레시피, 예를 들면 온도, 반죽 횟수와 시간, 케이크 휘핑할 때의 팁, 필요한 과정 등을 세세하게 설명했어요. 또한 그렇게 하는 이유에 대한 배경지식과 팁도 함께 써 두었죠. 물론 이런 레시피들이 과하다고 말하는 분도 있겠지만, 기본을 익히는 사람, 초보들에게는 이런 방법이 유용할 겁니다. 보통 케이크를 반죽할 때나 생크림을 휘핑할 때 섞는 횟수와 시간에 연연하지 말고 눈으로 상태를 보고 손으로 느끼라 라는 조언을 많이 듣게 되는데, 경험이 부족한 사람에게는 그냥 막연하기만 한 얘기입니다. 처음에는 레시피대로 꼼꼼히 과정을 수행하세요. 그러다 보면 내 손에 익숙해지고, 반죽 상태를 볼 줄 아는 눈이 생기고, 또 감 잡히는 순간이 좀 더 빨리 찾아올 겁니다. 그때부터는 제 레시피가 없어도 나만의 노하우, 나만의 감을 찾게 될 거라 감히 확신합니다. 그래서 제가 만들었던 방법 그대로 – 어쩌면 전문가스럽지 못하고 유치해 보일 수 있는 – 세세한 부분도 모두 레시피에 기록했어요. 책이 가진, 글의 한계는 분명 있기 때문에 뭉뚱그려 쓰지 않고 친절히 풀어쓰기 위해 노력했답니다. 이런 제 노력을 알아 주셨으면 좋겠어요.

또한 이 책은 일반적인 레시피북과는 다르게 구성됐어요. 케이크 시트(PART 2), 케이크 필링&크림(PART 3), 케이크 데코레이션(PART 4), 마지막으로 조꽁드 케이크(PART 5)로 나누었죠. 완성형 케이크 레시피만 보여 드리는 것 보다는 여러분이 각 편에서 시트를 고르고 필링과 크림을 골라 믹스매치할 것을 제안하고 싶었어요. 42가지 케이크 시트와 68가지의 필링과 크림 레시피 중에서 원하는 것들을 선택하고 조합할 수 있답니다. 아마 무궁무진한 케이크 레시피가 만들어질 거예요. 뿐만 아니라 어렵게만 보이는 케이크 데코레이션도 따로 구성했어요. 장식물과 함께 글레이즈, 드립 레시피까지. 만들기 쉽고 자주 활용할 수 있는 기본적인 것들로 준비했죠. 조꽁드 케이크 편은 그동안 유튜브 채널에 선보였던 조회수가 높고 반응이 좋았던 레시피들을 골라, 한 번 더 보완하고 다듬었답니다. 물론 새로운 레시피도 여럿 추가했어요. 조꽁드 케이크 편은 앞부분의 시트와 필링&크림, 데코레이션을 어떻게 조합했는지 확인할 수 있는 예시로 활용해 보세요. 조금이라도 더 알려 드리고픈 '조꽁드'의 마음을 담아 레시피 하나하나에 애정을 듬뿍 담았습니다.

내가 좋아하는 맛과 취향을 넣은 '나만의 멋진 케이크'를 만들어 보세요. 그리고 매일매일 해피 베이킹 하세요.

저자 조꽁드 허혜원

## 국내 홈베이킹 시장이 성장하길 바라며

국내 홈베이킹 시장이 오늘날같이 풍요롭게 성장할 수 있게 일조한 조꽁드의 첫출간을 축하합니다. 이 책에는 누구나 따라할 수 있는 레시피가 담겼습니다. 이 책을 통해 홈베이커들이 집에서도 퀄리티 높은 케이크를 만들어, 빵 굽는 즐거움이 얼마나 큰지 더 많은 사람들이 알게 되기를 바랍니다.

(사)대한제과협회 회장 마옥천

## 이 책이 모든 분들에게 좋은 안내서가 되길 바라며

교육사업과 기술교육만을 해오던 제게 어느 날 갑자기 걸려 온 상담 전화는 아직도기억에남습니다. 꽤나 진지하게 초콜릿에 대한 질문과 자신이 원하는 것이 무엇인지 물어보시던 조꽁드 쉐프님의 목소리. 이러이러한 디자인의 초콜릿을 만들고 싶은데 가능할지 물어보시던 쉐프님의 진지함이 기억에 남아, 학원으로 오시길 권해 드렸고, 그렇게 시작된 인연은 초콜릿에 대한 수업과 다양한 이야기들, 쉐프님이 작업하시면서 생각하시던 질문들로 가득 채워졌습니다. 지금도 좋은 대화 상대로, 여러 가지 작업에 대한 이야기를 하다보면 그 순간들이 저에게는 신선한 기쁨이고, 그 좋은 인연 자체는 행운이기도 합니다. 작년 한국국제베이커리 쇼에 진행위원장을 맡으면서 쉐프님에게 대회 심사위원을 부탁드렸고 새로운 경험이라며 즐거운 마음으로 참여해 주시던 쉐프님의 모습도 기억에 남습니다. 어떠한 순간이든 최선을 다해서 진지하게 고민하시고 사소한 것 하나에도 많은 시간을 들이시는 모습은 저에게도 큰 자극이 되고 있습니다. 베이킹을 함에 있어서 기술이란 자신이 투자하고 노력한 시간만큼의 보상이라 생각하기에 그동안 쉐프님이 꾸준히 걸어오신 그 한길에 무한한 경의를 표하며, 이 책이 베이킹을 배우시는 모든 분들과 쉐프님의 영상을 사랑하시는 많은 분들에게 좋은 안내서가 되기를 바랍니다.

디어마망 오너쉐프 김효정

## 조꽁드 케이커리 시작하기 전에

- ⊘ 조꽁드 케이커리는 유튜브와는 조금 다른 레시피를 제안 드려요. 영상 이후에도 베이킹을 계속하면서, 또 책을 쓰면서 레시피에 조금씩 변화를 주었으니 제안 드리는 레시피대로 한번 따라해 보세요.

- ⊘ 조꽁드 케이커리는 초보자부터 베이커리에 능숙한 분들까지 함께 즐길 수 있도록 '조금은 과하다~' 싶은 정도로 단계를 자세하게 설명했어요. 여러 사진으로 하나의 과정을 설명 드리는 경우도 많으니 그럴 땐 사진을 덩어리로 봐 주시는 게 좋습니다.

- ⊘ 모든 재료, 특히 가루는 만들기 전에 미리 계량해 두시는 걸 잊지마세요. 많은 분들이 잊으셔서 다시 한 번 안내 드려봐요. 더해서 도구도 마찬가지!

- ⊘ 베이킹은 주변 온도에 매우 민감합니다. 따라서 만드는 공간의 온도가 너무 높지 않게 해 주세요. 여름엔 에어컨 필수!

### | 파트 2,3,4

- 시트, 필링&크림, 데코레이션 파트로 나누어 케이크를 완성할 때 필요한 A부터 Z까지, 기본적인 내용부터 응용편까지 조꽁드의 노하우를 모두 전해 드립니다.

- 이 세 파트의 레시피가 모여서 파트 5 조꽁드 케이크가 완성돼요. 다른 책에서는 소개하지 않는 재미있는 레시피도 많이 있어요. 각자 좋아하는 레시피를 활용해 다양한 베이킹이 가능합니다. 하지만 '파트 5 조꽁드 케이크'가 제겐 최상의 조합! 추천!

### | 파트 5

- 레시피에 보시면 '참고하세요'에서 파트 2, 3, 4에서 참고하실 부분의 페이지를 넣어 두었어요. 만드시기 전에 확인하시고 미리 페이지를 찾아두셔도 좋아요.

- '미리 할 일'에서는 전날이나 몇 시간 전 준비해야 할 과정을 미리 제안 드렸어요. 그러다 보니 제 레시피에서는 따로 제작 시간을 기입해 두지는 않았답니다. 보시고 미리미리 준비하시면 베이킹이 더 즐겁고 편안해지죠. 완성품도 만족스러워 집니다. 꼭 미리 봐 주세요.

- 레시피 Tip 에서는 놓히기 쉬운 부분에 대해 안내했어요. 제가 그동안 베이킹 하면서 쌓아 둔 모든 Tip 공유드려요.

- 레시피 More 에서는 하나라도 더 알려드리고 싶어서, 추가적으로 설명한 내용들이에요. 정말 '알아두면 쓸모있는 지식' 대방출!

- 케이크 조각 이미지는 제 동생의 작품이에요. 전 이 케이크 단면을 보면 너무나도 행복한데요, 이 행복을 제 동생은 이렇게 '아름답게' 표현했답니다. 이건 자랑입니다^^

# Contents

**PART 5** │ **조꽁드 케이크**

Redcurrant
Crumble Cake
레드커런트 크럼블 케이크
390

Barley Sprouts
Lime Cake
새싹보리 라임 케이크
398

Coconut
Banana Cake
코코넛 바나나 케이크
406

Peach Yogurt
Jelly Jewels Cake
복숭아 요거트
젤리보석 케이크
414

Shine Muscat
White Ganache Cake
샤인 머스캣
화이트 가나슈 케이크
422

Mango Passion
Fruit Charlotte
망고 패션프루트
샤를로트
430

Blueberry Cream
Cheese Cake
블루베리 크림치즈
케이크
438

Orange
Cranberry Cake
오렌지 크랜베리
케이크
444

Grapefruit
Earl Grey Torte
자몽 얼그레이 토르테
452

Cinnamon
Apple Cake
시나몬 사과 케이크
460

White Mocha
Caramel Cake
화이트 모카
캐러멜 케이크
468

Amazing Taste
Chestnut Cake
부드러운
인생 밤 케이크
476

Hazelnut
Chocolate Cake
헤이즐넛
초코 주르륵 케이크
486

Kakao Nips
Chocolate Glaze Cake
카카오닙스 초코
글레이즈 케이크
492

Classic Tiramisu
클래식 티라미수
498

Mint Candy Oreo
Chocolete Cake
박하사탕 오레오
초코 케이크
506

Red Velvet Cake
in White Chocolate
화이트 초콜릿을 입은
레드벨벳 케이크
514

Brown Butter
Carrot Cake
브라운 버터
당근 케이크
522

Sacher Torte
자허토르테
532

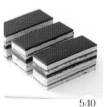
Opéra Cake
오페라 케이크
540

# Joconde
## Cakery

# 1

베이킹 도구
& 재료

Baking Tools &
Ingredients

## Baking Tools
# 베이킹 도구

자, 드디어 케이크를 만들어 보기로 마음을 먹으셨군요. 그렇다면 케이크를 만들기 전 무엇을 먼저 해야 할까요? 맞습니다. 먼저 베이킹을 위한 도구와 재료에는 어떤 것들이 있고 어떤 기능이 있는지 알고 있어야겠죠? 베이킹 도구에는 오븐, 온도계, 핸드믹서, 케이크 팬, 반죽 도구, 아이싱 도구, 기타 도구들이 필요해요. 처음 보는 도구들도 있어 뭘 준비해야 할지 어리둥절할 수는 있지만 하나하나 알아보고 내게 딱 맞는 베이킹 도구를 준비해 볼게요!

## | 오븐

'베이킹을 해야겠다' 생각하고 있다면 가장 먼저 준비해야 할 도구로 오븐을 떠올리시는 분들이 많죠? 케이크를 구울 때 사용하는 오븐은 그 기능상 열과 크기 등 어떤 기능이 있는지 알고 있어야 다양하고 맛있는 케이크를 완성할 수 있어요. 오븐은 거의 모든 케이크를 만들 때 필요한 만큼 무엇보다 오븐의 종류와 그에 따른 특징과 사용법들을 알아 둘 필요가 있어요. 지금부터 오븐에는 어떤 종류가 있는지 하나씩 시작해 보려고 해요.

### 오븐의 종류

가정에서 사용하는 오븐의 종류는 대략 전기오븐, 컨벡션오븐, 광파오븐, 데크오븐, 가스오븐, 스팀오븐, 미니 전기오븐, 에어프라이어 등이 있어요. 앞서 말했듯 오븐은 베이킹에서 매우 중요한 도구인 만큼 각 오븐에 따른 특징을 자세히 이야기해 볼게요.

### 전기오븐(Conventional Oven)

• 가열방식: 열선을 가열하여 오븐 내부를 데우는 대표적인 오븐이라고 할 수 있어요. 일반적으로 전기 코일 같은 열원이 오븐의 바닥 쪽에 있지만, 열원이 위와 아래 두 곳에 위치한 오븐의 경우에는 위·아래 열선의 온도를 각각 다르게 설정할 수 있는 기능이 있기도 해요. 상단에만 열선이 있는 오븐을 일명 브로일러(Broiler)라고 하고 대체로 구운 베이킹 제품에 추가로 구움 색을 내기 위해 사용하기도 해요. 그러나 이런 오븐은 하단에 열원이 없어 베이킹에는 적합하지 않아요. 굳이 사용한다면 아래 받치는 팬에 구멍이 뚫려 있거나 그릴망이 있는 경우에는 사용할 수 있어요. 실제로 저에게 브로일러 오븐으로 케이크를 굽다 실패했다며 왜 그런지 문의하시는 분들이 많은데요, 안타깝지만 그러한 오븐으로 케이크를 굽기에는 어렵다는 말씀

을 드릴 수밖에 없는 점 양해바랍니다.

• 굽는 방법: 전기오븐은 내부의 열선에서 발생하는 뜨거운 파장으로 인해 오븐 전체를 가열하는 복사열과 뜨거운 공기가 상승하는 대류열이 발생하게 되는데 이 복사열과 대류열로 반죽과 음식이 익고 데워져 제과, 제빵에 적합해요. 오븐 안에서 일정한 결과물을 얻을 수 있는 가장 좋은 공간은 온도가 너무 뜨겁거나 너무 차갑지 않은 중간구역이에요. 그런 이유로 케이크 팬 한 개를 구워야 한다면 전기오븐의 정중앙에 놓아서 구워요. 그렇지 않고 열기가 몰리는 상단에 케이크 팬을 놓으면 너무 빨리 익거나 타는 경우가 많아요. 그래서 쿠키를 구워야 할 때는 베이킹 도중 상단 팬과 하단 팬의 위치를 바꿔 주는 것이 좋아요. 또한 안쪽보다 도어쪽 온도가 낮은 편이어서 베이킹 중간에 팬을 앞뒤로 돌려 주어야 해요. 위치를 바꿔 주어야 하는 시점은 제품이 부풀 만큼 부풀어 안정권에 들었을 때가 좋은데요, 대략 총 굽는 시간의 2/3가 지난 시점입니다!

## 컨벡션오븐(Convection Oven)

• 가열방식: 오븐 내부 뒷면에 팬과 열선이 있고, 내부팬이 열을 순환시켜 뜨거운 공기가 고르게 퍼지도록 만들어 줘요. 즉, 강제적으로 대류를 만들어 예열이 빠르고 굽는 동안 온도가 일정하게 유지되는 것이 장점이에요. 최근 시중에서 판매하고 있는 열선오븐에 컨벡션 기능(Fan-Assist Oven)이 포함되어 있는 제품들이 있는데 원하는 대로 팬을 껐다, 켰다 할 수 있어 두 오븐의 장점을 모두 가졌다고 볼 수 있어요. 그러나 처음부터 끝까지 팬이 돌아가는 컨벡션오븐과 비교하면 바람이 약하거나

©smeg.korea

팬이 돌아가는 동안에는 열선 온도가 오르락내리락 하며 안정적이지 못한 경우도 있어요.

• 굽는 방법: 컨벡션오븐은 온도를 전달하는 능력이 뛰어나 많은 양을 한 번에 구울 수 있고, 열선오븐과 달리 오븐 내부 어느 곳이든 반죽을 올려 구울 수 있지요. 그러나 강한 열풍으로 인해 묽은 반죽을 넣어 구울 때는 한쪽으로 기울어지는 모양으로 만들어지기도 해요. 이때는 상대적으로 바람의 영향이 덜한, 오븐 가장 상단에 두고 굽는 것이 좋아요. 또한 이러한 열풍 기능으로 인해 열선오븐에 비해 베이킹 제품의 겉면이 바삭하게 구워지기도 하는데, 이는 어떤 종류의 베이킹이냐에 따라 단점이자 장점이 될 수도 있어요. 그리고 롤케이크나 비스퀴같이 얇은 시트를 구울 때는 바닥이 들떠서 구워지기도 해요. 이럴 때는 오븐 가장 아래쪽 바닥에 팬을 두거나, 팬을 한 장 더 덧대면 그러한 현상이 줄어들어요. 팬을 두세 장씩 넣고 구워야 한다면 아무리 컨벡션오븐이라 해도 구석구석 온도가 일정하지 않을 수 있어요. 이때는 될 수 있으면 열풍이 잘 순환할 수 있도록 맨 아래 단은 비워 두세요. 그런 뒤 예열온도를 높이는 등 조절하면 됩니다.

## 광파오븐(Light Wave Oven)

• 가열방식: 전기오븐의 한 종류로 오븐 내부에 전기열선과 할로겐등이 함께 있어서 다양한 요리를 만들 수 있는 기능에 초점을 맞춘 제품으로, 우리나라 대기업에서 제품의 특징을 강조하기 위해 만들어진 이름이에요. 열선의 복사열뿐 아니라 할로겐의 원적외선이 음식 내부로 바로 침투해 더 빠르게 조리할 수 있는데 전자레인지, 컨벡션오븐, 스팀 기능까지 추가한 복합오븐이 주를 이

루고 있죠. 그러나 바닥쪽에 열원이 없는 오븐이라면 예열기능과, 강한 아래쪽 열선으로 반죽을 부풀게 만드는 힘이 필요한 베이킹에는 어려움이 있어요. 그래서 기존의 열선오븐에 맞는 베이킹 레시피를 광파오븐에 맞게 조절해야 할 필요도 있지요. 그런데도 많은 분이 이 광파오븐으로 성공적으로 쿠키나 케이크를 굽고 있는 것을 보면 정말 어떤 오븐이든 사용하기 나름이라는 생각이 들곤해요.

껐다켰다를 반복하기 보다 계속 켜 두는 것이 차라리 나을 수 있어요. 예열시간이 길었던 만큼 온도가 떨어지는 시간도 오래 걸려요. 마지막 구울 때 시간만 잘 조정하면 오븐의 잔열을 이용하는 것도 괜찮은 방법입니다.

## 데크오븐(Deck Oven)

• 가열방식: 제빵학원이나 베이커리에서 가장 많이 사용하는 큰 오븐이에요. 위·아래쪽에 열원이 있지만, 겉에서 보이지 않게 데크(Deck)로 가려져 있고 열원의 온도도 각각 설정할 수 있어요. 뜨거운 데크에 빵이나 팬을 올려 그 열이 바로 전달되는 전도열과 적외선 열파장이 침투하여 전체를 익히는 복사열을 이용하죠. 예열 시 전력소모량이 많고, 시간도 좀 걸리지만 최근에는 컨벡션오븐 수준의 전력소모량을 가진 가정용 데크오븐도 판매되고 있어요. 저도 사용해 봤는데 수플레 케이크부터 스펀지 케이크, 버터 케이크 그리고 빵까지 아주 잘 구워져서 매우 만족스러웠답니다. 여러분들도 기회가 된다면 데크오븐을 사용해 보시길 추천드려요.

• 굽는 방법: 예열시간은 보통 30분 정도로 꽤 걸리지만 일단 예열되고 나면 온도가 매우 안정적으로 유지되어 제과·제빵 제품 모두 잘 구워져요. 이러한 방식의 오븐은 빵이나 케이크를 굽는 도중 스팀을 추가할 수 있어서 겉이 딱딱하고 속은 기공으로 가득 찬 아름다운 빵을 구울 때도 아주 좋아요. 또 대만 카스텔라나 수플레 치즈 케이크 같은 중탕법이 필요한 가벼운 케이크를 만들 때 안성맞춤이죠. 또한 어느 것을 굽든 겉면이 마르지 않아서 베이킹 결과물이 촉촉하게 나온다는 장점이 있어요. 예열시간도 좀 길기 때문에 많은 베이킹을 해야 한다면

## 가스오븐(Gas Oven)

• 가열방식: 내부에 천연가스나 프로판가스를 사용하는 버너가 있는 오븐으로, 보통은 바닥쪽에만 버너가 있지만, 상부에 버너 또는 전기열선이 함께 있는 제품도 있어요. 대부분 가스쿡탑과 일체형으로 만들어져요. 오븐 내부의 온도조절 장치가 열을 측정하고 조절하여 오븐이 너무 뜨거워지지 않고 일정한 온도로 유지되도록 해요. 원하는 온도에 도달하면 버너가 꺼지거나 불 크기가 조정되고 온도가 내려가면 자동으로 다시 켜지죠.

• 굽는 방법: 버너가 연소할 때 수분을 공기 중으로 방출하여 소량의 수증기가 생겨서 베이킹 제품이 건조해지지 않고 촉촉하면서 풍미가 잘 보존되는 결과물이 만들어지지요. 단점은 처음부터 실질적인 화력을 쓰기 때문에 강하게 예열되고 온도가 안정화되는데 시간이 좀 걸려요. 게다가 버너 사용 시 섬세한 온도조절이 어려워 오븐 온도계를 사용하길 추천드려요. '가스오븐은 아래쪽에만 버너가 있으니 아래는 쉽게 타고 위에는 잘 익지 않겠다' 생각할 수 있지만 사실 컨벡션오븐을 제외한 모든 오븐은 내

부의 뜨거운 열이 상부로 집중돼서, 만일 가스오븐으로 만든 제누와즈의 윗면이 눅눅하다면 해결 방법은 오히려 오븐 윗단에 올려 굽는 거예요. 오븐의 열기는 위로 몰려 있어서 오히려 예열온도를 살짝 높인 후 중간단보다는 맨 윗단에 올려 구워야 눅눅해지는 현상을 줄일 수 있죠. 쿠키나 발효빵이 아주 잘 구워져요. 그뿐만 아니라 아주 연약한 수플레 치즈 케이크도 화력만 잘 조절한다면 좋은 결과물을 얻을 수 있어요.

## 오븐의 선택

많은 종류의 오븐이 있지만 목적에 맞게 잘 사용한다면 매우 좋은 결과를 얻을 수 있어요. 따라서 오븐을 선택할 때는 자신이 어떤 베이킹을 주로 할 것인지 먼저 생각해 보고, 설치 공간의 크기나 오븐의 사용전력 등을 고려해야 해요. 꼭 유명한 브랜드 오븐이나 비싼 오븐이 가장 좋지만은 않아요. 그럼에도 적절한 온도 유지와 베이킹 결과물의 질을 위해서는 지나치게 작거나 저렴한 제품은 피하는 것을 추천해요. 미니 오븐의 경우 열선이 너무 가까워 베이킹 제품의 일부만 타거나, 용량이 적어 케이크 팬을 넣었을 때 여분 공간이 많이 좁아 열의 대류가 잘 이루어지지 않고 도어를 열 때마다 열기가 순식간에 빠져나가기도 하고요.

어떤 오븐이든 모든 종류의 케이크, 과자, 빵, 심지어 음식까지 다 잘 만들어지는 만능 오븐은 없어요. 그래서 나의 베이킹 스타일을 꼭 먼저 생각해야 해요. 좋다는 전문가용 컨벡션오븐을 갖춰놓고 스콘만 구울 수는 없잖아요. '나는 주로 빵을 굽고 싶다'면 미니 데크오븐이라도 사용해 봐야겠죠. 그런 숙고의 시간을 거쳐 내게 맞는 오븐을 선택했다면 그다음으로 오븐의 기능을 잘 이해하고 연구해야 해요. 그렇게 해야 후회 없이 꾸준히 멋진 케이크나 과자를 구울 수 있으니까요.

## 오븐의 이해

실제로 저 역시 오븐을 잘 이해하기 위해 한 번에 네 가지 오븐을 사용하고 테스트해 보기도 했어요. 각각의 오븐에 한때 유행했던 마카롱도 밤낮으로 구워 보고, 케이크도 수없이 만들어 보았어요. 결국 오븐이 달라지면 같은 제누와즈 반죽, 같은 온도, 같은 시간으로 구운다 해도 모두 다 다르게 만들어지더라고요. 어떤 것은 정말 완벽하게 만들어지지만 어떤 것은 너무 바싹 구워지거나 너무 부풀고 어떤 것은 축축해요. 그렇다면 제 테스트 결과, 가장 만족스러웠던 제누와즈를 구운 오븐이 가장 좋은 오븐일까요? 여러분도 상식적으로 '당연히 그건 아니지'라는 생각이 들 거예요. 그러니 좋은 결과를 얻지 못한 오븐이 있다면 그 능력에 편견을 갖지 말아야 해요.

일단 오븐을 잘 사용하기 위해서는 그 오븐의 용량이나 가열방식 등의 조건을 먼저 인지해야 해요. 열풍 때문에 쉽게 건조해지는지, 열선이 아래쪽에만 있어서 바닥은 타는데 윗부분은 축축해지는지, 미니 오븐이라 공간이 협소해서 균일하게 부풀지 못하고 구움색이 여기저기 달라지는지, 온도는 어떻게 유지되는지를 잘 관찰해 둬야 해요. 그 후 레시피의 순서나 정보 대신 오븐에 맞춰 온도를 조절하고, 팬을 덧대거나 위치를 바꾸고, 심지어는 반죽법이나 레시피를 조정해야 할 수도 있어요. 이렇게 몇 가지 연습을 통해 내 오븐의 능력을 끌어내면 되는 거죠. 하루 이틀만 시간을 내서 시도해 보세요. 그러면 앞으로의 시간 낭비, 비용 낭비, 감정 낭비를 대폭 줄일 수 있을 거예요.

## 오븐의 적정 온도

오븐 온도를 설정하고 굽는 일은 단순한 작업이지만 사실은 제일 먼저 예민하게 살펴야 하는 과정 같아요. 제가 유튜브를 하면서 가장 많이 받은 질문 중 하나가 바로 오븐 온도에 관한 거였어요. 레시피 대로 온도를 설정하고 구웠지만 너무 많이 구워졌다든가 반대로 케이크가 익지 않았다든가, 내가 만든 케이크는 영상에서 본 것처럼 부풀지 않더라 등등…. 그때마다 도움을 드리고 싶어도 여러분들이 사용하는 오븐의 종류와 기능을 모르기 때문에 도움을 전하기에는 한계가 있었어요.

오븐의 종류도 다 다르지만 같은 브랜드, 같은 모델의 오븐이라도 정말 조금씩 다른 현상이 나타나요. 가장 일반적이고 평범한 레시피를 제외하고 쉬폰 케이크나 수플레 치즈 케이크 등의 예민한 베이킹을 할 때뿐만 아니라 쿠키나 컵케이크도 반죽법에 따라 예상과는 다르게 만들어지는 경우를 많이 보았어요. 그래서 오븐을 이해하고 온도를 설정하는 일은 무척 어려운 것 같더라고요.

이런 고민이 생길 때 제가 가장 많이 제안하는 방법이 있죠. 오븐의 적정 온도를 알고 싶다면 아래와 같이 순서대로 적용해 보세요.

---

✦ 알아두세요

**오븐의 적정 온도 찾는 방법**

① 먼저 오븐 온도계를 하나 이상 마련하세요. 왜냐하면 사실 오븐의 설정 온도와 오븐 속의 실제 온도가 다른 경우가 대부분이라고 해도 과언이 아니라서 온도계로 측정해 보길 추천하는 거예요. 여기서 제가 '하나 이상'이라고 한 이유는 오븐의 윗단, 아랫단, 또는 깊숙한 안쪽과 문쪽 그리고 정중앙과 가장자리를 비교하면 온도차가 나기도 해서예요. 때문에 두 군데 이상 온도계를 놓고 테스트해 보면 내 오븐의 대략의 '온도 지도'를 그릴 수 있지요.

② 비어 있는 오븐의 정중앙에만 온도계를 넣고 170℃로 20분간 예열하는데 170℃는 평균적인 케이크 굽는 온도예요. 20분간 예열하라는 이유는 오븐이 설정 온도에 도달하면 가열을 멈추었다가 온도가 떨어지면 다시 재가열하는데 20분 정도가 지나야 온도가 안정권에 도달하기 때문이에요. 여하튼 20분 이후 오븐의 설정 온도와 온도계 온도가 얼마나 차이가 나는지 10분 이상 지켜보세요. 제 경우 컨벡션오븐과 데크오븐을 측정해 보니 설정 온도보다 항상 10℃~15℃ 이상 높게 유지되었어요. 열선오븐을 온도계로 측정해 보니 10℃ 낮게 유지됐고요. 그런 뒤 한참

---

예열 중인 오븐 문을 케이크 팬을 넣을 때처럼 한 번 활짝 열었다가 닫아 보세요. 그때 바로 온도계의 눈금이 15℃ 이상 떨어지면 그런 오븐은 예열온도를 좀 더 높이면 돼요. 그리고 반죽을 넣은 후에는 원래 굽는 온도로 낮춰 구워 주세요.

③ 위와 같이 기본적으로 내 오븐이 설정 온도보다 낮은지 높은지를 대강 파악했다면 가장 기본 품목을 한가지 정해 실제로 구워 봐요.

기본 제누와즈로 설명을 해 볼게요. 오븐을 제누와즈 레시피 온도대로 설정하고 20분 이상 예열합니다. 제누와즈 반죽을 담은 팬을 예열한 오븐의 가장 정중앙에 올려놓고 온도계를 그 바로 옆에 올려 둔 채 제누와즈를 구워 보세요. 처음에는 레시피에서 정한 시간까지 쭉 구워 주세요. 굽는 중간에 내 오븐이 설정 온도로 계속 유지되는지 높아지는지, 아니면 오히려 낮게 유지되는지 확인하세요. 만일 구운 결과가 좋았다면 그때 당시 오븐의 설정 온도와 온도계가 가리키는 눈금을 꼭 기록해 두세요. 그 반대라면 다음에는 오븐의 온도를 올리거나 낮추는 조정이 필요하겠죠. 이런 식으로 내 오븐이 가진 조건을 이해했다면 그 조건을 항상 염두에 두고 온도를 조절해 가면서 내 오븐의 능력을 끌어내세요.

---

▎베이킹 온도계

오븐 온도계

비접촉 온도계

탐침 온도계

베이킹을 능숙하게 하기 위해 가장 중요한 조건 중 하나가 오븐의 실제 온도를 이해하는 것뿐만 아니라 재료의 온도와 반죽 온도도 잘 알고 이해해야 하죠. 그래서 베이킹을 할 때 오븐 내부의 실제 온도를 잴 수 있는 오븐 온도계와 제누와즈부터 버터 케이크 크림까지 재료나 반죽 온도를 잴 수 있는 비접촉(적외선) 온도계 또는 탐침 온도계를 구비해 두면 좋아요. 오븐 온도계는 오븐 안에 걸거나 세워 둘 수 있는 제품을 선택하세요. 비접촉 온도계는 적외선으로 재료의 온도를 빠르고 간편하게 잴 수 있어 편리하지만 탐침 온도계와 비교하면 측정이 편리한 대신 가격이 높죠. 탐침 온도계는 재료에 직접 꽂아 온도를 체크할 수 있는데 측정 시간은 좀 걸리지만 가격은 저렴한 편이죠.

## | 핸드믹서

핸드믹서를 구입할 때는 본체가 너무 가볍고 모터 힘이 약한 저렴한 가격의 제품은 제외하세요. 파워용량이 낮아도 파워풀하게 작동하는 제품도 있지만 그렇다 해도 휘핑 시간이 길어지면 본체가 뜨거워져 곧 과열되어 멈춰 버리기도 해요. 간단한 베이킹을 할 때는 상관없지만 머랭을 많이 만들어야 한다든가 제누와즈 등을 자주 굽는다면 핸드믹서를 고를 때 모터 힘을 먼저 살펴보는 것이 좋겠죠. 제 경우 최소 200W 이상의

제품이 좋았고 현재는 300W 수준의 핸드믹서를 사용하고 있어요. 반대로 힘이 아주 좋은 핸드믹서는 만족도가 높을지는 몰라도 모터 힘에 비례하여 본체가 제법 무거워질 수 있어요. 이 점 잘 살펴보고 구입하면 도움이 될 거예요.

핸드믹서에 속도조절 스위치 기능이 있어 최소 5단 정도 속도를 조절할 수 있는 제품을 선택하세요. 머랭을 만들 때 속도조절을 섬세하게 하면 결과도 좋거든요. 하지만 그렇다고 해서 조절 단계가 다양한 제품이 더 좋다는 이유는 딱히 없었어요. 또한 핸드믹서를 들고 휘핑을 할 때 잡고 있는 손의 엄지 등으로 스위치를 쉽게 켜고 끌 수 있는 구조인지도 확인하세요.

본체뿐 아니라 핸드믹서의 거품날 내구성도 파악하세요. 너무 저렴한 제품은 사용한 지 얼마 안 돼서 거품날이 틀어지기도 해요. 이런 경우 거품날은 소모품인지라 AS가 되지 않고 별도로 구매해야 하죠. 그래서 거품날을 구입할 때 기본 구성 이외에 추가로 한 쌍을 더 구입하길 추천합니다. 부러질 경우를 예상해서라기보다는 별립법 스펀지를 만들 때 노른자 거품을 만든 뒤 바로 흰자 머랭도 올리는데 그 과정에서 거품날을 씻어 가면서 하다가는 그사이 거품이 가라앉을 테니까요. 저도 핸드믹서를 살 때 거품날도 같이 여러 쌍 구비해 놓았더니 행복한 휘핑을 느긋하게 할 수 있었답니다.

간혹 핸드믹서의 전기코드가 꽤 짧은 제품도 있어요. 이런 부분까지 생각하지 못했다가 정작 베이킹을 할 때 불편을 겪을 수 있으니 구입하기 전 미리 살펴봐야 합니다. 해외 직수입 제품을 사용하는 경우라면 핸드믹서의 필요전압이 국내표준과 맞지 않아 변압기 등을 사용해야 할 수도 있으니 직구를 하기 전 이점을 고려해야 합니다.

원형팬

시트팬

정사각팬

## 케이크 팬

케이크를 오븐에 구울 때 반죽 등을 담을 팬이 필요한데 케이크 팬에는 모양에 따라 원형팬과 정사각팬, 시트팬으로 나눌 수 있어요. 먼저 원형의 케이크를 구울때 사용하는 원형팬에는 코팅팬, 알루미늄팬, 실리콘팬 등이 있어요. 우리나라에서는 미니(지름 12cm), 1호(지름 15cm), 2호(지름 18cm), 3호(지름 21cm)가주로 쓰여요. 높이는 5cm, 7cm 등이 주로 쓰이며 그밖에도 다양한 크기의 팬이 있어요. 이 책에서는 제누와즈용으로 15(지름)×7(높이)cm 팬을 사용했어요. 정사각팬 역시 미니, 1호팬, 2호팬, 3호팬 등 다양한크기가 있지요.

시트팬(Sheet Pan)은 얇고 넓은 모양의 사각팬이에요. 케이크 베이킹에서는 롤케이크 시트, 비스퀴 조콩드 그리고 비스퀴 아 라 퀴에르 등을 구울 때 사용해요. 오븐팬도 코팅팬, 알루미늄팬, 실리콘팬 등이 있어요. 얇고 넓은 메탈 재질의 팬은 온도가 매우 높은

오븐에 넣거나 뜨거운 팬을 급하게 차가운 물로 씻었을 때 뒤틀리는 현상이 나타나기도 하죠. 이는 팬이고르게 가열되거나 냉각되지 않아 균일하지 않게 부분부분 팽창하거나 수축해서 그래요. 대부분의 팬에서 생길 수 있는 현상이지만 특히 팬의 두께가 너무얇을 때 잘 나타나는 현상이지요. 한 번 휘어지면 잘돌아오지 않는 경우도 있으니 선택 시 참고하세요.

이 책에서는 39×29cm의 1/2 빵팬과 33×22cm 크기의 사각팬을 사용했어요. 작은 오븐용 팬일 경우 레시피 양을 조절해 주세요.

## 반죽 도구

반죽이 잘되어야 오븐에서 잘 구워지고 완성도 높은케이크가 만들어지지요. 그런데 반죽은 손으로만 할까요? 이번에는 반죽을 위한 도구들을 알아볼게요.

## 손거품기

손거품기는 스테인리스, 실리콘, 우드 재질 등이 있는데 와이어 부분에 탄력이 있으면서도 위생적인 구조의 제품을 선택해야 해요. 보통은 스테인리스 소재의 거품기를 가장 많이 사용하고 있어요. 저는 유튜브 영상을 제작하기 때문에 보기에 예쁘고 그릇과 부딪힐 때 상처를 덜 내고 날카로운 소리가 나지 않아 실리콘 손거품기를 주로 사용해요. 단 실리콘 손거품기는 오래 사용하다 보면 손거품기 끝 부분이 그릇에 자주 닿아 실리콘이 갈라져 알루미늄 살이 드러나는 단점이 있어요. 또한 스테인리스 손거품기와 비교하면 실리콘 손거품기가 무척이나 유연해서 무거운 반죽을 섞을 때는 좀 불리해요.

반드시는 아니지만 손거품기는 다양한 크기별로 가지고 있으면 편리해요. 제 경우에는 와이어 부분의 가로지름이 5.5cm, 4.5cm, 3cm 이렇게 다양한 크기의 손거품기를 가지고 있어요. 반죽양에 따라, 혹은 냄비에서 적은 양의 크림을 만들 때 적당한 크기의 손거품기를 골라 사용하죠. 와이어가 여러 개이며 촘촘히 만들어진 손거품기는 머랭이나 달걀 거품을 내는 데 유용하고 와이어 개수가 적은 손거품기는 반죽할 때 사용하기 적합해요.

## 실리콘 주걱

실리콘 주걱은 냄비의 뜨거운 크림을 저어 주거나, 시럽을 끓일때 사용 할 수 있도록 높은 온도에서도 견디는 소재이어야 해요. 반죽이나 재료의 양에 따라 크기가 다른 실리콘 주걱을 사용해 주세요.

## 믹싱볼

믹싱볼은 고온과 저온에서도 잘 견디며 충격이나 스크래치에도 강한 소재를 선택해 사용하세요. 스테인

실리콘 주걱

믹싱볼

손거품기

둥근 스크래퍼

리스, 강화 유리, 충격에 강한 도자기 재질 등이 적합해요. 플라스틱 믹싱볼의 경우 해외 제품 중에 베이킹에 적합하도록 특별히 제작한 제품이 있기는 하지만, 초콜릿을 템퍼링하거나 버터크림 조색을 하는 등의 경우를 제외하고는 중탕을 하거나 핸드믹서를 자주 사용하는 베이킹 작업에서는 적합하지 않아요.

핸드믹서를 주로 사용한다면 넓게 퍼진 그릇보다는 깊이가 있는 제품이 주변으로 생크림이 튀지 않아서 좋고 바닥은 둥글고 각지지 않아야 해요. 반죽양에 따라 믹싱볼은 각각 작은 것부터 큰 것까지 다양한 크기의 볼을 준비하면 편리해요.

### 둥근 스크래퍼

둥근 스크래퍼란 아랫부분이 둥근 스크래퍼를 말해요. 믹싱볼 안에서 버터를 쪼개거나 밀가루와 함께 반죽할 때 사용하는 용도랍니다.

## | 아이싱 도구

### 돌림판

케이크 아이싱을 케이크 시트 등에 묻히거나 바를 때 필요한 돌림판은 윗판이 회전할 때 부드럽게 흔들림 없이 돌아가야 해서 안정감과 무게감이 있는 제품으로 고르세요. 베이킹 초보라면 아이싱을 할 때 중심을 맞출 수 있는 눈금이 표시된 제품을 추천드려요.

### 아이싱 스패출러

아이싱 스패출러는 반죽의 표면을 평평하게 펼 때, 또는 소스나 크림을 펴 바를 때, 케이크 아이싱을 바를 때 그리고 케이크를 옮길 때 사용하죠. 아이싱 스패출러는 긴 메탈 블레이드 소재와 모양이지만 딱딱하지 않고 탄력이 있어야 해요. L자형 스패출러(오프셋 스

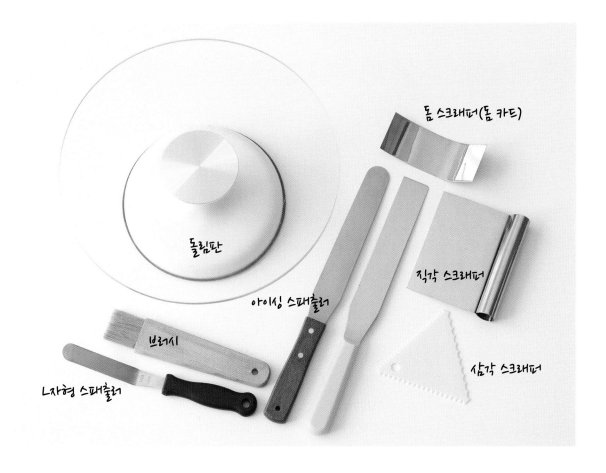

돔 스크래퍼(돔 카드)

돌림판

아이싱 스패출러

직각 스크래퍼

브러시

L자형 스패출러

삼각 스크래퍼

패출러)는 날이 L자 형태로 구부러져 있어서 코너나 팬 안쪽의 반죽 또는 크림을 펴 바르기 편하답니다.

### 스크래퍼

스크래퍼는 반죽 표면을 고르게 정리할 때, 반죽을 뭉치거나 자를 때, 반죽을 긁어모을 때, 케이크 옆면에 아이싱을 할 때 주로 사용해요. 용도에 따라 직각 스크래퍼, 빗살형(삼각) 스크래퍼, 돔 스크래퍼(돔 카드) 등등 모양, 크기, 소재도 다양해요.

### 브러시

브러시는 케이크 시트에 시럽을 바르거나 타르트나 빵에 달걀물을 바를 때, 또는 팬을 유지로 코팅할 때 사용해요. 실리콘 재질보다는 스테인리스나 나무 손잡이에 돼지 털, 가는 털이 달린 브러시를 사용해 보세요.

## | 기타 도구

## 기타 도구의 종류

### 각봉

케이크를 얇게 슬라이스할 때 두께를 일정하게 자를 수 있도록 도움을 주는 메탈 소재의 막대기예요. 그뿐만 아니라 가나슈나 쿠키 반죽을 밀어서 펼 때 사용하면 높이를 일정하게 만드는 데 도움이 되죠. 3mm부터 3cm까지 다양한 두께와 길이의 각봉이 있으니 필요에 맞게 선택하세요. 단 무게감이 있어야 케이크를 슬라이스할 때 안정감 있고 덜 움직일 거예요.

### 핀셋

케이크 장식물을 케이크에 올리고 장식할 때 사용해요. 반죽 속 티끌을 제거하기 위해 사용하기도 하죠.

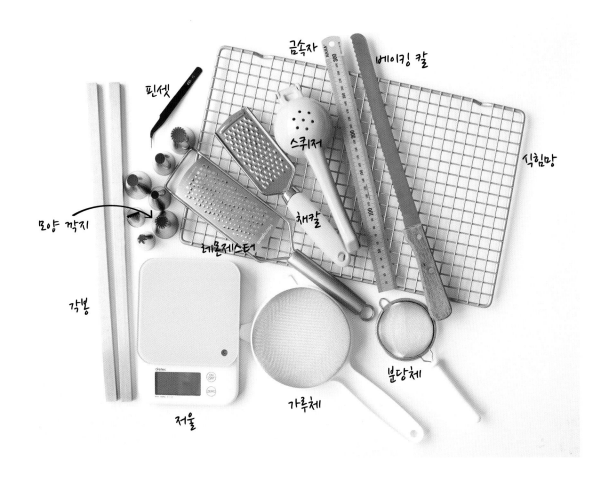

## 짤주머니

짤주머니는 '비스퀴 아 라 퀴에르'같이 짜서 굽는 반죽을 넣을 때, 크림을 조금씩 짜서 모양을 내야 할 때 사용하는데 종종 깍지를 끝에 끼워서 사용하기도 합니다. 짤주머니는 재사용할 수 있는 제품과 일회용 제품이 있어요. 저는 12inch, 14inch 크기의 일회용 짤주머니를 한 롤씩 구매해 두고 사용하고 있어요.

## 모양 깍지

케이크 필링을 위해 크림을 짜거나 케이크에 파이핑 장식을 할 때 사용해요. 깍지의 크기와 모양은 매우 다양하므로 원하는 용도에 맞게 선택하세요.

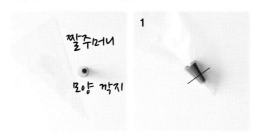

짤주머니에 깍지 끼우는 방법

1  짤주머니의 뾰족한 부분에 모양 깍지를 단단히 끼우고 깍지를 기준으로 앞에서 1/3쯤 되는 지점에 표시해요.

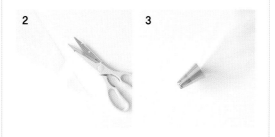

2  모양 깍지를 빼내고 짤주머니에 자국이 남은 부분을 가위로 반듯하게 잘라요.

3  다시 깍지를 짤주머니에 넣어 느슨하지 않도록 구멍에 꼭 맞게 단단히 끼워요.

## 저울

베이킹을 할 땐 단 몇 그램 차이로도 베이킹 결과물이 달라질 수 있어요. 심지어 베이킹소다, 베이킹파우더, 소금, 젤라틴 같은 재료는 소수점 단위로 계량을 해야 할 때도 있지요. 그래서 최소한 1g 단위, 더 정확히는 0.1g 단위로 계량할 수 있는 전자저울을 사용하기 권해요. 또한 전자저울에 그릇을 올려놓고 난 뒤 그릇 무게를 제외한 재료 무게만을 측정할 수 있는 '0점 리셋' 기능이 있는 제품이 좋아요.

## 레몬제스터, 채칼, 스퀴저

레몬제스터는 레몬, 라임, 오렌지, 자몽 제스트를 준비할 때 사용합니다. 채칼은 당근 케이크에 넣을 당근을 채 썰기 위해 사용하는데 채칼 구멍의 지름은 3mm 정도예요. 스퀴저는 레몬즙을 짤 때 사용하죠.

## 금속자

금속자는 케이크 시트나 템퍼링한 초콜릿 등을 자를 때 사용해요. 그래서 스크래치에 강하고 위생적인 스테인리스 소재가 좋아요.

## 베이킹 칼

베이킹 칼은 빵, 제누와즈 등의 케이크를 쉽게 슬라이스할 수 있는 칼이에요. 자주 사용하게 되는 베이킹 칼은 빵칼과 민칼입니다. 톱니가 나 있는 빵칼은 과일이 레이어드 된 케이크를 자를 때나 제누와즈 등을 얇게 슬라이스할 때 사용해요. 톱니가 나 있지 않은 민칼은 크림만 필링한 레이어 케이크나 부드러운 치즈 케이크, 무스 케이크 등을 자를 때 사용하죠.

## 체

저는 필요에 따라 다양한 크기의 체를 사용해요. 가루를 체칠 때, 씨 있는 과일 퓌레를 거를 때, 코코아 가루나 슈가파우더가 뭉쳐 있을 때 풀어 주기 위한 구멍이 작은 체 그리고 케이크 장식으로 가루를 더스팅할 때 사용하는 좀 더 촘촘한 분당체 등이 있어요.

## 식힘망

다 구워진 케이크는 신속히 팬에서 분리해 뜨거운 수분을 날려야 하는데요. 구워진 케이크를 식힘망에 올려서 식혀야 수증기가 갇히지 않고 잘 빠져나갈 수 있어요. 식힘망은 케이크가 잘 달라붙지 않는 재질과, 망 크기가 적당히 좁은 제품을 선택하세요.

## 유산지 또는 테프론시트

유산지는 베이킹 페이퍼 또는 종이호일이라고도 불러요. 유산지는 습기와 기름에 강하기 때문에 베이킹 팬에 케이크가 들러붙지 않게 만들 목적으로 사용하죠. 색은 표백한 흰색과 그렇지 않은 갈색 유산지가 있어요.

테프론시트는 질기고, 손상 없이 매우 높은 온도를 견딜 수 있으며, 재사용이 가능한 합성 소재예요. 팬에 들러붙지 않고 세척하기 쉽고 재사용이 가능해서 유산지 대신 베이킹 팬에 사용하기에 완벽하죠. 세척 방법으로는 심각한 오염이라면 먼저 닦아 낸 뒤 따뜻한 비눗물에 몇 분 담궈 놓았다가 부드럽게 잘 헹군 뒤 행주로 닦아 말리면 됩니다. 수세미를 사용하면 테프론시트에 스크래치가 나게 되니 주의하세요.
테프론시트를 더욱 위생적으로 쓰고 싶다면 사용 전에 식품용 알코올을 스프레이한 뒤 닦아 주어도 좋습니다.

## 무스띠

무스 케이크나 굽지 않는 치즈 케이크 등을 만들 때 무스링과 케이크가 쉽게 분리되도록 만드는 플라스틱 소재의 필름이에요. 다양한 폭의 사이즈가 있으니 필요에 따라 선택하면 됩니다.

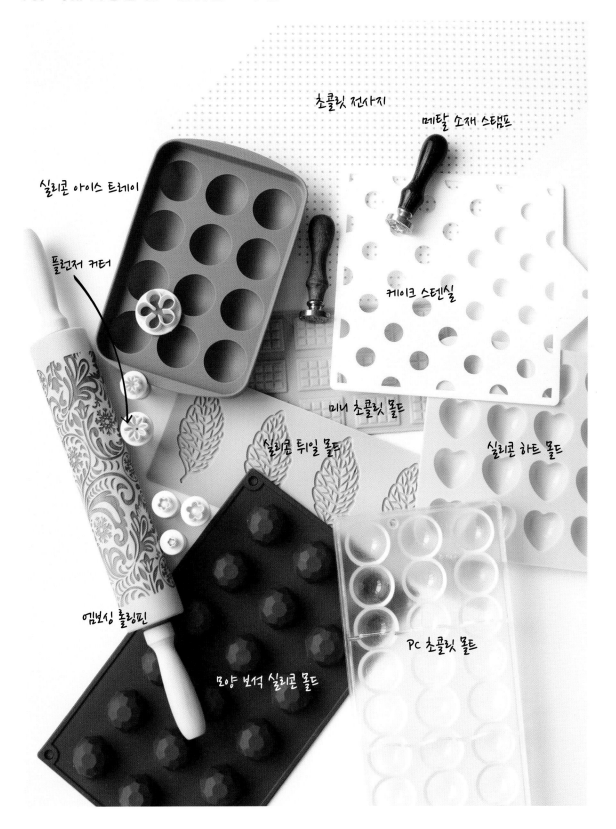

초콜릿 전사지

메탈 소재 스탬프

실리콘 아이스 트레이

플런저 커터

케이크 스텐실

미니 초콜릿 몰드

실리콘 튀일 몰드

실리콘 하트 몰드

엠보싱 롤링핀

PC 초콜릿 몰드

모양 보석 실리콘 몰드

## Baking Ingredients
# 베이킹 재료

이제 베이킹 도구에는 어떤 것들이 있고 나에게 맞는, 내가 만들고 싶은 케이크를 위해 준비해야 할 베이킹 도구는 무엇인지도 잘 알게 되었지요? 지금부터는 베이킹 재료들을 알아 볼 거예요. 베이킹 재료에는 밀가루, 달걀, 설탕, 버터와 오일, 유제품, 코코아 가루, 팽창제, 전화당, 응고제, 향을 내는 재료, 리큐르가 있답니다. 이번에도 낯선 재료들이 보이겠지만 하나하나 알아 가다 보면 어느새 베이킹을 시작할 모든 준비를 마칠 수 있을 거예요.

## | 밀가루

어나고 교차하면서 탄력 있는 그물망이 생기게 되는데 이 글루텐 망은 높은 열로 인해 팽창하는 반죽 속에서 가스를 품은 채 한껏 늘어나요. 그러다 다 구워질 무렵엔 대부분의 수증기가 증발해 이 글루텐 구조는 건조해지는데 이때 글루텐 그물망은 늘어났던 모습 그대로 굳어지게 되는 거예요. 이 흐름이 바로 밀가루가 케이크나 빵 구조를 이루는 과정입니다. 그뿐만 아니라 글루텐의 탄성 높은 막은 베이킹 완제품의 쫄깃하거나 단단한 식감 등도 결정해요.

### 베이킹의 구조를 만드는 밀가루

베이킹을 할 때 밀가루보다 더 중요한 재료는 없지요. 베이킹에서 밀가루의 주요 역할은 제과제빵 제품의 구조를 만드는 일이에요. 케이크나 빵의 구조가 이루어지고 유지되는 이유는 바로 반죽을 할 때 만들어지는 글루텐 때문이죠. 밀가루 속에 존재하는 두 종류의 단백질이 물과 만나면 서로 한 몸처럼 붙어 새로운 단백질 결합인 글루텐을 만드는데 오랜 시간 동안 반죽을 할수록, 온도가 높을수록 엉겨 붙은 단백질의 결합이 점점 늘어나게 돼요. 결국에는 글루텐이 엉기고 늘

### 베이킹 용도에 따른 밀가루의 종류

앞서 말했듯 밀가루를 반죽하면 글루텐이 만들어진다고 이야기했었죠? 그래서 내가 어떤 제과제빵을 만들고 싶은지에 따라 글루텐의 활성도가 다른 밀가루를 사용해야겠지요. 빵이 너무 푸슬거리고 흩어지거나 스펀지 케이크가 너무 쫄깃하다면 심각한 문제니까요. 그래서 밀가루는 내가 어떠한 완성품을 만들고 싶은지, 그 목적별로 글루텐 함량을 달리한 제품을 사용하면 좋겠지요. 베이킹에 사용하는 밀가루 종류 중 박력분, 중력분, 강력분의 차이를 설명해 볼게요.

## 박력분(케이크용 밀가루)(Cake Flour)

부드러운 연질소맥을 매우 미세하게 분쇄한 흰 밀가루예요. 단백질 함량은 5~8% 정도로 매우 낮고, 입자는 아주 곱기 때문에 잘 뭉쳐지고 물과 만났을 때 글루텐 발달이 적어 점성도 낮죠. 그래서 박력분으로 제누와즈나 쉬폰 케이크처럼 질감이 부드럽고 섬세한 케이크, 파이 크러스트, 비스킷, 페이스트리 등을 만들어요.

## 중력분(다목적 밀가루)(All-Purpose Flour)

단단한 겨울밀로 만든 흰 밀가루로 단백질 함량이 적당한 다목적 밀가루입니다. 중력분의 단백질 함량은 8~10%로 단백질 함량이 박력분보다는 높아서 탄력 있는 식감을 만들어 냅니다. 중력분은 반죽에 버터가 많이 들어가는 파운드 케이크, 머핀같이 묵직한 케이크들을 만들 때 자주 사용해요.

> ✦ 알아두세요
>
> **박력분이 필요한 베이킹을 만들어야 하는데 중력분밖에 없어요!**
>
> 만약 준비해 둔 밀가루가 중력분밖에 없지만 박력분 식감의 케이크를 만들고 싶다면 중력분에 옥수수 전분을 첨가해 만들면 됩니다. 레시피에 써 있는 전체 밀가루 필요량의 13~15%를 덜어 낸 뒤 덜어 낸 만큼 옥수수 전분을 섞어 주세요. 예를 들어 가지고 있는 중력분으로 박력분 100g의 효과를 내고 싶다면 87g의 중력분과 13g의 옥수수 전분 또는 85g의 중력분과 15g의 옥수수 전분을 섞어서 만드는 거죠.
>
> 중력분과 박력분의 특징이 달라서 레시피 대로 만든 완성품과 완전히 똑같지는 않겠지만 어느 정도 부드럽고 흡수성이 뛰어난 상태로 만들 수는 있어요.

## 강력분(제빵용 밀가루)(Bread Flour)

강력분은 경질밀(단백질과 부질의 함량이 높아 잘 부푸는 밀가루)로 만든 밀가루예요. 강력분은 단백질 함량이 11~13%로 다른 밀가루와 비교해 높은 편이에요. 입자는 박력분과 중력분과 비교해 거칠고 푸슬푸슬해서 베이킹에 덧가루로 쓰이기도 하죠. 또한 강력분은 글루텐이 잘 만들어지는 특성으로 인해 이스트 발효도 쉽게 잘 되어 빵을 만들 때 주로 사용해요.

# | 달걀

## 베이킹 제품의 구조를 유지해요.

달걀을 휘핑하면 기포가 생겨 거품이 만들어지는데 이 과정에서 케이크가 부풀어 오르게 되죠. 그래서 달걀양이 전체 재료의 50% 이상만 되면 화학적 팽창제를 별도로 사용하지 않아도 충분한 팽창 효과를 얻을 수 있어요. 그렇다면 달걀을 휘핑하면 어떤 원리로 이러한 결과가 나타나는 걸까요?

날달걀의 단백질 사슬은 처음엔 실타래처럼 감겨 있지만 우리가 달걀을 휘핑하기 시작하면 작게나마 단백질에 에너지를 공급하게 되어 달걀의 단백질 사슬이 풀어헤쳐지면서 단백질의 변성이 일어나요. 휘핑이 계속되면 달걀의 단백질 사슬이 다시 서로 달라붙어 안정적인 그물망이 만들어지는데 점점 그 망이 더욱 촘촘해지면서 사이사이에 공기가 포집돼요. 그런 뒤 오븐의 높은 열로 구우면 휘핑으로 인해 스펀지 구조가 형성된 단백질이 응고하기 시작하고 미처 빠져나가지 못한 공기가 내부에서 점점 팽창하게 됩니다. 이 덕분에 케이크는 안정적으로 부풀어 오르게 되고 안정적인 구조로 구워진 상태인지라 무너지지 않게 되는 거예요.

## 반죽을 안정시키는 유화제 역할도 해요.

반죽에 들어가는 재료엔 많은 수분과 그에 못지않은 지방도 포함돼요. 우리가 알다시피 물과 지방은 아무리 섞어서 흔들어 놓는다 해도 시간이 지나면 정확하게 분리가 되지요. 그런데 달걀노른자의 레시틴이라는 성분은 천연 유화제로써 반죽의 수분과 지방이 잘 섞이는 데 큰 역할을 하죠. 레시틴의 구조를 살펴보면 레시틴은 물과 친한 머리와 지방과 친한 두 개의 꼬리를 가지고 있는데 날달걀 상태일 때는 레시틴의 머리끼리, 꼬리끼리 마주 보고 있어요. 앞에서 단백질 사슬은 우리가 휘핑을 하는 과정을 통해 에너지를 얻어 그 사슬이 펼쳐진다고 했죠? 이때의 레시틴 머리는 수분을 찾고 꼬리는 지방 속으로 쏙 들어가 지방을 붙드는데 이런 형태로 레시틴이 지방을 둘러싸는 동시에 수분 속에 머물 수 있도록 만들어요. 그래서 지방과 수분이 잘 분리되지 않고 유화 작용이 일어날 수 있는 거예요. 결국 달걀의 이러한 능력으로 인해 안정된 반죽을 만들 수 있는 거죠.

## 케이크를 촉촉하고 부드럽게 만들어요.

달걀의 이러한 효과를 이야기하려면 단백질 구조를 먼저 알아야 해요. 우리가 달걀을 휘핑해 단백질 그물이 만들어질 때는 그 사이사이에 수분이 가둬진다고 했지요? 그렇게 안정적인 그물망 속에 잘 들어앉은 수분은 촉촉한 케이크를 만드는 데 일조하는 거죠. 게다가 그렇게 가두어진 수분은 케이크의 노화를 늦추

기도 합니다. 그렇다고 해서 달걀을 너무 오래 휘핑하거나 높은 열로 가열하는 일은 주의해야 해요. 그렇게 되면 오히려 단백질 그물이 더욱 좁아지고 단단해져서 수분을 쥐어 짜내고야 맙니다. 결국엔 분리현상이 나타나 완성한 케이크는 질기고 건조한 질감을 갖게 돼요.

달걀노른자의 고형분 중엔 지방이 64% 정도 차지하고 있는데 이 지방은 밀가루를 감싸서 글루텐 형성을 더디게 하거나 글루텐 가닥을 짧게 자르는(Shortening) 역할을 해요. 달걀의 지방도 쇼트닝의 성질을 지니고 있어 글루텐 형성을 최소화해 케이크의 질감을 부드럽게 만들 수 있죠. 또한 이 지방은 완성품의 조직에 들어간 수분을 가두는 보습제 역할도 해요. 즉, 달걀의 단백질과 지방이 제과나 제빵을 촉촉하고 부드럽게 만들어 주는 일등공신인 셈이죠.

## 대체할 수 없는 능력을 가지고 있어요.

노른자의 영양학적 풍부함이 없다면 구워진 베이킹 본연의 맛이 그다지 두드러지지 않아요. 그만큼 달걀의 지방은 다른 재료들로는 대체하기 어려운 풍미가 있는데 그 사실은 절대 부인할 수 없지요.

게다가 노른자의 베타카로틴 성분으로 먹음직스러운 색깔까지 낼 수 있지요. 달걀을 넣지 않은 케이크는 거의 하얀색에 가까운데 안타깝게도 그 색을 보고 우리는 군침이 돌지는 않는 것 같아요. 노르스름한 케이크가 눈으로 보기에도 더 맛있어 보이는 건 어쩔 수 없더라고요. 그래서 많은 제과제빵 레시피를 살펴보면 달걀노른자만 한 개 더 추가하는 경우를 쉽게 볼 수 있어요. 노른자의 지방 때문에 완성한 케이크가 더욱 부드럽고 촉촉하고 풍미를 가질 뿐만 아니라 먹음직스러운 색도 띠게 되니까요.

## 설탕

마스코바도

흑설탕

황색설탕

백설탕

케이크 만들 때 가장 많이 사용하는 하얀 설탕은 자당(Sucrose)이라고도 해요. 설탕은 제과에서 가장 우선

적으로 단맛을 내는 감미료의 역할을 하지요. 하지만 설탕은 단맛 이외에도 정말 다양한 재능이 있는 재료랍니다.

설탕은 케이크에 단맛을 더할 뿐 아니라 다른 맛들과의 균형을 맞춘다고 해요. 쓴맛, 신맛과 균형을 이루어 '맛있다'고 느끼게 하죠.

설탕은 보습제와 방부제 역할도 합니다. 설탕에는 주변 물분자를 흡수하는 성질인 흡습성이 있어요. 이러한 작용 덕분에 구운 제품이 촉촉하게 유지되고 노화가 지연될 수 있게 해 주고 박테리아의 성장을 막아 부패를 지연시키기도 합니다.

설탕은 윤활성도 부여합니다. 재료를 섞을 때 설탕을 넣으면 설탕이 윤활유 역할을 해 다른 재료들과 조화롭게 잘 섞이게 해요. 예를 들면 달걀에 설탕을 넣어 과한 거품을 안정시키기도 하고 유지류에 섞어 휘핑해 다른 재료와의 혼합을 용이하게 하지요. 슈가파우더나 옥수수 전분처럼 쉽게 뭉치는 가루를 넣어야 할 때도 설탕과 먼저 섞은 뒤에 넣으면 고르게 분산시키는 데 도움이 돼요.

마지막으로 설탕은 먹음직스러운 색을 내 줍니다. 설탕은 굽는 동안 열에 의해 캐러멜화(Caramelization) 또는 단백질과 반응(Maillard Reaction, 마이야르 반응)하게 되는데요. 이는 케이크 표면이 먹음직스러운 황금빛 구움색을 띠도록 만들어 줘요.

밀가루의 경우와 같이 베이킹에 사용하는 설탕의 종류도 알아 볼게요.

### 비정제 함밀원당 또는
### 마스코바도(Mascobado Sugar), 흑당

각각 다른 단어로 보이지만 모두 100% 사탕수수 원당을 부르는 이름이에요. 사탕수수의 불순물을 제거하고 끓인 후 정제하지 않고 수분만 증발시켜 만든 설탕으로 여기에는 자당 성분과 당밀이 모두 포함되어 있어요. 비정제 함밀원당을 필리핀에서는 '마스코바도', 대만과 일본에서는 '흑당'이라고 부르죠. 이 사탕수수 원당의 색은 갈색이며 윤기는 없고 입자가 균일하지 않고 당밀을 분리하지 않았기 때문에 많은 미네랄과 영양소가 들어 있지요. 당도는 백설탕에 비해 낮지만 더 진하고 깊은 단맛을 내요.

### 비정제 분밀원당 또는 갈색설탕

비정제 분밀원당은 함밀원당을 원심분리기에 넣어 자당과 당밀을 분리하여 만들어진 설탕으로 함밀원당에 비해 결정의 크기가 균일하고 윤기가 나요. 백설탕보다는 입자가 커서 물에 잘 녹지 않아요.

### 백설탕

원당을 정제하고 표백하는 등 화학적 처리를 한 설탕이 백설탕이에요.

### 황색설탕

백설탕을 녹여 캐러멜 상태를 만든 후 다시 재결정화한 설탕이에요. 연한 갈색을 띠고 있지만 맛과 성분은 백설탕과 거의 같아요.

### 흑설탕

황색설탕에 캐러멜을 한 번 더 입힌 설탕이 흑설탕이죠. 마스코바도나 흑당과 비슷해 보이지만 전혀 달라요.

### 슈가파우더(Sugar Powder)와 분당

슈가파우더는 백설탕을 곱게 갈아 만든 설탕인데요. 입자가 고와 쉽게 뭉쳐지기 때문에 5% 정도의 소량의 전분을 넣어 만들어요. 분당은 백설탕을 곱게 간 뒤 전분을 넣지 않은 가루 설탕입니다.

### 데코스노우(Deco-Snow) 또는 데코화이트

곱게 간 정제설탕에 전분과 식물성 유지를 섞어 습기와 높은 온도에서도 쉽게 변하지 않게 만든 설탕이에요. 잘 녹지 않기 때문에 케이크 장식용으로 사용하곤 하는데 구워도 색이 잘 변하지 않아 쿠키나 슈톨렌 등에도 뿌리고 굽는 데 사용하지요.

## | 버터와 오일

버터와 오일은 베이킹을 할 때 지방이 필요한 재료에 가장 많이 쓰이는, 베이킹에서 가장 중요한 재료 중 하나지요. 베이킹에서는 버터, 마가린, 쇼트닝 그리고 오일까지 다양한 종류의 지방이 사용되곤 하는데요. 이 책에서는 그중에서도 아무래도 홈베이커들이 가장 선호하고 많이 사용하는 버터와 식물성 오일만 이야기해 볼게요.

## 버터

## 좋은 풍미와 촉촉함을 줍니다

버터를 사용하면 베이킹 제품에 좀 더 깊은 맛과 풍미를 주지요. 고소함과 부드러운 향은 버터 자체에서 나오는 것도 있지만 구워진 후에 더욱 확실해지는 것을 느낍니다. 또한 지방이 다른 재료들 속에 있는 풍미를 끌어내는 역할을 한답니다. 예를 들어 케이크에 기본 재료 뿐 아니라 바닐라빈이나 초콜릿 또는 허브를 사용한다면, 버터의 지방은 그 재료의 향과 풍미를 흡수하여 곳곳에 분산시켜 줍니다. 그래서 베이킹에서 지방은 더욱 풍미를 주는 재료일 수밖에 없어요. 이것은 오일을 사용해도 마찬가지 효과가 나타납니다.

## 부드러운 질감을 갖게 합니다

지방은 케이크와 과자를 좀 더 부드럽고 가벼운 식감으로 만들어 줄 수 있어요. 그 이유는 다른 재료와 함께 버터를 반죽할 때 버터가 밀가루 사이사이에 들어가 전체적으로 감싸게 되면 밀가루의 글루텐 형성을 더디게 하는 효과가 있어요. 따라서 베이킹 제품이 딱딱하거나 질겨지는 것을 막을 수 있지요. 또 버터를 크림화하는 과정에서 미세하게 많은 공기기를 포함하게 되고, 베이킹소다 반응으로 생기는 가스도 가둬두게 되는데요. 구워질 때 가스가 팽창하여 케이크의 부피를 크게 만들어 주게 돼요. 이 덕분에 폭신하고 부드러운 질감을 갖게 되는 거죠.

## 발효버터(Cultured Butter)란?

오래 전 유럽에서는 버터를 오래 보관하기 위해서 우유에서 분리한 유크림을 살균하고 계속 저어 주면서 (Churning) 여기에 젖산균 등을 넣어 숙성시켜 만들어 왔습니다. 오늘날에는 보관 방법이 발달하여 그럴 필요가 없지만, 여전히 많은 발효버터가 생산되고 있어요. 이 버터는 일반 버터에 비해 지방 함량이 약간씩 높아요. 발효를 한 만큼 요거트에서 느낄 수 있는 톡 쏘는 산미가 도는 것도 있고, 치즈 향 같은 특유의 풍미를 가진 것도 있어요. 그래서 발효버터를 케이크에 사용하면 굽는 동안도 확실히 다른 향을 느낄 수 있어요. 발효버터의 산도가 케이크의 부드러움에 영향을 줄 수도 있고요. 소금이 첨가된 발효버터는 그 풍미가 더 두드러지기도 합니다.

## 무염 버터를 사용하는 이유

조리법에서 가염 버터를 사용하지 않는 주된 이유는 다양한 브랜드의 버터마다 소금을 첨가한 양이 다 다르고 게다가 우리는 각 버터에 소금이 얼마나 들어 있는지 모르기 때문입니다. 그래서 가염 버터를 사용하면 레시피에 더 추가해야 할 나머지 소금양을 보정하기가 어렵습니다. 그래서 차라리 무염 버터를 사용하고 우리가 원하는 만큼의 소금을 추가하기 위해서에요. 그리고 소금은 방부제 역할을 해요. 그래서 가염 버터가 무염 버터에 비해서 유통기한이 길어 무염 버터보다 덜 신선할 수 있으니 잘 확인하고 사용해야 합니다.

# 버터 vs. 오일

버터는 32℃로 녹는점이 높아 버터로 베이킹을 하면 구운 뒤 식어도 케이크의 탄탄한 질감이 유지돼요. 반

면 오일은 −5~−30℃로 녹는점이 대부분 아주 낮아서 식물성 오일로 베이킹을 하면 구운 뒤 식은 케이크가 버터 케이크에 비해 탄력은 떨어지고 부서지기 쉬워지죠. 그러니 만일 차갑게 식은 상태에서도 촉촉하고 맛있는 케이크를 만들기 원한다면 버터보다는 오일을 사용해 만들어 보세요. 단 코코넛 오일은 불포화지방이 80% 이상이며 수분 함량이 0.1% 정도밖에 되지 않아 상온에서도 고체 상태를 유지하는 경향이 강해서 결과물이 건조해질 수 있어요.

베이킹에서 오일을 사용하면 버터보다 밋밋한 풍미를 가지는 면이 있지만, 대신 개성 있는 맛과 향을 가진 다른 재료의 풍미를 잘 살려주는 장점이 있어요. 예를 들어 깊은 맛의 초콜릿이나 진한 에스프레소가 들어간 케이크를 만들 때 종종 버터 향이 너무 두드러질 때가 있는데 이때 마일드한 오일은 초콜릿이나 커피의 본연의 향을 잘 드러내 줄 수 있지요.

## | 유제품

### 유제품의 종류

#### 우유(Milk)

우유는 케이크 반죽에 넣어 설탕을 녹이고 밀가루, 전분 그리고 팽창제를 적시는데 이때 케이크에 필요한 화학반응이 일어나요. 더욱이 우유의 유당 때문에 약간의 단맛이 더해져 버터, 설탕과 함께 우유를 넣으면 맛이 더욱 좋아져요.

이 유당과 우유의 단백질은 고온에서 마이야르 반응을 일으키는데 이 반응은 먹음직스러운 갈색을 만들어 내는 데 일부 역할을 해요. 또 우유의 지방으로 인해 물을 사용했을 때보다 케이크의 크러스트가 더 부드러워져요. 결국 우유의 이런 장점들이 완성한 케이크의 질감에 영향을 주는 거예요. 한마디로 케이크의 가볍고 폭신한 겉과 속을 만들어 내기 위해서는 우유는 빼놓을 수 없는 재료 중 하나예요.

## 요거트(Yogurt)

베이킹 레시피에서 요거트는 우유 다음으로 많이 사용하는 재료예요. 요거트를 케이크 반죽에 섞는 특별한 이유 중 하나는 케이크의 질감을 업그레이드한다는 점이에요. 때로는 산성 성분의 요거트로 인해 베이킹소다와 반응해 가스가 발생하는데 그 결과 훌륭한 팽창을 일으키죠.

요거트를 반죽에 넣었을 때 신맛이 압도적이지도 않고 모든 재료 사이에서 적당한 균형을 이루기도 해요. 요거트의 지방은 케이크를 더욱 부드럽게 만들어 주기 때문에 섬세하고 스펀지 같은 식감을 가지게 해요. 제가 가장 좋아하는 요거트는 유당을 뺀 그릭요거트인데요, 단백질과 지방이 풍부해서 깊고 부드러운 질감이 케이크 맛에 그대로 반영되는 느낌이죠.

## 생크림(Whipped Cream)

생크림은 우유에서 비중이 적은 지방 성분만 모아 원심분리하여 살균한 제품이에요. 생크림 케이크를 만들 때는 생크림이 대략 33~40% 정도의 유지방을 포함한 제품을 사용해요. 생크림에 대한 자세한 내용은 p00 '생크림이란'편을 참고하세요.

## 사워크림(Sour Cream)

사워크림은 생크림에 유산균을 넣어 발효시킨 유제품으로 발표시키는 과정에서 유청 단백질이 변형되어 액체가 걸죽해지죠. 사워크림은 우유나 요거트보다 지방 함량이 높아 크리미한 식감을 가지며 기분 좋은 산미 덕분에 다양한 제과류를 만들 때 잘 어울려요.

사워크림의 산성 성분은 글루텐을 약하게 만들어 케이크 질감을 부드럽게 만드는 데 도움이 돼요. 여기에 베이킹소다까지 넣게 되면 사워크림과 서로 반응하여 케이크가 잘 부풀어 오르죠. 이 역시 부드러운 질감의 케이크를 만들 수 있는 방법이에요.

베이킹에서 사워크림은 이러한 장점을 가지고 있지만 우리나라에서는 구하기 어려운 경우가 많아요. 그래서 저는 그럴 땐 그릭요거트나 플레인요거트를 사워크림 대신 사용해도 좋다고 말씀드려요. 요거트는 사워크림과 비교해 지방 함량이 눈에 띄게 낮기 때문에 맛의 풍부함에서는 차이가 나지만 질감이 유사해서 대체해 사용 가능하며, 사워크림을 사용했을 때와 유사한 수준의 수분감을 만들어 낼 수도 있죠.

## 크림치즈(Cream Cheese)

지방 함량이 33% 이상, 수분함량은 55% 이하인 크림 타입으로 숙성을 거치지 않은 생치즈예요. 크림치즈는 부드럽고 매끄러우며 순한 맛과 식감이 마스카르포네 치즈와 비슷하죠.

우유와 생크림을 섞고 유산균을 첨가하면 산도(pH)가 낮아지면서 결국엔 응고돼요. 쉽게 말하면 커드(Curd)와 유청(Whey)으로 분리돼요. 그런 다음 분리된 유청을 제거하고 덩어리진 부분을 가열한 후 안정제를 첨가하면 크림치즈가 만들어져요.

크림치즈는 브랜드별로 맛과 질감 등이 조금씩 달라요. 크림치즈를 휘핑크림에 사용하려면 질감이 단단한 크림치즈가 좋고, 케이크 반죽에 넣을 생각이라면 어떤 크림치즈를 사용하든 결과에 큰 지장이 없으니 취향대로 사용하세요.

## 마스카르포네 치즈(Mascarpone Cheese)

이탈리아가 원산지인 치즈의 한 종류로 생크림과 구연산 또는 타르타르산의 두 가지 재료로 만들어져요. 생크림을 가열한 뒤 산을 첨가하면 크림이 굳어지면서 걸쭉하게 만들어지죠. 그런 다음 액체를 걸러내 제거하는 방법으로 만들어져요. 마르카르포네 치즈는 우유를 섞어 만드는 크림치즈와 달리 생크림만 사용한다는 점에서 크림지츠와 다르지만, 크림치즈와 마찬가지로 숙성과정을 거치지 않는 생치즈랍니다.

### 연유

연유는 보통 우유를 가열하여 약 60%의 수분을 제거해 농축한 후 설탕을 첨가하여 만들어요. 그래서 당도가 높고 진한 크림질감을 가지고 있으며, 유통기한이 긴 장점이 있어요. 주로 디저트에 많이 사용해 단맛과 크림감을 더해 줍니다. 베이킹 제품이나 생크림에 사용하면 텍스쳐를 부드럽게 하고 수분감이 오래간답니다. 또 일반 우유보다 진한 고소함을 느낄 수 있어 자주 애용되고 있어요.

### 코코넛밀크

코코넛밀크는 코코넛 채의 즙을 추출하여 만든 우유류 음료랍니다. 코코넛밀크는 식물성이지만 유제품처럼 크리미한 질감과 풍미를 가졌기 때문에 비건 베이킹의 재료로 각광받고 있지요. 케이크, 쿠키 및 머핀 등에 유제품을 대체하여 사용되고 있는데, 베이킹 제품의 결과물에 촉촉하고 부드러운 텍스쳐를 만들어 줍니다. 또한 생크림처럼 휘핑하여 사용하기도 하는데, 코코넛 특유의 향을 지닌 부드러운 크림이 만들어진답니다.

## ∣ 코코아 가루

반호튼 블랙 코코아 가루

발로나 더치 코코아 가루

기라델리 내츄럴 코코아 가루

코코아 가루는 카카오 콩을 발효시킨 후 고온에서 볶아서 가루 내 만들어요. 케이크에 아름다운 붉은빛 갈색을 띠게 하고 달콤한 초콜릿 풍미를 전하죠.

## 코코아 가루의 종류

### 더치 코코아 가루 (Dutch-Processed Cocoa Powder)

볶은 코코아 콩을 알칼리성 용액으로 처리하여 산도를 낮추고 코코아 색을 더 어둡게 만들어 부드럽고 진한 풍미를 가진 더치 코코아 가루를 만들어요. 이 더치 코코아 가루는 그 특성상 덜 뭉쳐지기 때문에 액체에 잘 섞인다고 하네요. 또 산도가 낮아서 베이킹소다와 반응하지 않아요. 그래서 저는 베이킹에 더치 코코아 가루를 사용해야 할 때는 베이킹파우더를 사용하지요. 더치 코코아 가루 제품의 브랜드는 발로나(Valrhona), 반호튼(Van Houten), 기라델리(Ghirardelli), 기타드(Guittard) 등이 있어요. 어떤 제품이 더치 코코아 가루인지 잘 모르겠다면 포장지에 'Dutch Process' 또는 'Processed with Alkali'라는 표기로 쉽게 찾을 수 있어요.

색이 진한 블랙 코코아 가루는 코코아 가루의 산성을 없애기 위해 알칼리 처리가 더 많이 된 상태예요. 한마디로 울트라 더치 코코아 가루(Ultra Dutch-Processed Cocoa Powder) 정도 된다고 할 수 있죠. 이름처럼 울트라 더치 코코아 가루는 맛도, 색도 더 진해진 코코아 가루지요.

### 천연 코코아 가루(Natural Cocoa Powder)

볶은 코코아 콩을 부수고 건조시킨 다음 가루로 만든 코코아 가루예요. 천연 코코아 가루는 만드는 과정에서 아무런 처리를 하지 않았기 때문에 색은 밝은 갈색을 띠고 약간의 신맛과 진한 초콜릿 맛을 가지고 있어요. 산도가 높기 때문에 베이킹소다와 반응하는데 이

때 약간의 붉은 빛깔을 내요. 천연 코코아 가루의 이러한 효과를 의도한 레시피로는 레드벨벳 케이크나 데블스푸드 케이크 등이 있어요.

천연 코코아 가루는 허쉬(Hershey's), 기라델리(Ghirardelli) 등의 브랜드 제품이 있어요.

### 카카오 가루(Cacao Powder)

코코아 가루와 카카오 가루는 모두 같은 카카오 콩에서 추출한 거예요. 코코아 가루가 발효하여 높은 온도에서 볶아서 가공한 것이라면, 카카오 가루는 볶지 않고 발효시킨 후 저온에서 가공했다는 차이가 있어요. 코코아 가루는 카카오 가루와 비교해 덜 쓰고 초콜릿 맛이 깊게 나는 반면, 카카오 가루는 쓴맛과 함께 코코아 가루보다 더 복잡한 맛이 나요. 그래서 베이킹을 할 때 카카오 가루나 카카오닙스를 사용하면 개성 있는 훌륭한 맛을 낼 수 있어요.

카카오 가루는 그 특성상 가공 과정이 최소화된다는 장점으로 인해 영양적으로도 우수해 비건 베이킹을 만들 때 각광받고 있는 재료랍니다.

### 카카오닙스(Cacao Nibs)

카카오 콩을 건조하고 로스팅한 다음, 껍데기를 벗겨 분쇄한 제품으로 초콜릿의 원시 형태라고 할 수 있지요. 첨가물이 없는 자연상태에 가장 가까운 초콜릿인지라 슈퍼푸드로 각광받고 있어요. 쿠키나 케이크 등 베이킹을 할 때 첨가하면 진한 카카오의 풍미와 맛을 이끌어 낼 수 있지요.

## | 팽창제

팽창제는 베이킹 재료들을 혼합하거나 굽는 과정에서 가스를 방출해 반죽을 팽창시키면서 수많은 미세 공기주머니를 가진 베이킹 제품을 만드는 역할을 하죠.

## 천연 팽창제

### 공기

공기는 믹서기의 빠른 휘핑으로 달걀 거품을 만들어 올리거나 머랭을 만들었을 때, 버터를 설탕과 함께 크림화했을 때, 반죽을 휘저을 때 그리고 빵을 여러 번 접어서 반죽했을 때 만들어져요. 의도하였든 그렇지 않든 여러 가지 방법의 반죽 과정에서 미세하고 수많은 공기주머니가 재료 사이사이에서 만들어지면서 이것이 오븐 안에서 자연적으로 부풀어 오르게 되는 거예요. 제누와즈나 스펀지 케이크가 이런 방법으로 만들어지죠.

### 이스트(Yeast)

빵 반죽에 단세포 미생물인 이스트를 넣으면 미생물이 반죽 속 당이나 미네랄을 먹으면서 이산화탄소를 발생시키는데 이러한 발효과정에서 발생하는 이산화탄소가 빵을 부풀게 만들어요.

## 화학적 팽창제

달걀 거품이나 크림화한 버터로 팽창 효과를 얻지 못하는 제과 레시피에는 대부분 베이킹파우더 또는 베이킹소다와 같은 화학적 팽창제를 사용해요. 화학적 팽창제는 물, 소금, 산 등의 물질과 반응하여 이산화탄소를 생성해 반죽을 부풀게 만들죠. 반죽에 화학적 팽창제를 매우 소량 넣어 사용하지만 그 효과는 매우 좋아서 유용하답니다.

### 베이킹소다(Baking Soda)

탄산수소나트륨이라고도 하는데 알칼리성의 흰색 가루예요. 베이킹소다는 산(Acid)과 반응해 이산화탄소를 만들어 내는데 케이크나 쿠키가 부드럽고 보송보송하게 부풀어 오르는 데 도움이 되는 기포를 만들어요. 그래서 레몬 주스, 초콜릿, 코코아 가루(더치공법으로 만들지 않은), 요거트, 사워크림, 흑설탕, 당밀 같은 산성 재료가 들어간 반죽에 첨가하면 좋은 효과를 얻을 수 있어요. 그런데 산성 재료가 없이 베이킹소다를 사용했거나 함께 반응할 산성 재료가 충분하지 않을 때는 어떨까요? 당연히 베이킹소다는 그대로 남게 돼요. 완성한 케이크는 누런색을 띠고 살짝 금속맛이나 비누 맛이 나게 돼요.

만약 산성 재료가 있다면 반죽과 동시에 반응이 일어나기 때문에 굽기 전 대부분의 가스가 방출되는 현상을 방지하려면 신속하게 반죽을 오븐에 넣어야 해요. 물론 오븐 안에서도 높은 열에 의해 반응은 계속 일어나지요.

### 베이킹파우더(Baking Powder)

빵과 케이크를 잘 부풀게 만드는 베이킹소다는 베이킹에서 매우 유용한 재료이지만 레시피상의 산성 재료와 얼마나 반응을 일으킬지는 아무도 알 수 없어요. 베이킹소다가 상온에서도 산성 재료와 만나면 바로 반응하거나, 산성 재료가 없는 반죽이나 하얀색 케이크가 누렇게 변하는 점 그리고 쓰쓸한 뒷맛은 큰 단점이죠. 그래서 그러한 단점을 보완하기 위해 알칼리성인 베이킹소다, 산성 물질, 옥수수 전분(안정제) 등을 혼합하여 베이킹파우더를 만들었어요. 즉, 베이킹소다와 반응할 산성 재료를 첨가하는 대신, 상온에서의 반응을 막기 위해 전분을 섞어 두었지요. 베이킹파우더에는 이미 만들어질 때부터 산이 포함되어 있기 때문에 레시피에 추가 산성 재료가 필요하지 않을 때 가장 자주 사용해요.

그런데 이러한 장점을 가진 베이킹파우더도 케이크를 구웠을 때 작은 갈색 점이 부분적으로 생기는 경우가 있어요. 이러한 현상은 베이킹파우더에 알루미늄이 포함되었을 경우에 잘 나타나요. 알루미늄은 반죽을 더욱 쫄깃하게 만드는 효과와 고온에서 반응하는 효과를 주기 위해 많이 사용하죠. 하지만 알루미늄은 건강상에도 문제가 있으니 구입 시 성분표에 '소암모늄명반(Burnt Ammonium Alum)' 또는 '명반'이라고 표시되어 있는지 확인하고 선택하세요. 아주 미량만 포함되어 있다면 성분표에 표시되지 않을 순 있지만 구운 케이크에 갈색 반점이 나타나면 의심부터 해봐야죠.

베이킹파우더의 반응 방식은 산성 종류에 따라 달라지는데요, 요즘 판매되는 대부분의 베이킹파우더는 더블액팅을 유도해요. 더블액팅이란 첫 번째로 액체와 만나 이산화탄소를 발생하고, 두 번째로 오븐에서 가열되면서 이산화탄소의 팽창이 발생하는 것을 말해요. 이러한 현상은 베이킹파우더가 반죽 당시 이미 활성화되었다는 뜻이기 때문에 굽기 전 반죽을 미리 만들어 둘 수 없는 이유가 돼요. 위에서 말했듯이 베이킹소다 역시 반죽 단계에서 산성 재료와 만나면 바로 반응을 시작하지요. 따라서 베이킹소다를 이용해 반죽을 해야 한다면 반죽 후 신속하게 반죽을 오븐에 넣어 베이킹해 주세요.

# 전화당

## 전화당이란

설탕은 포도당과 과당이 연결되어 있는 이당류로 포도당과 과당이 결합하면서 수분이 빠져나온 상태라고 해요. 그런데 설탕에 산이나 효소를 첨가하고 물을 넣고 끓이면(가수분해) 포도당과 과당으로 다시 분리되는데 이 현상을 '전화(Invert)'라고 합니다. 이때 생긴 포도당과 과당이 동시에 존재하는 혼합물을 전화당(Invert Sugar)이라고 불러요. 전화당과 설탕이 같은 양일 때 전화당이 설탕보다 단맛이 1.3배 정도 더 강해요.

## 전화당의 장점

가장 좋은 점은 보습성이라고 말할 수 있어요. 베이킹에 전화당류가 자주 쓰이는 이유이기도 하지요. 전화당은 재료 속 설탕의 재결정화를 막고 주변의 수분을 흡수한다고 해요. 이런 현상은 보습에 큰 역할을 하죠. 전화당을 가열하면 더 끈적해지고 윤기가 나게 되는데요, 이를 케이크 위에 뿌리는 글레이즈로 활용하면 케이크가 건조해지는 현상을 막는 동시에 광택감 있는 표면을 만드는 데 효과적이에요. 전화당의 어는 점을 낮추는 성질로 인해 전화당을 아이스크림에 넣어 얼음 결정이 생기는 현상을 막고 좋은 식감을 내기 위해서도 쓰여요.

## 전화당의 종류

설탕을 가수분해한 전화당인 트리몰린, 밀 또는 옥수수 전분으로 만든 글루코스, 역시 옥수수 전분으로 만든 물엿(콘시럽), 천연 꿀 등이 대표적인 전화당입니다. 또 전화당의 종류에는 과일잼도 포함되어 있는데 과일과 설탕에 레몬을 넣어 끓이면 전화당이 이루어지는 분해과정이 나타나지요.

Q. 전화당이 없는데 베이킹을 할 때 몸에 좋다는 올리
고당을 대신 사용해도 될까요?

많은 구독자들이 베이킹 레시피에서 전화당을 사용할 때
마다 올리고당으로 대체할 수는 없는지 많이 궁금해하세
요. 맛도 똑같이 달고 형태도 투명하면서 점도가 있기 때
문이겠죠.
올리고당은 설탕이나 전분을 가수분해한 후 거기에 다른
당류를 섞어서 만든 제품이에요. 다당류인지라 인체에서
소화하는 데 오래 걸리고 유산균의 먹이가 되기도 해서 건
강에 좋은 감미료라고 각광받고 있지요. 그러나 물엿과 비
교해 점도가 낮고 열에 약하며 가열한 후 점성이 높아지지
않아 모든 레시피에서 전화당 대신 올리고당으로 대체하
기란 쉽지 않다고 봐요.

# 응고제

펙틴

한천 가루

가루 젤라틴

판 젤라틴

응고제는 식품을 겔화시키기 위한 첨가물질이에요.
제과에서는 젤리, 무스 케이크, 푸딩 그리고 경우에
따라 필링용 크림 등에 사용해요.

## 응고제의 종류

### 펙틴(Pectin)

자연적으로 발생하는 증점제 및 안정제로, 잼, 젤리 그
리고 마멀레이드 등을 굳히는 데 도움이 돼요. 과학적으
로 설명해 보자면 펙틴은 대부분 과일과 채소의 세포벽
에서 발견되는 수용성 전분의 일종이에요. 설탕과 산으
로 가열하면 펙틴은 액체를 가두는 일종의 그물망을 형
성해요. 마치 잼을 만들 때 뜨거운 과일들이 식어 가면
서 과일 입자가 굳어 엉겨 붙는 것처럼 말이죠. 사과, 모
과, 건포도, 크랜베리, 포도, 감귤류와 같은 특정 과일
에는 자연적으로 높은 수준의 펙틴이 함유되어 있어요.
펙틴 가루는 젤라틴의 식물 버전이에요. 젤라틴은 동
물성 제품, 가장 일반적으로 쇠고기 뼈 등에서 나온
콜라겐으로 만들어지며 걸쭉하게 만드는 데 열이나
설탕이 필요하지 않아요. 반면 펙틴은 일반적으로 사
과 또는 감귤류 껍질로 만들어지며 굳는 데 열과 설탕
이 필요한 경우가 대부분이죠. 하지만 젤라틴과 펙틴
을 같은 양으로 사용한다면 펙틴이 젤라틴과 비교해
응고력이 높지는 않아요.
펙틴 가루를 사용해야 한다면 펙틴 가루를 설탕에 미리
섞어 두세요. 펙틴 가루는 액체 재료에 섞었을 때 쉽게
뭉쳐져 잘 풀리지 않는 성질을 가져 설탕의 굵은 입자 사
이사이에 섞어 두어 수분에 쉽게 녹도록 만들어 주세요.

### 한천 가루(Agar Powder)

한천은 우뭇가사리에서 추출해 가공한 물질로 젤라틴
을 대신하는 비건 대체품으로 사용합니다. 한천은 음
료, 구운 식품, 제과, 유제품, 드레싱, 육류 제품 및
소스를 겔화하고, 안정화하며, 특유의 질감을 부여하
고 걸쭉하게 만드는 데 사용하지요.
한천을 사용할 때는 섞으려는 액체를 최대한 따뜻하
게 데워 주세요. 한천의 장점 중 하나가 바로 젤라틴
보다 높은 온도인 45℃ 이하에서 겔화되기 시작해서
상온에서도 고체 형태를 유지해요.

## 젤라틴(Gelatin)

젤라틴은 쫄깃한 젤리부터 푸딩, 아이스크림, 무스크림 등 다양한 목적으로 식품에 사용하고 있어요. 젤라틴이란 라틴어로 '딱딱하다' 또는 '얼었다'는 뜻의 젤라투스(Gelatus)에서 유래된 말이라고 해요. 일반적으로 동물 신체 부위에서 추출한 콜라겐으로 만들어진 반투명, 무색, 무향의 식품 성분이지요. 젤라틴은 그 특성상 건조해지면 깨지기 쉽고 촉촉하면서 끈적끈적해요. 찬물에는 팽창하기만 하지만, 온수에서는 잘 녹고 2~3% 이상의 농도가 되면 실온에서도 탄성 있는 젤(Gel)이 돼요. 이 상태를 젤리라고 하는데 그 응고성을 이용하여 음식물에 섞어 모양을 만들거나 단단함을 갖추기 위해 널리 이용되고 있어요.

젤라틴은 그 형태에 따라 판 형태의 판 젤라틴(Leaf Gelatin)과 가루 형태의 가루 젤라틴으로 나누어집니다. 같은 양을 사용한다고 가정하면 둘 중 가루 젤라틴의 굳기 정도가 10~15% 가량 더 높다고 해요. 하지만 미량의 젤라틴을 사용할 예정이라면 큰 차이가 없고 가루 형태보다는 판 형태의 젤라틴이 좀 더 투명한 결과를 준다고 해요. 참고로 판 젤라틴은 84~90%의 단백질과 1~2%의 미네랄 소금이 포함되어 있고 나머지는 물이에요.

> **More** 젤라틴의 강도
>
> 젤라틴의 성능을 나타내는 값을 블룸(Bloom)값이라고 하는데 이 'Bloom'이란 젤라틴의 강도를 측정하는 값이에요. 그램 수를 Bloom값이라 하며 대부분의 젤라틴은 30~300g Bloom이에요. Bloom값이 높을수록 겔의 융점 및 겔화점이 높아지고 겔화 시간이 짧아져요. 일반적으로 150~200Bloom 정도가 무스 케이크에 사용하기 적합해요. 그런데 국내에서 판매되는 제품은 블룸 표기를 거의 하지 않아 알 수가 없어요. 제품 앞에 'Gold gelatin'이라고 써 있으면 200Bloom 가량이고, 'Silver'라고 써 있으면 150~190Bloom 정도 되는 것이니 참고하세요.

젤라틴은 습기와 이물질 냄새를 빠르게 흡수해요. 따라서 항상 건조하고 냄새가 나지 않는 곳에 보관해야 해요. 즉, 향신료나 커피와 같이 강한 냄새가 나는 물질 옆에 보관하지 마세요.

## 판 젤라틴 사용방법

1   젤라틴은 찬물이나 얼음물에 넣어 10~15간 불려요.

> **Tip** 젤라틴을 불릴 얼음물은 어느 정도로 차가워야 하죠?
>
> 여기서 말하는 얼음물이란 찬물에 3~4cm 크기의 큐브 얼음 4~5개를 동동 띄운 정도면 충분해요. 젤라틴은 보통 찬물에 불린다고 알고 있지만 사실은 계절에 맞춰 사용하는 것이 더 정확해요. 겨울에는 찬물만으로도 괜찮을 수 있고 여름에는 얼음물이 좋은데 찬물에서는 젤라틴이 너무 흐물흐물해지거나 끊어지거나 녹기도 해요. 얼음물에 젤라틴을 불리면 10~15분 이상 지체되더라도 젤라틴이 형태를 유지해요. 그러니 당연히 얼음물도 불리는 데 아무 문제 없어요. 젤라틴을 얼음물에 10~15분간 불려야 한다고 하는 이유는 젤라틴이 물을 흡수해 사용하기 알맞은 시간을 말하는 것인데 그보다 더 오래 불릴수록 그만큼 물을 더 흡수하게 되고, 그렇게 되면 젤라틴의 응고력이 감소할 수 있으니 적정 시간만 불려 주세요.

2 젤라틴을 충분히 불렸다면 건져 내어 꼭 짜서 불필요한 물기를 제거해 주세요.

1 가루 젤라틴에 5~6배 정도의 찬물을 부어 주고 완전히 섞어 준 후 10분 동안 불려 주세요.

> More 가루 형태의 젤라틴은 입자 굵기가 브랜드마다 조금씩 달라요. 그러니 필요에 따라 물의 양을 5~6배 사이에서 조절한 뒤 가루가 물에 완전히 젖을 때까지 섞어 주세요. 다 섞이면 불투명한 무거운 슬러시 질감으로 변하는데 10분 정도 더 불리면 단단한 젤리 덩어리로 변할 거예요.

3 물기를 꼭 짠 젤라틴을 모양 그대로 40℃ 이상의 따뜻한 재료에 넣어 녹여서 사용하세요. 또는 물기를 짠 젤라틴을 단독으로 녹여서 다른 재료에 섞어서 사용할 수도 있답니다.

> More 젤라틴은 40℃~80℃ 사이에서 녹여 사용하는 것이 가장 좋습니다. 젤라틴은 40℃ 이상만 되면 녹기 시작하지만 100℃ 이상의 고온에서는 젤라틴을 녹이지 마세요. 응고력을 잃을 수 있기 때문이예요. 젤라틴을 미리 녹여 다른 재료와 섞을 예정이라면 두 재료의 온도가 비슷해질 때까지 맞춰 주세요. 너무 차가운 재료에는 젤라틴을 넣자마자 젤라틴이 굳어 덩어리질 수 있어요. 이때 젤라틴이 굳지 않게 하려면 섞으려는 대상의 재료를 소량 덜어 내 젤라틴과 먼저 애벌섞기한 후 다시 본 재료에 넣는 템퍼링 과정을 거쳐서 사용하세요.

2 불린 젤라틴은 젤리 덩어리 채 그대로 따뜻한 재료에 넣어 녹이거나, 단독으로 녹여 다른 재료와 섞어 사용할 수 있어요.

> More 불린 젤라틴을 단독으로 녹일 때는 중탕으로 서서히 온도를 높여 주는 방법과, 전자레인지에 10초씩 돌려 녹이는 방법이 있어요. 많은 양의 젤라틴이 아니라면 대체로 10초면 거의 다 녹아요.

## 향을 내는 재료

### 바닐라(Vanilla)

바닐라는 베이킹의 거의 모든 레시피에서 빠지지 않는 재료이지요. 바닐라 열매를 따서 발효시키면 진한 갈색으로 바뀌면서 특유의 향도 가지게 돼요. 베이킹에 바닐라를 넣으면 특유의 향뿐만 아니라 달걀이나 기타 재료의 비린내를 잡아 주기 때문에 폭넓게 사용하고 있어요.

### 바닐라빈(Vanilla Bean)

바닐라빈이란 바닐라 꼬투리가 형태 그대로 숙성된 그 자체를 말해요. 바닐라빈의 반을 갈라 씨를 긁어 반죽이나 크림에 넣어서 사용해요.

### 바닐라 익스트랙(Vanilla Extract)

바닐라 익스트랙이란 전체 바닐라 꼬투리를 알코올에 담가서 만드는 고농축 바닐라 리큐르를 말해요. 바닐라 꼬투리를 담은 알코올은 바닐라 꼬투리의 풍미와 방향 물질이 모두 흡수돼요. 바닐라 추출물에는 바닐라 자체의 향이 포함되어 있지 않기 때문에 바닐라 페이스트보다 맛이 약간 가볍고 덜 강해요. 바닐라 추출물은 바닐라 씨가 전혀 보이지 않는 깔끔한 모양의 베이킹 레시피에 사용하지요. 즉, 바닐라가 주연을 맡기보다는 조연인 요리법에 쓰는 거예요.

### 바닐라빈 페이스트(Vanilla Bean Paste)

바닐라빈 페이스트는 바닐라 꼬투리와 씨를 분쇄하여 바닐라 추출물과 증점제 등을 섞어 만들어요. 바닐라빈 페이스트는 바닐라 꼬투리 전체, 즉 바닐라빈을 사용해 만들기 때문에 다른 무엇보다 바닐라 맛이 더 강해요. 당연히 적은 양으로도 충분한 효과를 얻을 수 있겠지요.

바닐라빈 페이스트는 베이킹의 데코를 할 때 바닐라빈의 귀여운 점(씨앗)들을 표현하고 싶을 때 넣으면 아주 적합하지요. 비용면에서 바닐라 익스트랙보다 바닐라빈 페이스트가 더 비싼 것이 흠이지만 전체 바닐라빈 꼬투리를 가르고 긁어내고 맛을 우려내는 등의 번거로움 없이 손쉽게 베이킹 과정에서 바닐라의 풍미와 비주얼을 강조하고 싶을 때 제격이에요.

아몬드 익스트랙

바닐라빈

바닐라 익스트랙

시나몬 스틱

바닐라빈 페이스트

## 시나몬 스틱(Cinnamon Stick) 또는 가루

우리나라에서는 계피라고 부르는 시나몬은 계수나무(계피나무)의 껍질을 쪄서 겉껍질을 벗겨 내고 안쪽 껍질을 말려 만든 향신료로 4천 년을 이어 온 식재료라고 해요. 계피는 실제로 달지 않지만 달콤하면서도 매콤한 그런 감각적인 향으로 인해 많은 사랑을 받고 있어요. 베이킹에서는 말린 껍질을 시럽이나 액체 재료에 우려서 사용하거나 곱게 가루 내어 사용해요.

---

✦ 알아두세요

**Q. 계피와 시나몬은 같은 건가요?**

참고로 우리나라 계피는 서양에서 부르는 시나몬과 약간 달라요. 사실 학명도 껍질의 모습도 다 다르죠. 시나몬은 껍질이 얇고 매운맛과 향이 계피보다 약해서 부드러운 맛을 내는데, 계피는 껍질이 상대적으로 두껍고 단맛과 자극적인 맛이 강해요. 그래서 레시피에서 이 둘을 혼용하면 맛의 결과가 달라질 수 있으니 주의해야 해요.

---

## 아몬드 익스트랙(Almond Extract)

아몬드 익스트랙은 아몬드 오일을 알코올이나 물로 만든 농축액이에요. 바닐라 익스트랙과 함께 일반적인 베이킹에서 자주 사용하는데 맛이 강하고 약간의 과일 향이 나요. 맛이 강하기 때문에 매우 소량만 사용해도 큰 효과를 낼 수 있어요. 아몬드 익스트랙은 케이크 시트를 만들 때 고소한 맛을 내기 위해 소량 첨가하거나 아몬드 가루와 설탕으로 만드는 쿠키 반죽인 마지팬을 만들 때도 사용해요. 그런데 여기서 놀라운 사실은 실제로 상업용으로 만들어진 아몬드 익스트랙은 아몬드가 아닌 다른 과일의 씨앗 추출물로 만들어진다고 해요.

## 리큐르(Liqueur)

리큐르는 일반적으로 달달하면서 뚜렷한 향과 맛을 가진 주류의 한 종류예요. 리큐르는 과일, 허브, 초콜릿, 커피, 우유 등의 다양한 재료로부터 추출된 향을 가지고 있어서 각각의 고유한 특성을 띤답니다. 비교적 낮은 알코올 함량을 가졌지만 당분의 함량은 높기 때문에 많은 디저트나 음료에 사용해요. 주로 특정 향을 내거나 강도를 높이는 용도로 활용되지요. 필수 재료는 아니지만 디저트를 만들 때 리큐르를 적절하게 사용함으로써 결과물의 풍미와 맛을 업그레이드 할 수 있답니다. 이 책에서도 각 케이크 맛과 어울리는 리큐르를 레시피에 적어 두었어요. 만일 갖추어 지지 않았다면 생략해도 괜찮아요. 리큐르는 주류 매장, 대형 마트, 베이킹 재료상에서 쉽게 구입할 수 있어요.

깔루아   키르쉬   골드 럼   리몬첼로

코앵트로   말리부 코코넛   베일리스

홍국쌀 가루     새싹보리 가루     복분자 가루

말차 가루     코코아 가루     코코넛 슬라이스

아몬드 가루     딸기 가루     쑥 가루

# 베이킹 전 미리 해 두어야 할 일!

## 1 오븐을 예열합니다!

대부분의 케이크 반죽은 준비되자마자 예열한 오븐에 바로 구워 주는 것이 좋아요. 그렇지 않으면 반죽의 부피는 가라앉고 팽창제의 반응 또한 점점 약해질 거예요. 꼭 베이킹 시작 전에 레시피에서 요구하는 온도로 20분 이상 예열해 주세요.

## 2 모든 재료는 상온으로 준비합니다!

상온이란 베이킹을 하는 실내 온도, 즉 18°~25℃ 사이를 말해요. 정확한 온도로 맞출 필요는 없지만 적어도 모든 재료를 상온에 놓아 두어 찬기를 완전히 빼는 것이 중요해요. 또한 계절에 따라 베이킹 도중에 온도가 오르거나 떨어질 수 있기 때문에 상황에 맞게 재료를 좀 더 차게 또는 따뜻하게 준비해 주세요.

## 3 저울을 이용해 재료를 정확히 계량하고 뚜껑을 덮어 둡니다!

재료는 될 수 있으면 1g 단위까지 잴 수 있는 전자저울로 정확하게 계량하세요. 작은 차이로도 결과에 큰 영향을 끼칠 수 있어요. 그리고 계절적 요인 또는 온도, 습도의 영향으로 재료가 건조해지거나 습해지거나 뭉치거나 하는 등의 변화가 생기므로 계량한 재료는 사용하기 전까지 꼭 덮어 두세요.

## 4 밀가루를 포함한 가루 재료는 두 번 이상 체에 쳐 줍니다!

밀가루 이외에 레시피에 필요한 가루 재료(녹차 가루, 코코아 가루, 아몬드 가루, 베이킹소다, 베이킹파우더 등)가 있을 때는 미리 섞어 1~2회 체를 쳐 두세요.

## 5 필요한 반죽 도구를 미리 꺼내 둡니다!

베이킹을 시작하기 전에 도구들이 손에 쉽게 잡힐 수 있도록 미리 위치를 배열해 놓으세요. 필요할 때마다 도구를 꺼내 쓴다면 반죽을 만드는 과정을 그만큼 지체시켜 결과에도 영향을 줄 수 있어요.

## 6 케이크 팬 준비하기!

반죽이 다 되면 바로 팬닝을 할 수 있도록 케이크 팬을 미리 준비해 두어야 해요. 유산지나 테프론시트를 재단해 팬에 맞는 크기로 깔아 두세요.

> **Tip** 달걀, 버터의 찬기를 빨리 빼는 방법

• 달걀

냉장고에서 꺼낸 달걀을 수돗물의 온수나 45℃로 데운 물(손을 넣었을 때 따뜻한 정도)에 달걀을 잠기도록 담근 후 1분 30초 후에 건져서 물기를 닦고 상온에 잠시 두었다가 사용하세요. 이렇게 하면 달걀의 손상 없이 빠르게 상온으로 만들 수 있어요. 단, 가정마다 데운 물의 온도가 다르니 주의하세요.

• 버터

첫째, 차가운 버터를 최대한 얇게 잘라 펼쳐 두어요. 그렇게 하면 좀 더 많은 면적이 따뜻한 공기에 닿아 더 빨리 버터를 부드럽게 만들 수 있어요. 두 번째, 차가운 버터를 작게 자르고 평평한 접시 위에 펼쳐 놓아요. 그런 후 내열 유리볼에 끓인 물을 부어 따뜻하게 만들어 주세요. 물을 따라 내고 난 뒤 물기를 닦고 버터를 덮어 주세요. 중간중간 버터를 손으로 눌러 보아 부드러워졌는지 확인하세요.

# 2

## 케이크 시트
### Cake Sheet

## Genoise Method
# 공립법 제누와즈

베이킹을 할 때 필요한 도구와 재료를 모두 알아보셨군요. 그렇다면 이제는 정말 베이킹을 시작해야겠어요! 케이크를 만들기 위해서는 기본, 즉 케이크 시트 만들기부터 시작합니다. 케이크 시트는 만드는 방법에 따라 제누와즈와 생크림 케이크 시트로 크게 나눠집니다. 이번에는 제누와즈를 만드는 방법인 공립법을 자세히 알아보고 제누와즈 시트도 직접 만들어 보려고 합니다. 이번에도 천천히 따라해 보세요!

## ┃ 거품형 반죽

앞서 말했듯이 케이크 구조를 만드는 데 큰 역할을 하는 재료 중 하나가 바로 달걀이라 설명했었죠? 달걀을 빠르게 휘핑하면 수분과 단백질 막 사이를 점점 공기로 가두면서 미세한 거품을 형성하기 시작해요. 케이크가 구워질 때 쯤에는 이 거품 속에 갇힌 공기들이 응고되어 가는 단백질 막 속에서 팽창하게 돼요. 이렇듯 기포를 만들어 내는 달걀의 고유한 능력을 이용하여 케이크를 부풀리는 방식이 바로 거품형 반죽이지요. 그래서 달걀을 사용하면 별도로 베이킹파우더 같은 화학 팽창제의 도움이 거의 필요 없어요.

거품형 반죽에는 크게 공립법과 별립법 두 가지 반죽법이 있어요. 공립법은 처음부터 전란에 설탕을 넣어 함께 풍성하게 거품을 낸 후 가루와 유지를 섞어 완성하죠. 반면 별립법은 달걀의 노른자와 흰자를 나누어 각각 거품을 올린 후 나중에 섞어서 완성하는 방법이에요. 각각 달걀의 기포를 형성하는 방법을 다르게 함으로써 촉촉함, 구조력, 식감 등에 차이를 주게 돼요. 이런 두 가지 형태의 반죽법 안에서 또 조금씩 변화를 준 거품형 반죽들을 알아볼게요.

## ┃ 공립법이란

공립법 케이크 중 가장 대표적인 것이 바로 제누와즈예요. 베이킹을 조금이라도 접해 본 분이라면 제누와즈를 익히 잘 알고 있을 거예요. 포털사이트에서 검색해 보면 '제누와즈는 도시 제노바의 이름을 따서 이탈리아와 프랑스 요리와 결합시킨 이탈리아의 스펀지 케이크이다'라고 알려 줘요. 웹스터 사전에서는 이 제누와즈 케이크를 짧지만 정확하게 설명하고 있어요 '버터를 넣고 빡빡하게 거품 낸 달걀로 부풀린 스펀지 케이크'라고 말이죠. 이러한 방식은 종종 레이어 케이크나 롤케이크를 만들 때 자주 사용하는데 케이크와 함께 생크림, 버터크림, 잼, 패스트리 크림, 과일 커드 등을 샌딩해서 완성해요. 이 제누와즈는 바로 공립법으로 완성해서 공립법을 제누와즈법이라고도 합니다.

공립법이란 간단히 말해 달걀의 노른자와 흰자를 모두 함께 설탕과 섞어서 휘핑하여 거품을 올리고, 여기에 밀가루와 액체 재료를 섞어서 반죽하는 방법이에요. 스펀지 케이크의 조직을 만들어 내려면 반죽이 잘 부풀어 줘야 하는데 그렇게 만들기 위해서는 공기를 포집할 수 있는 재료를 사용해야 하죠. 그래서 주

로 달걀, 유지류(버터, 쇼트닝) 등을 잘 사용하곤 하
는데 그중에서 공기를 포집하기 가장 쉬운 재료가 바
로 달걀이에요. 이 달걀에 설탕을 섞고 중탕으로 온
도를 38°~42℃까지 높여 따뜻하게 만들고, 설탕이
녹으면 강하게 휘핑하여 많은 공기를 포집해요. 풍성
해진 달걀 거품에 밀가루 같은 가루 재료와 버터, 우
유 등을 넣고 반죽을 접는 방식(Folding)으로 섞어서
완성합니다.

원래 제누와즈는 달걀, 설탕, 버터, 밀가루 이렇게 네
가지 재료로만 만들었어요. 그런데 이후 우유나 액체
재료를 추가하고 초콜릿, 코코아, 커피 같은 다양한
맛을 내는 재료를 첨가하거나 향을 내는 재료를 더하
면서 다양한 제누와즈를 만들고 있지만, 앞에서 말한
네 가지 재료를 기본으로 하여 만드는 방식은 거의
바뀌지 않아요. 그래서 공립법은 케이크를 만들 때
가장 먼저 배우는 방법이지요.

이렇듯 저 역시 제누와즈가 가장 기본 케이크라고 말
은 하지만 막상 만들다 보면 실망스러운 결과를 안겨
줄 때가 종종 있습니다. 여러분도 숙달되기 전까지는
뜻하지 않은 실패를 경험할 수 있습니다. 저도 베이
킹을 막 시작했을 때는 '애증의 제누와즈'라고 불렀을
정도니까요. 물론 무엇이든 처음부터 완벽할 수는 없
기 때문에 여러 번 연습하고 반복하는 수밖에 없습니
다. 그 과정에서 실패의 원인을 깨닫고 다시 도전하
며 성공률을 높여 가는 거죠.

그렇다면 제누와즈를 반죽하고 굽는 과정에서 필요한
몇 가지 키포인트와 왜 그런 과정이 필요한지 이유를
먼저 알고 시작해 보죠. 그러면 생각보다 빠른 시간
안에 잘 만들어진 제누와즈를 구울 수 있고, 또 매번
흡족한 결과를 얻을 거예요. 다음은 제누와즈를 만드
는 과정 중 왜 그렇게 만들어야 하는지의 이유와 팁
을 낱낱이 알려 드리겠습니다. 더불어 다양한 제누와
즈 실패 요인과 대처법의 설명도 해 드릴게요.

**✦ 알아두세요**

## 알면 쓸데있는 제누와즈 지식

다음의 내용들은 제누와즈를 만드는 과정 위주로 설명하고
있지만 생크림 케이크 등 다른 반죽 형태의 케이크를 만들 때
도 해당하는 부분이 많아요. 그러니 케이크 만들 때의 궁금증
을 해결하고 실패를 줄이기 위해서라면 꼭 참고해 보세요.

### 1  재료를 상온에서 준비하는 이유

베이킹 재료들은 무게도 질감도 다르잖아요. 그런데 케이크
를 만드는 과정은 대부분 이 재료들의 혼합으로 이루어져요.
그래서 차가운 상태로 재료들을 섞어 반죽을 한다면 서로 융
화되지 못하고 겉돌게 되지요. 그렇게 되면 각 재료들이 서로
사이사이로 들어가 균일하게 섞이기 어려워요. 반죽을 할 때
는 우리 눈으로 잘 섞였는지 구별할 수 없지만 굽고 나면 그
차이를 느낄 수 있어요. 반대로 재료들의 온도차가 크게 나도
문제가 생길 수 있습니다. 온도가 높은 버터나 유지는 애써
만든 달걀 거품을 쉽게 꺼뜨리고, 차가운 우유는 녹인 버터
를 덩어리지게 만들 수 있지요. 그래서 재료들의 온도는 상온
으로 서로 비슷하게 맞춰야 반죽을 만드는 동안 분리되거나
굳는 것을 막고 적당히 부풀어 오르고 질감이 좋은 케이크를
만들 수 있어요.

### 2  가루를 체 치는 이유

가루 재료를 체에 치는 이유는 원래 밀가루에 있을지 모르는
이물질을 거르기 위해 하던 작업이었어요. 물론 서로 다른 종
류의 가루 재료들을 균일하게 섞어 주기 위해서기도 하고요.
특히나 박력분이나 코코아 가루, 녹차 가루 등은 입자가 고와
서 잘 뭉쳐져서 체에 쳐서 뭉친 부분을 풀어 주는 거예요. 뭉
친 가루 그대로 반죽에 섞으면 잘 풀어지지 않아서죠. 뭉친
가루 그대로 섞게 되면 가루 덩어리가 생기기 쉽고 바닥에
가라앉거나 덩어리가 군데군데 남아서 좋지 않은 식감의 케
이크를 만들 수 있어요. 그렇다고 덩어리진 가루를 풀기 위해
서 주걱이나 도구로 섞는 횟수를 늘리면 거품은 꺼지고 글루
텐이 형성되어 잘 부풀어 오르지 않아 질긴 식감의 케이크를
굽게 될 수도 있어요. 이 외에 체를 치는 이유로는 가루 재료
사이사이에 공기를 넣어 주는 효과를 주는 거예요. 이렇게 하
면 다른 재료와 함께 신속하고 균일하게 섞는 데 도움이 되
고, 완성한 케이크의 질감에도 좋은 영향을 주죠.

가루를 넣을 때는 미리 체 쳐 둔 것이라 해도 한 번 더 체치
면서 넣어 주는 것이 좋아요. 그리고 가루를 넣은 후엔 지체
하지 말고 섞어 주셔야 합니다. 빠르게 섞지 않으면 가루가
뭉쳐서 골고루 분산되지 않거든요. 한 번 뭉쳐진 가루는 계속
남아서 케이크 속에서 익지 않은 덩어리로 남게 됩니다. 그

러니 섞는 중간에 가루가 많이 몰린 부분이 있다면 주걱으로 떠서 털듯이 흩뿌려 주세요.

### 3  달걀에 설탕을 넣고 휘핑하는 이유

노른자는 지방 비율이 높기 때문에 휘핑이 잘되지 않아요. 그런데 설탕을 넣으면 달걀 지방을 분산시키면서 입자 사이사이로 설탕이 들어가 조직을 연하게 만들고 단백질이 변성하면서 기포를 품는 작용을 억제하기도 하는데요, 달걀을 강하게 휘핑하면 포집한 거품이 거칠고 엉성하게 커지는 것을 막아 매끄럽고 촘촘한 거품이 만들어지도록 돕지요. 달걀에 녹아서 시럽화된 설탕은 이미 만들어진 달걀 거품 사이를 빈틈없이 메꿔 단단하게 잡아 주는 역할을 해요. 그러니 달걀은 설탕을 넣기 전에 항상 미리 풀어 주어야 합니다. 설탕을 넣고 섞을 때는 완전히 녹이는 것이 아닌 푹 젖는 정도로만 하면 돼요. 수분을 흡수하는 설탕의 성질 때문에 노른자를 먼저 풀지 않고 설탕을 먼저 넣거나 넣은 후 바로 휘핑을 하지 않으면 노른자에 뭉친 덩어리들이 생기게 되고 그렇게 한 번 덩어리지면 잘 풀리지 않으니 주의하세요.

### 4  달걀을 중탕하는 이유

공립법에서 달걀을 중탕하는 이유는 달걀의 표면장력을 느슨하게 만들어 거품을 내기 좋은 상태로 만들기 위해서예요. 중탕을 하면서도 계속 저어 주는 이유는 온도를 고르게 전달하고, 달걀흰자의 결합을 끊어 주며, 설탕을 잘 녹이기 위해서죠. 중탕 온도가 더 높아지면 그만큼 달걀 거품도 더 잘 일어나겠지만 대신 처음부터 크고 거친 거품이 만들어져서 결국 균일하지 못한 결을 가진 제누와즈를 만들게 됩니다. 반대로 중탕 온도가 너무 낮으면 설탕이 잘 녹지 않고, 거품도 잘 일어나지 않아서 반죽이 충분히 부풀지 못해 제누와즈의 결은 조밀하고 낮은 높이로 구워지죠. 따라서 중탕을 하려면 정확한 온도를 맞추기 위해 항상 온도계를 준비해 두세요. 만일 온도계가 없다면 중탕한 달걀에 손가락을 넣었을 때 기분 좋게 따뜻한 정도면 됩니다.

달걀 거품은 제누와즈의 질감을 결정하기 때문에 제누와즈를 만들 때 달걀의 역할이 가장 크다고 말할 수 있어요. 제누와즈뿐 아니라 대부분의 스펀지 케이크는 다 그래요. 달걀의 거품을 곱고 안정적으로 만들기만 한다면 대체로 제누와즈 만들기는 성공이라고 볼 수 있어요.

### 5  달걀 중탕 시 볼을 걸치는 방법

스테인리스 같은 전도율 높은 재질에서 달걀을 중탕하면 뜨거운 물로 인해 달걀이 익을 수도 있어서 볼이 물에 닿지 않는 것이 좋아요. 아니면 중탕 물을 50℃ 이하로 준비하는 것도 방법인데요, 그 온도에서도 달걀을 충분히 데울 수 있거든

요. 만약 유리볼을 사용하려 한다면 내열유리를 사용해야 하고 이때는 냄비에 바로 걸치고 사용해도 괜찮아요.

### 6  녹인 버터와 액체 재료를 따뜻하게 유지하는 이유

녹인 버터와 재료들을 따뜻한 온도로 유지하는 이유는 버터나 액체 재료가 느슨하고 흐름성이 좋아서 반죽에 잘 섞이기 때문이에요. 특히 버터 온도가 30℃ 이하로 낮아지면 다른 재료와 잘 섞이지(유화되지) 않고 반죽이 바닥에 가라앉을 수 있어요. 반대로 60℃ 이상으로 너무 높아질 경우에는 거품이 빠르게 꺼진답니다. 그래서 반죽을 하다 보면 큰 기포가 부글부글 올라오는 것을 볼 수 있는데 이때 온도가 너무 낮거나 높은 액체 재료는 거친 식감으로 만들어지거나 위아래 결이 다른 제누와즈를 만드는 원인이 됩니다.

### 7  애벌섞기를 하는 이유

애벌섞기란 제누와즈 반죽 후 따뜻한 버터와 우유에 반죽을 조금 덜어 미리 한 번 섞는 것을 말하는데요. 따뜻하게 데운 우유와 버터는 온도가 높은 액체이고 반죽은 상대적으로 온도가 낮고 가벼운 거품 상태이고 질감도 아주 달라요. 이때 약간의 반죽을 덜어 데운 액체 재료와 미리 섞어서 온도와 질감의 평형을 어느 정도 맞추는 애벌섞기를 하면 두 재료가 만나는 충격을 완화할 수 있어요. 또한 연약한 반죽에 데운 액체 지방을 부어 넣으면 곧바로 바닥으로 가라앉아 이것을 골고루 분산시키기 위해 섞는 횟수가 너무 많아지게 되죠. 게다가 지방은 빠르게 거품을 꺼뜨릴 거예요. 그래서 애벌섞기는 바닥에 가라앉는 지방이 없도록 달걀 거품을 빨리 사그러들지 않게 하는 거죠. 결국 이러한 과정은 질감이 균일한 반죽을 만드는 데 도움이 돼요. 사실 클래식 제누와즈 레시피는 우유 없이 따뜻하게 녹인 버터를 바로 반죽에 넣어 섞기도 해요. 그래서 믹싱 과정이 아주 능숙하다면 달걀 거품을 탄탄하게 올렸다는 전제 하에 애벌섞기 없이 데운 지방을 흩뿌려 넣어 재빠르게 섞어 주는 것도 가능하죠. 그러나 초보라면 반드시 애벌섞기를 권장해요.

### 8  핸드믹서 사용하는 자세

달걀 거품을 올릴 때나 머랭을 만들 때는 핸드믹서 날을 기울이지 말고 수직으로 들어 주세요. 볼 안에서 1초에 2번 정도 원을 그린다는 느낌으로 움직이면 충분합니다. 이미 핸드믹서 거품날이 아주 빠르게 움직이고 있으니 거친 동작으로 마구 움직일 필요가 전혀 없어요. 믹싱 속도가 빠르다면 큰 기포가 급하게 다발적으로 생기게 되어 머랭의 질이 떨어질 수 있으니 늦더라도 거품이 안정적으로 올라오도록 만드는 것이 좋아요.

## 9 팬닝하기

성형 반죽을 틀에 채우는 팬닝을 할 때 신경 쓸 부분은 반죽하면서 생긴 큰 기포들을 최소화하는 거예요. 우선 팬닝 전 볼을 한 손으로 들고 다른 손으로 볼 바닥을 탕탕 쳐서 기포를 1차로 꺼뜨린 후, 2차로 높은 위치에서 팬에 반죽을 흘려 담아 거품을 티트려 주세요. 반죽을 부은 후에는 팬을 10cm 이상 들었다가 테이블에 탕탕 내리쳐서 3차로 거품을 제거해 주세요. 이 정도면 충분하죠. 너무 많이 치면 구웠을 때 케이크가 잘 부풀어 오르지 않거나 위아래 밀도가 다른 케이크가 만들어지니 이 점도 주의해야 합니다.

## 10 오븐 온도 설정과 굽기

이 책에서 모든 케이크 레시피의 오븐 온도는 컨벡션오븐 기준으로 설정했어요. 각 레시피에서 안내한 온도를 참고하되 자신의 오븐에 맞추어 조절해 보세요. 저의 경우 열선오븐으로 구울 때는 10°~15℃ 이상 높게 온도를 설정해요. 오븐마다 조건이 다 다르니 오븐 온도계를 사용해서 내부 온도를 확인하는 습관을 들이는 것이 중요합니다. 내 오븐을 이해하는 방법은 p.8의 '오븐 이해하기'와 '오븐 온도찾기'를 참고하세요.

반죽팬을 오븐에 넣을 때는 오븐 안 가장 중심에 놓고 굽도록 하세요. 그곳이 오븐의 열이 가장 안정적인 위치이기 때문이죠. 그리고 제누와즈 같은 거품형 케이크를 굽는 동안에는 온도가 달라지는 순간 반죽에 영향을 끼쳐 덜 부풀거나 가라앉을 수 있기 때문에 절대로 오븐 문을 여닫지 않도록 주의해야 합니다.

## 11 잘 구워진 케이크 확인 방법

레시피에서 안내한 온도와 시간을 잘 지킨다고 해도 오븐의 컨디션에 따라 결과가 달라져요. 이때 케이크가 잘 구워지고 있는지는 눈으로 확인하거나 만져서 알아낼 수 있는데 다음을 참고하세요.

- 우선 케이크의 표면색이 골든브라운으로 구움색이 나요.
- 만일 윗면이 약간 터졌다면 그 속 부분까지 구움색이 나요.
- 팬 옆면과 유산지 사이가 벌어지고 주름지기 시작해요.
- 이쑤시개 같은 긴 나무 꼬챙이를 케이크 가운데에 찔러 넣은 뒤 빼면 아무것도 묻어나지 않아요.
- 케이크 윗면을 손으로 살짝 누르면 저항감 있게 눌러졌다가 곧 탄력 있게 올라와요.

## 12 굽고 난 뒤 팬을 탕탕 내리치는 이유

우리 눈에는 보이지 않지만 갓 구운 제누와즈 속에는 뜨거운 수증기가 가득 차 있지요. 케이크가 식으면서 안에 남아 있던 수증기가 차가워지면 윗면이 축축해져요. 이때 상대적으로 부드러운 케이크의 가운데 부분이 내려앉으면서 움푹 들어간 모습을 보게 됩니다. 이를 방지하기 위해 굽자마자 팬을 탕탕 내리쳐 케이크 안쪽 수증기를 미리 빼 줘요.

## 13 케이크를 식힐 때 잠시 뒤집어 두는 이유

일반적으로 팬에서 분리한 제누와즈를 식힐 때 식힘망 위에 뒤집어서 잠시 두라는 말을 하죠. 케이크를 식힐 때 뒤집어 두는 이유는 제누와즈의 윗부분은 아랫부분과 비교해 조직이 성글게 되는데 뒤집어 두면 윗부분이 눌리면서 전체적으로 조직이 고르게 만들어진다고 생각하기 때문이에요. 그러나 제 경험상 실제로 눈에 띄는 변화는 없어 보여요. 오히려 뒤집어 놓았을 때 제누와즈 아랫부분이 움푹 꺼지는 일이 생기기도 하더라고요. 이 부분은 각자 판단해서 결정하시면 됩니다.

## 14 케이크 보관 방법

구워진 케이크가 완전히 식으면 바로 사용해도 되지만, 롤케이크나 비스퀴같이 넓게 펼쳐서 굽는 시트를 제외하고 레이어용으로 사용하는 케이크라면 보통 하루 전에 만들어 두면 좋아요. 그러면 시트가 좀 더 촉촉해지고 탄력감이 생기고 부스러기도 덜 생기죠. 유산지를 떼지 않은 상태에서 비닐에 넣어 하루 정도는 상온에 놓아 두어도 돼요. 이때 케이크가 너무 축축해지지 않도록 비닐 입구를 완전히 밀봉하지 말고 대강 묶어 두세요. 더 오랜 시간 동안 보관해야 한다면 랩으로 케이크를 밀착하여 감싼 후 냉장실보다는 냉동실에 넣어 두세요. 냉장실에 오래 넣어 두면 건조해지기 때문이에요. 사용 전에는 미리 상온에 꺼내 두어 해동해 주세요.

## 15 케이크 슬라이스 방법

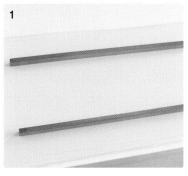  

1   케이크를 슬라이스하는 방법에는 여러 가지가 있지만 베이킹 각봉을 사용하면 편리해요. 슬라이스하는 동안에는 각봉이 미끄러지지 않게 쿠킹랩이나 실리콘 매트를 깔아 두는 게 좋습니다.

2   두께 5mm의 각봉으로 케이크 제일 바닥 부분을 슬라이스해서 제거해 주세요. 이 과정이 반드시 필요한 건 아니지만 케이크 바닥 부분이 너무 많이 구워져서 단단해졌거나 건조해졌을 때는 잘라 내 줘야 해요.

3   원하는 두께와 같은 높이의 각봉을 케이크 앞뒤로 바짝 붙여서 케이크가 움직이지 않도록 만들어 줍니다.

4   왼손으로 케이크 윗면을 가볍게 잡고 빵칼을 케이크 오른쪽에 놓은 후 각봉에 바짝 뉘인 채로 시작하세요.

5   빵칼을 앞뒤로 짧게 왔다갔다 하면서 신속하게 케이크 오른쪽에서 왼쪽 방향으로 슬라이스해요.

6   케이크를 꾹 누르지 말고 빵칼도 가볍게 잡은 뒤 슬라이스하세요. 큰 동작으로 슬라이스하거나 손에 힘이 많이 들어가면 단면이 울퉁불퉁하게 잘라질 수 있어요.

7   케이크를 슬라이스한 그 순간부터는 쉽게 건조해져요. 그러니 될 수 있으면 사용 전에 바로 작업하는 게 좋습니다.

8   필요한 만큼 모두 슬라이스해 주세요.

9   자르지 않고 보관하고 싶다면 완전히 식힌 제누와즈를 랩으로 밀착하여 감싼 후 냉동실에 보관해요.

# 제누와즈의 실패 원인과 해결 방법

**Q** 제누와즈가 잘 부풀어 오르지 않아요!

**A** 달걀 거품을 너무 많이 올리진 않았나요?

거품을 많이 올렸는데 왜 잘 부풀지 않을까요? 처음엔 많이 부풀지만 구조가 성글면 다른 재료의 무게를 버티지 못해 결국 가라앉게 됩니다.

> **해결 방법**
>
> 달걀 거품을 만들 때 마지막 순간에 저속으로 큰 기포를 정리해 주세요.

**B** 재료 온도가 너무 낮거나 너무 높진 않나요? 그것도 아니라면 최종 반죽 온도가 낮진 않은지 확인해 주세요.

> **해결 방법**
>
> 모든 재료는 상온(18°~25℃)에서 준비하세요. 최종 반죽의 온도를 22°~23℃ 사이로 맞추면 좋아요. 레시피에 나온 대로 재료를 다루는 온도만 잘 지켜도 최종 반죽 온도는 저절로 맞춰집니다.

**C** 반죽을 너무 오래 섞어서 달걀 기포가 많이 꺼지고 반죽이 묽어지진 않았나요?

> **해결 방법**
>
> 가루 재료를 넣고 난 뒤에는 날가루가 살짝 보일 때까지만 섞어 주고, 액체 재료를 넣은 뒤에는 제누와즈 반죽법 대로 섞어 주세요.

**D** 오븐을 충분히 예열하지 않았거나 굽는 중간에 오븐 문을 열진 않았나요? 아니면 오븐 온도가 너무 낮진 않았나요?

> **해결 방법**
>
> 재료를 계량하기 전에 오븐을 미리 켜서 굽는 온도에 도달할 때까지 가열해 두어야 하는데요, 굽는 온도에 도달했다 해도 20분간 충분히 예열해 주세요. 오븐은 맞춰 둔 온도에 도달하면 가열을 멈추고 온도가 떨어질 때쯤 다시 가열하는 과정을 거치는데요, 이 과정을 2~3회 정도 반복한다 생각하면 대략 20분이 걸립니다.
>
> 특히 스펀지 케이크나 제누와즈 등은 굽는 중간에 오븐 문을 절대 열지 않아야 해요. 구움색을 확인하고 자리를 옮기기 위해 오븐 문을 열어야 한다면 총 굽는 시간 중 80% 이상 지나고 케이크가 더 이상 부풀지 않을 때 오븐 문을 열고 신속히 필요한 조치를 취하는 방법을 추천해요.

**Q** 만들어진 제누와즈의 식감이 거칠고 위아래 질감이 달라요!

**A** 달걀 거품이 너무 과하게 만들어져 큰 기포가 많거나, 중탕 온도가 너무 높진 않았나요? 그렇다면 처음부터 거품이 크고 많이 일어나게 돼요.

> **해결 방법**
>
> 달걀을 중탕할 때 온도가 너무 높지 않은지 체크하고, 달걀 거품이 과하게 만들어지지 않도록 휘핑 마지막에 저속으로 기포를 정리해 주세요.

**B** 버터나 우유의 온도가 낮진 않았나요? 유지의 온도가 낮으면 다른 재료와 잘 섞이지 못해요. 그러면 밀도가 높은 부분이 아래로 가라앉아 위아래 구조가 다른 케이크가 구워지게 되죠.

> **해결 방법**
>
> 버터나 우유는 반드시 50°~60℃까지 데운 뒤 이 온도를 유지한 채 반죽에 섞어 주세요. 이렇게 해야 유지가 반죽에 골고루 섞이게 돼요.

**C** 밀가루나 기타 재료들이 골고루 잘 섞이지 않았나요? 골고루 잘 섞이지 않으면 무거운 부분이 아래로 가라앉게 되죠.

> **해결 방법**
>
> 재료들을 제누와즈 반죽법 대로 신속하면서도 부드럽게 섞어 주세요. 자주 주걱으로 볼 옆이나 바닥의 반죽을 긁어모아 덜 섞인 부분이 없는지 체크해 주세요.

**Q** 오븐에서는 잘 부풀었는데 식히면서 수축해요!

**A** 너무 높은 온도로 구웠거나, 덜 구워졌는데 일찍 오븐에서 꺼냈거나, 굽자마자 갑자기 너무 낮은 온도에서 식히진 않았나요? 그렇다면 급한 온도 변화로 인해 케이크가 수축할 수 있어요. 굽자마자 탕탕 내리쳐서 수증기를 빼 주지 않았거나 너무 오래 구워서 수분이 많이 증발했을 때도 마찬가지죠.

> **해결 방법**
>
> ① 굽는 온도가 너무 높으면 반죽이 빠르고 급하게 많이 부풀게 돼요. 그러면 조직이 탄력 있게 만들어지지 못해서 식히는 중에 약해진 구조로 인해 무너질 수 있어요. 될 수 있으면 오븐 자체의 설정 온도만 믿지 말고 오븐 온도계를 이용하여 굽는 온도를 확인하도록 하세요.

② 굽자마자 갑자기 찬 곳에서 식히게 되면 급한 온도 변화로 인해 케이크가 수축할 수 있으니 상온에서 천천히 식혀 주세요.

③ 오븐에서 꺼낸 직후 테이블에 약간 세다 싶을 정도로 탕탕 내리쳐서 케이크 속에 남아 있는 뜨거운 수증기를 날려 주면서 상온에서 천천히 식혀 주세요.

## Q 제누와즈 옆면이 쪼글거리고 주름지면서 가라앉아요!

A 오븐 온도가 낮거나 덜 구워지지 않았나요?

[ 해결 방법 ]

필요하다면 굽는 온도를 높여야 해요. 레시피 설명대로 구웠지만 이런 현상이 나타났다면 오븐의 열이 충분하지 않아서일 수 있어요. 충분히 예열하고, 굽고, 꺼내기 전 앞에서 언급한 ③번 방법으로 구워진 제누와즈 상태를 확인한 뒤 꺼내세요.

## Q 제누와즈 윗면이 눅눅해요!

A 가스오븐이나 렌지겸용 오븐과 같이 상단에 열원이 없는 오븐에 구웠거나 굽자마자 케이크를 내리쳐서 수증기를 안 빼 주었나요? 수증기를 빼지 않으면 케이크 속에 갇혀 있던 수증기가 차게 식으면서 제누와즈 윗면을 축축하게 만들죠.

[ 해결 방법 ]

이런 경우에는 반죽팬을 윗단에 올리고 구워 줍니다. 오븐 속 열기는 위쪽으로 상승하기에 제일 윗단에 놓고 구우면 윗면이 눅눅해지는 현상이 해결되죠. 또는 굽는 온도를 10℃가량 높이고 바닥이 타지 않도록 오븐팬을 아래에 두 겹 정도 덧대 주세요. 굽자마자 팬을 테이블에 탕탕 내리쳐서 뜨거운 수증기도 미리 빼 주는 것도 잊지 마시고요.

## Q 반죽을 할 때 액체 재료를 섞으면 반죽이 물처럼 묽어져요!

A 달걀 거품을 충분히 탄탄하게 올리지 않았거나, 버터나 액체 온도가 너무 높았거나, 지방을 포함한 재료의 양이 많았거나, 반죽을 너무 오래 섞진 않았나요?

[ 해결 방법 ]

달걀 거품을 탄탄하게 올려서 리본 상태가 될 때까지 만들어요. 버터나 액체 온도는 꼭 50°~60℃에 맞춰 사용하세요. 또 반죽을 너무 오래 섞지 마세요. 반죽에 액체를 넣은 후 반죽을 제누와즈 섞기 방법으로 대략 30~40회, 최대 50회 정도 섞으면 적당하답니다.

## Basic Genoise
# 기본 제누와즈

🕐 50분

🎯 ★ ☆ ☆

## l 재료

**5.5cm 높이 시트(15cm 원형팬)**

달걀 150g, 설탕 100g, 꿀 8g, 소금 1g,
우유 32g, 버터 20g, 바닐라 익스트랙 4g,
박력분 95g

**4.5cm 높이 시트(15cm 원형팬)**

달걀 144g, 설탕 95g, 꿀 7g, 소금 0.5g,
우유 29g, 버터17g, 바닐라 익스트랙 3g,
박력분 91g

## l 굽기

실제 온도계 기준 170℃
컨벡션오븐 160℃
열선오븐 180℃
굽는 시간 30분

## l 도구

15×7cm 원형팬, 유산지 또는 테프론시트, 핸드믹서,
중탕 냄비, 온도계, 큰 믹싱볼, 저울, 손거품기,
실리콘 주걱, 식힘망

## l 과정 요약

① 오븐을 제시된 온도에 맞추어 예열하고, 모든 재료를 계량해 상온으로 준비하세요.

② 박력분을 2번 체 쳐 두세요.

③ 달걀을 거품기로 풀어 준 후 설탕과 꿀, 소금을 넣고 섞어 주세요.

④ 중탕 냄비에 달걀을 넣은 볼을 걸치고 계속 저으면서 데워 주세요.

⑤ 설탕이 완전히 녹고 38°~42℃ 정도에 도달하면 볼을 중탕 냄비에서 내리세요.

⑥ 중탕 냄비에 우유, 버터 그리고 바닐라 익스트랙을 넣은 볼을 넣어 따뜻하게(50°~55℃) 유지해 주세요.

⑦ 핸드믹서로 '5'의 달걀을 휘핑해 리본 상태까지 만들어 주세요.

⑧ 휘핑한 달걀에 '2'의 박력분을 한 번 더 체 쳐 넣고 섞어 주세요.

⑨ '6'에 '8'의 반죽을 2주걱 정도 덜어 애벌섞기를 하고, 본 반죽에 다시 넣어 섞어 주세요.

⑩ 반죽을 팬에 붓고 예열한 오븐에서 30분 동안 구워 주세요.

1 모든 재료는 상온으로 찬기가 없는 상태로 준비해 주세요. 달걀은 큰 볼에 계량하고, 박력분을 2번 체 쳐 두세요.

2 케이크 팬의 바닥과 옆면에 유산지 또는 테프론시트를 둘러 놓아요. 그런 뒤 오븐은 레시피 온도를 참고하여 20분 이상 예열하세요.

3 달걀을 거품기로 풀어 주는데 설탕을 넣기 전에 먼저 풀어 주어야 노른자가 덩어리지지 않아요. 덩어리진 노른자는 잘 풀리지 않으니 주의하세요.

4 설탕, 꿀, 소금을 넣는데, 이때 설탕을 넣고 나서 오래 두지 말고 바로 섞어 줘야 해요.

5 거품기로 모든 재료들을 섞어 주세요. 이 단계에서는 완전히 녹일 필요 없이 설탕이 젖을 때까지만 섞어 주면 돼요.

6 팔팔 끓인 뜨거운 물을 담은 냄비에 볼을 걸치고 중탕해요. 사진에서처럼 유리볼이 아닌 스테인리스볼을 사용할 경우 볼 바닥이 뜨거운 물에 직접 닿지 않도록 폭이 좁은 중탕 냄비를 사용하세요. 약불로 물을 데우면서 중탕해 주세요.

7 중탕을 할 때 뜨거운 물에 볼을 올린 채 젓지 않고 있으면 달걀이 익을 수 있어요. 그러니 쉬지 말고 계속 저어 주면서 중탕하세요. 설탕이 완전히 녹고 중탕 온도가 38°~42℃ 사이에 도달하면 볼을 중탕볼에서 내리세요. 만약 실내 온도가 낮다면 중탕 온도를 42℃까지 올려 주세요.

8 작은 볼에 버터, 우유, 바닐라 익스트랙을 함께 넣어 주세요. 볼은 열전도가 잘되는 그릇을 사용하세요.

9 달걀을 중탕하던 물에 볼을 넣고 데워 주세요. 물이 식었다면 따뜻한 물로 교체해서 버터와 우유를 중탕하여 반죽할 때까지 따뜻하게(50° ~55℃) 유지하세요. 전자레인지를 사용해 데우려면 10~20초씩 짧게 돌려 원하는 온도가 될 때까지 데워 주는데 전자레인지는 급하게 끓어오를 수 있으니 주의해 주세요.

## 달걀 거품 내기

10 핸드믹서 단계를 고속으로 세팅하고 달걀을 휘핑해 거품을 올려 주세요. 달걀 3개 정도를 기준으로 6분 정도 휘핑하세요. 이때 달걀 온도 또는 핸드믹서 파워에 따라 시간 조절이 필요해요.

11 달걀 휘핑 6분 뒤에는 부피가 처음보다 3배 이상 커지고, 색이 뽀얗게 변하며, 거품은 아주 조밀하게 만들어질 거예요. 하지만 여전히 큰 기포가 눈에 띄어요.

12 핸드믹서는 가장 낮은 단계로 내리고 거품날은 수직으로 세워서 아주 천천히 돌리면서 휘핑해 큰 거품을 더 잘게 쪼개 작고 고운 거품으로 만들어 주는데, 이렇게 2~3분 정도 정리해 주세요. 기포를 정리하는 단계에서는 원을 그리는 휘핑 동작을 최소화하고 그저 핸드믹서 거품날이 구석구석 거품을 잘게 쪼갠다는 느낌으로 천천히 움직이세요. 거품날이 지나가며 큰 기포들이 날 쪽으로 빨려 들어가는 모습을 즐기세요.

13 거품을 정리해 표면이 매끈해진 상태예요. 휘퍼로 거품을 떠올려 아래로 흘려 보면 끊기지 않고 흘러내리면서 리본처럼 착착 예쁘게 접힐 거예요.

> **More** 이 상태를 리본(Ruban, 뤼방) 상태라고 해요. 기포의 크기가 눈으로는 구분이 잘 안 될 정도로 조밀해지고, 전체적으로 표면에 윤기가 돌면서 탄탄해진 걸 느낄 거예요. 이렇게 조밀하고 탄탄한 거품을 만들어야 다른 재료를 섞는 과정에서도 거품이 급하게 꺼지지 않고 결이 곱고 탄력 있는 제누와즈가 만들어져요.

14 리본처럼 쌓였던 반죽이 아주 천천히 가라앉은 상태가 이상적이에요. 반죽에 이쑤시개를 1cm 깊이로 꽂았을 때 넘어지지 않거나 아주 천천히 기울어지면 잘 만들어진 거예요.

## 밀가루 섞기

15 체 쳐 둔 박력분을 한 번 더 체치면서 넣어 주세요. 가루가 최대한 뭉치지 않은 상태로 넣어 주면 좋아요.

16 주걱으로 반죽 가운데 부분을 가르면서 볼 바닥까지 넣어 주세요.

17  바닥을 훑으면서 볼 측면을 따라 반죽을 퍼올려 주세요.

18  반죽 표면에서 주걱을 뒤집어 접어 주세요. 전체 동작을 위에서 보면 알파벳 J자를 그리는 모습이에요.

19  볼을 잡고 내가 서 있는 쪽으로 30° 정도 회전시켜 주걱이 들어갈 위치를 바꿔 줘요. 여기까지 연결 동작이 섞기 1회에요. 약 1초에 1회 움직여 주세요.

> **Tip**  반죽을 떠 올려서 접어 주는 것을 폴딩(Folding)이라 해요. 이 동작을 위에서 보면 알파벳 J 모양으로 보이는, 볼을 돌리면서 J를 그리는 느낌이죠. 주걱으로 퍼 올리면 반죽 표면에서 바로 뒤집어 접어 주는 거죠. 높이 떠 올리면 반죽에 큰 기포를 집어넣게 되니 주의하세요.

20  바뀐 자리에서 다시 주걱으로 반죽을 가르고 퍼 올려 뒤집어요. 신속하지만 부드러운 반복 동작으로 섞어 주되 날가루가 살짝 남았을 때까지만 해 주세요. 이 단계에서는 달걀 거품을 많이 꺼뜨리지 않도록 주의해야 해요.

21 데운 우유와 버터를 잘 섞어 준 뒤 반죽을 1~2주걱 정도 덜어 넣고 애벌섞기<sup>*</sup>해요. <sup>*</sup> p.43 '7. 애벌섞기를 하는 이유' 참고

22 꼼꼼히 섞어 줘요. 이때 넣은 반죽은 완전히 사그라들어도 괜찮아요. 단 반죽과 우유, 버터가 잘 섞여서 질감이 균일하게 되어야 해요.

23 애벌반죽이 주걱을 거쳐서 들어가도록 부어 넣으세요. 두 손을 빙 돌리면서 넣고 한 곳에만 집중적으로 들어가지 않도록 해 주세요.

24 J자를 그리듯이 주걱으로 반죽을 가르면서 넣고 바닥에서 반죽을 퍼올려 뒤집어 주기를 반복하세요. 약 40회 정도를 섞으면 추가한 재료가 거의 다 섞여요.

25 재료가 완전히 섞인 뒤에도 50~60회 정도 더 섞어 주는데 이때 횟수를 지켜 주세요. 이 레시피 방법 그대로 섞었을 경우 대체로 0.53 정도의 비중을 갖게 되는데 이는 균일한 텍스쳐의 제누와즈를 만드는 데 요구되는 비중이에요. 참고로 달걀 거품 상태에 따라 섞는 횟수는 달라질 수 있어요. 거품의 부피가 너무 풍성한 경우라면 조금 더 섞어 주면 되지만 오버믹싱을 하게 되면 거품이 많이 꺼져서 케이크가 충분히 부풀지 못해요. 또한 글루텐이 많이 형성되어 질긴 질감을 가진 제누와즈 만들어질 수 있으니 주의해야 해요.

26 완성한 반죽을 팬닝하기 전에 볼을 테이블에 가볍게 쳐서 큰 기포를 터트려요. 손바닥으로 볼 바닥을 쳐 주어도 돼요. 팬닝하고 나서 탕탕 치면서 거품을 터트리는 데 집중하면 위아래 텍스쳐가 달라져요. 미리 어느 정도 큰 기포를 잡아 준 뒤 팬닝하면 좋아요.

27 반죽을 20~30cm 높이에서 팬에 흘려 줘요. 이 과정에서 큰 기포들이 또 터지죠.

28 마지막 긁어 담은 반죽은 얼룩처럼 보여요.

29 표면을 가볍게 왔다갔다 쓸면서 잘 섞어 주세요.

30 팬을 작업대에 2회 정도 탕탕 내리쳐서 다시 한 번 기포를 떠오르게 해 터트려 줘요.

31 예열한 오븐에서 30분 동안 구워 주는데 이때 팬 위치는 오븐의 가장 중앙이 좋아요. 무엇보다 굽는 동안 오븐 문을 열지 않도록 해요.

## 식히기

32 다 구워진 제누와즈는 오븐에서 꺼내자마자 팬을 테이블에 두 차례 내리쳐서 뜨거운 수증기를 빼는 작업을 해 주세요.

33 식힘망 위에서 팬을 뒤집어서 케이크를 분리해 주세요.

34 뒤집은 채로 3~5분 정도 놓아 두세요. 이 과정은 케이크를 뒤집어 둠으로써 위아래 밀도를 비슷하게 맞추려는 목적이에요.

35 다시 바로 놓고 옆면의 유산지를 바로 떼어 내거나 그대로 두고 식혀 주세요.

36 완전히 식은 뒤에 사용하세요. 미리 만들어 며칠 동안 보관이 필요하면 유산지를 떼지 않은 채 랩으로 밀착하여 감싼 뒤 냉동실에 보관하세요.

Choco Genoise

# 초코 제누와즈

🕐 50분
🎯 ★

## | 재료(15cm 원형팬)

달걀 150g, 설탕 100g, 소금 1g,
박력분 74g, 코코아 가루 17g,
우유 32g, 버터 20g, 바닐라 익스트랙 4g

## | 굽기

실제 온도계 기준 170℃
컨벡션오븐 160℃
열선오븐 180℃
굽는 시간 30분

## | 도구

15×7cm 원형팬, 유산지 또는 테프론시트, 핸드믹서, 중탕 냄비, 온도계, 큰 믹싱볼, 저울, 손거품기, 실리콘 주걱, 식힘망

## | 과정 요약

① 오븐을 제시된 온도에 맞추어 예열하고, 모든 재료를 계량해 상온으로 준비하세요.

② 박력분과 코코아 가루를 섞어 2번 체 쳐 두세요.

③ 달걀을 거품기로 풀어 준 후 설탕, 꿀 그리고 소금을 넣고 섞어 주세요.

④ 중탕 냄비에 달걀을 넣은 볼을 걸치고 계속 저으면서 데워 주세요.

⑤ 설탕이 완전히 녹고 38°~42℃ 정도에 도달하면 볼을 중탕 냄비에서 내리세요.

⑥ 중탕 냄비에 우유, 버터 그리고 바닐라 익스트랙을 넣은 볼을 넣어 따뜻하게(50°~55℃) 유지해 주세요.

⑦ 핸드믹서로 '5'의 달걀을 휘핑해 리본 상태까지 만들어 주세요.

⑧ 휘핑한 달걀에 '2'의 체 친 가루재료를 한 번 더 체 쳐 넣고 섞어 주세요.

⑨ '6'에 '8'의 반죽을 2주걱 정도 덜어 애벌섞기를 하고, 본 반죽에 다시 넣어 섞어 주세요.

⑩ 반죽을 팬에 붓고 예열한 오븐에서 30분 동안 구워 주세요.

## 미리 할 일

1   모든 재료는 상온에서 찬기 없는 상태로 계량하세요.

2   박력분과 코코아 가루는 함께 섞어 2번 체 쳐 두세요.

3   케이크 팬의 바닥과 옆면에 유산지 또는 테프론시트를 둘러 주세요.

## 반죽 & 굽기   * p.48 '기본 제누와즈' 참고

4   큰 볼에 계량한 달걀을 거품기로 풀어 주세요.

5   설탕, 꿀 그리고 소금을 넣어 주세요.

6   거품기로 설탕이 완전히 녹을 때까지 잘 섞어 주세요.

7 냄비에 뜨거운 물을 준비하세요. 여기에 달걀 푼 볼을 걸치고 중탕해요. 쉬지 않고 계속 저어 주면서 달걀 온도가 38°~42℃에 도달할 때까지 중탕하세요. 이때 거품을 낼 필요는 없어요.

8 설탕이 완전히 녹고 온도가 38°~42℃ 정도에 도달하면 볼을 중탕볼에서 내려요.

9 중탕 냄비에 버터, 우유, 바닐라 익스트랙이 담긴 볼을 넣어서 데워요. 반죽에 넣을 때까지 따뜻하게(50°~60℃) 유지시키세요.

10 핸드믹서 단계를 고속으로 세팅한 뒤 달걀을 휘핑해 거품을 올려요. 대략 이 레시피 기준으로 6분 정도 하면 돼요. 하지만 시간은 달걀 온도 또는 핸드믹서의 파워에 따라 조절해야 해요.

11 6분 후에는 부피가 거의 3배 이상 커지고, 색은 뽀얗게 변하며, 거품 크기는 아주 조밀하게 만들어졌을 거예요. 하지만 여전히 큰 기포는 눈에 띄죠. 이때 핸드믹서 단계를 가장 낮은 단계로 내리고 아주 천천히 돌리는 동작으로 휘핑을 해 줘요. 이렇게 큰 거품을 더 쪼개 작고 고운 거품을 만들어요. 대략 2~3분 정도 정리해 주세요.

12 거품을 정리한 후 휘퍼로 거품을 떠 올려 아래로 흘려 보면 끊기지 않고 흘러내리면서 리본처럼 착착 예쁘게 접힐 거예요. 본 반죽 위에 쌓였다가 아주 천천히 흡수되는 정도면 완성이에요.

13 체 쳐둔 박력분을 한 번 더 체 치면서 넣어 줘요.

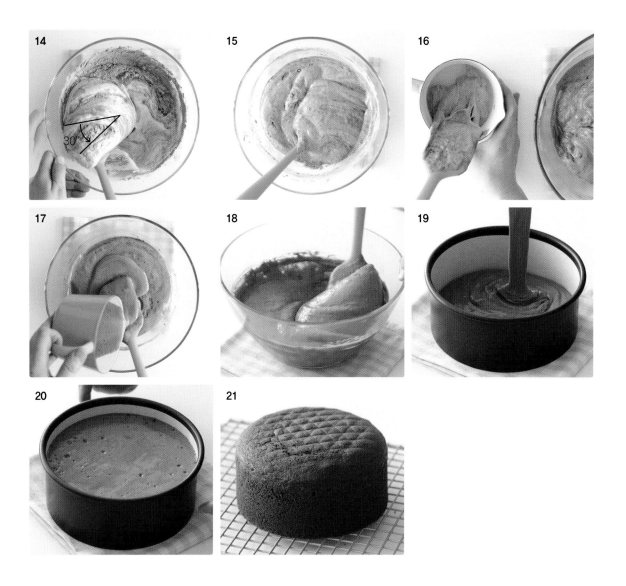

14-15    날밀가루가 살짝 보일 때까지만 섞어 주세요. 달걀 거품이 많이 꺼지지 않도록 하세요.   * p.53 '밀가루 섞기' 참고

16       반죽을 1~2주걱 덜어내어 우유와 버터를 데운 볼에 넣어 애벌섞기를 해요.   * p.43 '7. 애벌섞기 하는 이유' 참고

17       애벌반죽이 주걱을 거쳐서 들어가도록 부어 넣으세요. 그런 뒤 돌리면서 넣어서 한곳에만 집중적으로 들어가지 않도록 해요. 그런 뒤 40회 이상 섞어 주세요.

18       애벌반죽이 완전히 섞인 후에 10회 정도만 더 섞어 주세요. 코코아 가루의 지방 성분으로 인해 거품이 쉽게 꺼지는 편이라 초코 제누와즈는 골고루 섞어 주되 오버믹싱하지 않고 신속하게 반죽을 끝내야 해요.

19       반죽을 약 20~30cm 높이에서 팬에 흘려 담아요.

20       팬을 작업대에 2회 정도 탕탕 내리쳐서 크고 작은 기포를 떠오르게 만들어 터트려 주세요. 예열한 오븐에서 30분 동안 구워 주세요.

21       다 구워진 제누와즈는 오븐에서 꺼내자마자 팬을 테이블에 두 차례 내리쳐서 뜨거운 수증기를 빼는 작업을 해주세요. 식힘망 위에서 팬을 뒤집어 케이크를 분리한 뒤 3~5분 정도 놓고 완전히 식혀 주세요.

Dalgona Genoise

# 달고나 제누와즈

70분

★★

## ▎재료(15cm 원형팬)

달걀 150g, 달고나 가루 110g, 소금 1g,
박력분 90g, 옥수수 전분 5g,
우유 33g, 버터 20g, 바닐라 익스트랙 4g

달고나 가루 : 설탕 140g, 베이킹소다1g, 박력분 3g

## ▎굽기

실제 온도계 기준 170℃
컨벡션오븐 160℃
열선오븐 180℃
굽는 시간 30분

## ▎도구

15×7cm 원형팬, 유산지 또는 테프론시트, 핸드믹서, 중탕 냄비, 온도계, 큰 믹싱볼, 저울, 손거품기, 실리콘 주걱, 식힘망

## ▎과정 요약

① 오븐을 제시된 온도에 맞추어 예열하고, 모든 재료를 계량해 상온으로 준비하세요.

② 달고나를 만든 후, 완전히 식힌 달고나를 블렌더에 갈아 놓으세요.

③ 박력분과 옥수수 전분을 섞어 체 쳐 두세요.

④ 달걀을 거품기로 풀어 준 후 간 달고나와 소금을 넣고 섞어 주세요.

⑤ 중탕 냄비에 달걀을 넣은 볼을 걸치고 계속 저으면서 데워 주세요.

⑥ 달고나가 녹고 38°~42℃ 정도에 도달하면 볼을 중탕 냄비에서 내리세요.

⑦ 중탕 냄비에 우유, 버터, 바닐라 익스트랙을 계량한 볼을 넣어 따뜻하게(50°~55℃) 유지하세요.

⑧ 핸드믹서로 '6'의 달걀을 휘핑해 리본 상태까지 만들어 주세요.

⑨ 휘핑한 달걀에 '3'의 체 친 가루 재료를 넣고 섞어 주세요.

⑩ '7'에 '9'의 반죽을 1~2주걱 정도 덜어 애벌섞기를 하고, 본 반죽에 다시 섞어 주세요.

⑪ 반죽을 팬에 붓고, 예열한 오븐에서 30분 동안 구워 주세요.

## 미리 할 일

1     모든 재료는 상온에서 찬기 없이 계량해요.

2     박력분과 옥수수 전분을 섞어 2번 체 쳐 두세요.

3     원형팬에 유산지를 깔아 준비하세요.

## 달고나 만들기

4     바닥이 두꺼운 냄비에 설탕을 넣고 중약불에서 가열해 주세요.

5     냄비 주변과 바닥 일부에 설탕이 녹으면서 부분적으로 갈색으로 변하기 시작해요.

6     한 부분만 타지 않도록 조금씩 저어 주세요.

7 설탕이 더 많이 녹으면서 부드러워질 때까지 계속 저어 주세요.

8 설탕이 거의 다 녹을 때쯤 불을 약불로 줄이고 필요에 따라 냄비를 불에서 멀리 띄워 타지 않도록 조절해요. 설탕이 완전히 액체가 될 때까지 저어 주세요.

9 설탕이 다 녹고 연기가 조금씩 나기 시작해요.

10 곧이어 미세한 거품이 올라오면 불을 꺼 주세요.

11 불을 끄자마자 재빨리 베이킹소다를 넣어 주세요.

12 빠르고 힘차게 저어서 베이킹소다를 섞어 주세요. 냄비는 여전히 뜨거워서 설탕은 시간이 지날수록 탈 수 있으므로 그 전에 빠르게 섞어 주어야 해요.

| | |
|---|---|
| 13 | 베이킹소다와 설탕이 반응하여 거품이 하얗게 일어나게 되는데 계속 빠르게 섞어 주세요. |
| 14 | 베이킹소다가 다 섞일 때쯤 부피가 팽창하면서 밝은 갈색이 돼요. |
| 15 | 낮은 사각팬에 유산지를 깔고 달고나를 부어 줘요. |
| 16 | 달고나는 습기에 약하므로 건조한 곳에서 완전히 식혀 주세요. |
| 17 | 달고나가 완전히 식으면 잘게 부숴 줘요. |
| 18 | 블렌더에 달고나와 박력분 6g을 넣어요. 달고나는 습기에 약하고 끈적이기 때문에 가루가 쉽게 덩어리져요. 그래서 박력분을 넣어 그런 현상을 줄여 줘요. |
| 19 | 블렌더에 곱게 갈아 주세요. |
| 20 | 달고나 가루를 체에 걸러 주는데, 달고나 가루는 뭉쳐지기 쉬우므로 오래 보관하지 말고 바로 사용하세요. 보관이 필요하다면 실리카겔과 함께 밀폐용기에 넣어 상온에서 보관하세요. |

* p.48 '기본 제누와즈' 참고

21 달걀을 거품기로 풀어 주세요.

22 풀어진 달걀에 달고나 가루와 소금을 넣어 주세요.

23 거품기로 섞어 주세요. 지금은 가루가 젖을 때까지만 섞어 주면 되고 완전히 녹일 필요는 없어요. 달고나 가루는 쉽게 뭉쳐지지만 괜찮아요.

24 팔팔 끓인 뜨거운 물이 담긴 냄비에 볼을 걸치고 중탕하세요. 달고나 가루를 최대한 녹이고 나서 덩어리가 약간 남더라도 온도가 38°~42℃ 사이에 도달하면 볼을 중탕볼에서 내려 주세요.

25 작은 볼에 버터와 우유 그리고 바닐라 익스트랙을 함께 넣고 중탕볼에서 데워 주세요. 사용 전까지 온도를 50°~55℃로 유지해요.

26 '24'에 중탕한 버터와 우유를 넣고 고속으로 휘핑을 시작하세요. 휘핑을 하면 달고나 가루의 덩어리는 사라지고 거의 다 녹게 돼요.

27     휘핑하세요.

28     체 쳐 둔 박력분과 옥수수 전분을 한 번 더 체 치면서 넣어 줘요.

29     반죽하세요.

30     날밀 가루가 아주 살짝 보일 때까지만 섞어 주세요.

31     반죽을 1~2주걱 덜어 내어 우유와 버터를 데운 볼에 넣고 애벌섞기*를 하세요.

32     본반죽에 섞어 주세요.

33     마무리 반죽*해 주세요.   * p.56 '마무리 반죽' 25~26번 참고

34     팬닝하고 예열한 오븐에서 30분간 구워 주세요.*   * p.56 '팬닝과 굽기' 27~31번 참고

35     다 구워진 제누와즈는 오븐에서 꺼내자마자 팬을 테이블에 두 차례 내리쳐서 뜨거운 수증기를 빼고 식힘망에 뒤집어서 3~5분 정도 놓아 둔 뒤 다시 바로 놓고 완전히 식혀 주세요.

## Coffee Genoise
# 커피 제누와즈

⏱ 50분
◎ ★

**Ι 재료(15cm 원형팬)**

달걀 150g, 설탕 93g, 소금 1g, 꿀 8g,
박력분 93g,
우유 33g, 커피 가루 6g, 버터 20g,
바닐라 익스트랙 4g

**Ι 굽기**

온도계 기준 170℃
컨벡션오븐 160℃
열선오븐 180℃
굽는 시간 30분

**Ι 도구**

15cm 원형팬, 유산지, 핸드믹서, 중탕 냄비, 온도계, 큰 믹싱볼, 손거품기, 실리콘 주걱, 식힘망

**Ι 과정 요약**

① 오븐을 제시된 온도에 맞추어 예열하고, 모든 재료를 계량해 상온으로 준비하세요.
② 박력분을 2번 체 쳐 두세요.
③ 커피 가루에 뜨거운 우유를 부어 커피 우유를 만들어 주세요.
④ 달걀을 거품기로 풀어 준 후 설탕, 꿀 그리고 소금을 넣고 섞어 주세요.
⑤ 중탕 냄비에 달걀을 넣은 볼을 걸치고 계속 저으면서 데워 주세요.
⑥ 설탕이 완전히 녹고 38°~42℃ 정도에 도달하면 볼을 중탕 냄비에서 내리세요.
⑦ 중탕 냄비에 커피 우유, 버터 그리고 바닐라 익스트랙을 넣은 볼을 넣어 따뜻하게(50°~55℃) 유지해 주세요.
⑧ 핸드믹서로 '6'의 달걀을 휘핑해 리본 상태까지 만들어 주세요.
⑨ 휘핑한 달걀에 '2'의 체 친 박력분을 한 번 더 체 쳐 넣고 섞어 주세요.
⑩ '7'에 '9'의 반죽을 2주걱 정도 덜어 애벌섞기를 하고, 본 반죽에 다시 넣어 섞어 주세요.
⑪ 반죽을 팬에 붓고, 예열한 오븐에서 30분 동안 구워 주세요.

미리 할 일

1   모든 재료는 상온에서 찬기가 없는 상태로 준비해 주세요. 달걀은 큰 볼에 계량하고, 박력분을 두 번 체 쳐 두세요.

2   케이크 팬의 바닥과 옆면에 유산지 또는 테프론시트를 둘러 놓아요. 오븐은 레시피 온도를 참고해 20분 이상 예열해 주세요.

3   커피 가루에 뜨거운 우유를 부어 녹여 주세요.

반죽 & 굽기   * p.48 '기본 제누와즈' 참고

4   달걀을 거품기로 풀어 준 후 풀어 놓은 달걀에 설탕과 꿀, 소금을 넣고 잘 섞어 주세요.

5   방금 끓인 뜨거운 물이 담긴 냄비에 볼을 걸치고 중탕하세요. 달고나 가루가 남아 있어도 온도가 38℃~42℃가 되면 볼을 중탕볼에서 내려 주세요.

6   작은 볼에 버터와 커피 우유 그리고 바닐라 엑스트랙을 함께 넣고 중탕볼에서 데워요. 사용 전까지 온도를 50° ~55℃로 유지해 주세요.

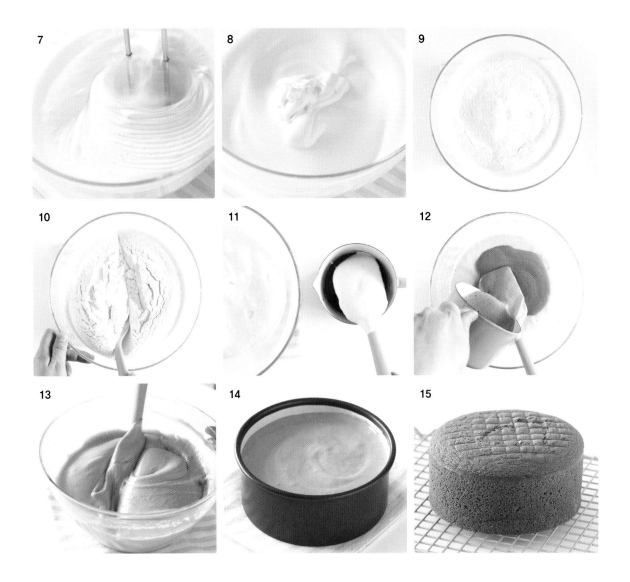

7    중탕한 달걀을 핸드믹서 고속으로 6분, 저속으로 2분 휘핑하세요.

8    리본 상태까지 휘핑하세요.

9    체 쳐 둔 박력분을 한 번 더 체 치면서 넣어 주세요.

10   30~40회 정도 섞어 주세요.

11   반죽을 1~2주걱 덜어 내어 커피 우유와 버터를 데운 볼에 넣고 애벌섞기를 해요.

12   애벌반죽을 '10'의 본반죽에 부어 섞어 주세요.

13   마무리 반죽을 해 주세요.

14   팬닝하고 예열한 오븐에서 30분간 구워 주세요.

15   다 구워진 제누와즈는 오븐에서 꺼내자마자 팬을 테이블에 두 차례 내리쳐서 뜨거운 수증기를 빼고, 식힘망에
     뒤집어서 3~5분 정도 놓아 둔 뒤 다시 바로 눕히고 완전히 식혀 주세요.

Lemon Genoise Cupcake
# 레몬 제누와즈 컵케이크

30분

## ㅣ 재료(12구 머핀팬)

달걀 120g, 달걀노른자 20g, 설탕 90g, 꿀 6g,

박력분 88g,

우유 18g, 버터 18g,

레몬즙 7g, 레몬 제스트 4g

* 15cm 원형팬에 구우려면 재료 양의 1.25배로 준비하세요

## ㅣ 굽기

실제 온도계 기준 170℃

컨벡션오븐 160℃

열선오븐 180℃

굽는 시간 18분

* 15cm 원형팬은 30분

## ㅣ 도구

12구 머핀팬, 4.5cm 유산지 컵, 핸드믹서, 저울, 중탕 냄비, 온도계, 큰 믹싱볼, 손거품기, 실리콘 주걱, 식힘망, 레몬 제스트

## ㅣ 과정 요약

① 오븐을 제시된 온도로 예열하고, 모든 재료를 계량해 상온으로 준비해 주세요.

② 박력분을 2번 체 쳐 두세요.

③ 레몬은 껍질을 갈아 내 곱게 다지고, 레몬즙을 짜 두세요.

④ 달걀을 거품기로 풀어 준 후 설탕, 꿀 그리고 소금을 넣고 섞어 주세요.

⑤ 중탕 냄비에 달걀을 넣은 볼을 걸치고 계속 저으면서 데워 주세요.

⑥ 설탕이 완전히 녹고 38°~42℃ 정도에 도달하면 볼을 중탕 냄비에서 내리세요.

⑦ 중탕 냄비에 우유와 버터를 넣은 볼을 넣어 따뜻하게(50°~55℃) 유지해 주세요.

⑧ 핸드믹서로 '6'의 달걀을 휘핑해 리본 상태까지 만들어 주세요.

⑨ 휘핑한 달걀에 '2'의 체 친 박력분을 한 번 더 체 쳐 넣고 섞어 주세요.

⑩ '7'에 '9'의 반죽을 1~2주걱 정도 덜어 애벌섞기를 하고, 본 반죽에 다시 섞어 주세요.

⑪ 레몬 제스트와 레몬즙을 넣고 고르게 섞어 주세요.

⑫ 반죽을 팬에 붓고, 예열한 오븐에서 30분 동안 구워 주세요.

## 미리 할 일

1     모든 재료는 상온에서 찬기가 없는 상태로 준비하세요. 달걀은 큰 볼에 계량하고, 박력분을 2번 체 쳐 두세요.

2     12구 머핀팬에 유산지컵을 깔아 두세요. 오븐을 레시피 온도를 참고해 20분 이상 예열하세요.

3     레몬제스터로 레몬 껍질의 노란 부분만 갈아 내세요.

4     레몬 제스트는 간혹 케이크 안에서 질긴 섬유질처럼 느껴질 수 있어요. 그런 식감을 방지하기 위해 레몬 제스트를 더 곱게 다져 주세요.

5     레몬즙을 짜 놓아요.

반죽 & 굽기

6    풀어 놓은 달걀에 설탕과 꿀을 넣고 잘 섞어 주세요.

7    방금 끓인 뜨거운 물이 담긴 냄비에 볼을 걸치고 중탕해요.

8    작은 볼에 버터와 우유를 함께 넣고 중탕볼에서 데워 주세요. 사용 전까지 온도를 50°~55℃로 유지해 주세요.

9    중탕한 달걀을 핸드믹서 고속으로 6분, 저속으로 2분 휘핑해 주세요.

10   리본 상태까지 휘핑해요.*   * p.52 '달걀 거품 내기' 10~14번 참고

11   체 쳐 둔 박력분을 한 번 더 체 치면서 넣어 주세요.

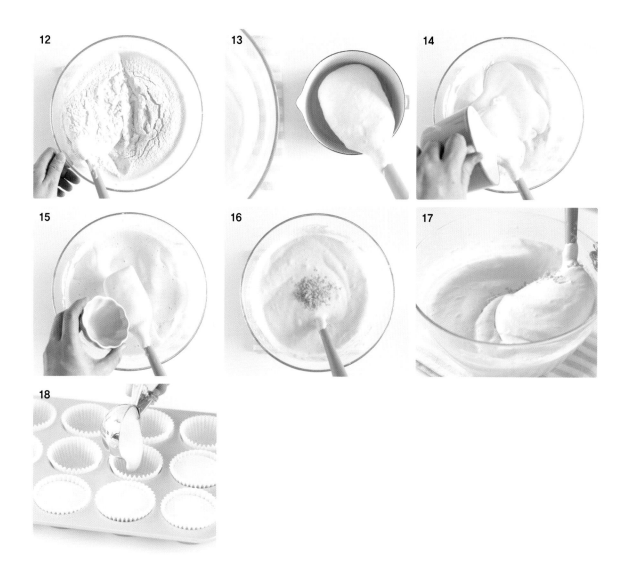

| | | |
|---|---|---|
| 12 | 30~40회 정도 섞어 주세요.<sup>+</sup> <sup>*</sup> p.52 '밀가루 섞기' 15~20번 참고 | |
| 13 | 반죽을 1~2주걱 덜어 내어 우유와 버터를 데운 볼에 넣고 애벌섞기<sup>+</sup>해요. <sup>*</sup> p.55 '애벌섞기' 21~22번 참고 | |
| 14 | 애벌반죽<sup>+</sup>을 섞어 주세요. <sup>*</sup> p.55 '애벌섞기' 23~24번 참고 | |
| 15 | 레몬즙을 넣어 주세요. | |
| 16 | 레몬 제스트를 넣어 주세요. | |
| 17 | 마무리 반죽<sup>+</sup>해 주세요. <sup>*</sup> p.56 '마무리 반죽' 25~26번 참고 | |
| 18 | 머핀팬에 35g씩 담아 주고. 예열한 오븐에서 18분간 구워 주세요. 다 구워진 컵케이크는 오븐에서 꺼내자마자 식힘망에 올려 완전히 식혀 주세요. | |

## 제누와즈 응용 레시피

재료 양은 모두 15cm 원형팬 기준이며, 필요한 레시피별 포인트를 적어 두었습니다.*

* p.48 '기본 제누와즈'를 참고하여 만들어 보세요.

### ❖ 탄탄한 제누와즈 ❖

달걀 150g, 설탕 110g,
버터 30g, 바닐라 익스트랙 5g,
박력분 100g

### ❖ 가볍고 촉촉한 제누와즈 ❖

달걀 150g, 설탕 90g, 꿀 8g,
식물성 오일12g, 생크림 26g,
바닐라 익스트랙 4g,
박력분 90g

### ❖ 아몬드 제누와즈 ❖

달걀 150g, 설탕 90g, 소금 1g,
우유 28g, 무염 버터 20g,
아몬드 익스트랙 4g,
박력분 77g, 아몬드 가루 19g

### ❖ 코코넛 제누와즈 ❖

달걀 150g, 설탕 100g, 소금 1g,
우유 28g, 무염 버터 20g,
박력분 69g, 코코넛 가루 20g,
아몬드 가루 7g

* 블렌더에 코코넛 가루 약 25g과 박력분 2g을 함께
  넣고 곱게 갈아 준 후, 체에 쳐서 고운 가루 20g만
  사용하세요.

### ❖ 말차 제누와즈 ❖

달걀 150g, 설탕 95g, 꿀 8g, 소금 1g,
우유 30g, 무염 버터 20g,
바닐라 익스트랙 4g,
박력분 88g, 말차 가루 6g

### ❖ 헤이즐넛 초코 제누와즈 ❖

달걀 150g, 설탕 89g, 소금 1g,
우유 30g, 버터 21g, 바닐라 익스트랙 4g,
박력분 50g, 헤이즐넛 가루 19g,
코코아 가루 15g

## ✧ 캐러멜 제누와즈 ✧

달걀 150g, 캐러멜 가루 110g, 소금 1g,
우유 33g, 버터 20g,
박력분 92g

* 캐러멜 가루는 이렇게 만드세요. 설탕130g을 바닥
이 두껍고 깊은 팬에 담아 중약불에 녹이세요. 설탕
이 다 녹고 갈색이 되면 불을 끄고 곧바로 넓은 팬에
부어서 완전히 식혀요. 단단한 캐러멜을 박력분 2g
과 함께 블렌더에 곱게 갈아서 체에 거른 후 사용하
세요.

## ✧ 박하사탕 초코 제누와즈 ✧

달걀 150g, 박하사탕 가루 110g,
박력분 74g, 코코아 가루 17g,
우유 33g, 버터 20g

* 블렌더에 박하사탕 130g 정도와 옥수수 전분 2g을
함께 넣고 곱게 갈아 준 후, 체에 쳐서 고운 사탕 가
루만 사용하세요.

## ✧ 딸기 가루 제누와즈 ✧

달걀 150g, 설탕 95g, 꿀 8g, 소금 1g,
우유 33g, 무염 버터 20g,
박력분 75g, 딸기(혹은 복분자) 가루 18g

* 딸기 색을 위해 반죽 시 핑크색 식용색소를 소량 사
용해도 됩니다.

## ✧ 새싹보리 라임 제누와즈 ✧

달걀 150g, 설탕 95g, 꿀 6g, 소금 1g,
우유 30g, 무염 버터 20g,
박력분 87g, 새싹보리 가루 7g,
라임 제스트 3g

* 라임 제스트는 작게 다진 후 반죽 마지막에 넣으세요.

# 별립법 스펀지 시트

제누와즈 케이크 만들기에 성공한 당신, 축하드립니다. 제누와즈를 만들어 보니 어떠셨나요? 처음엔 실패도 하고 힘들기도 했지만 취향에 맞는 제누와즈를 만들고 보니 욕심이 나지 않으신가요? 이번에는 별립법 스펀지 만드는 법을 배워 볼 차례입니다. 별립법 스펀지 베이킹 방법은 공립법 제누와즈와 비슷하지만 별립법 스펀지에서는 빼놓을 수 없는 주인공은 머랭입니다. 머랭을 완성해서 케이크를 만들다 보면 전문 제빵사가 된 느낌도 받을 수 있을 거예요. 이번에도 천천히 따라 해 보세요!

## | 별립법이란

달걀을 한 번에 거품 내서 만드는 제누와즈 반죽법과 달리, 달걀을 흰자와 노른자로 나누어서 각각 거품을 낸 후 나중에 합쳐서 반죽하는 베이킹 기법으로, 노른자를 뽀얗게 될 때까지 거품을 내고, 또 흰자를 따로 머랭을 만들어 둘을 섞고, 이어서 밀가루와 지방 재료, 액체 재료를 섞어 완성합니다. 더불어 반별립법이란 달걀흰자와 노른자를 분리하고, 흰자를 먼저 거품 내어 머랭을 만든 후 거품 내지 않은 노른자를 바로 섞어 가며 반죽하는 기법이에요. 이 경우 결과물이 별립법과 차이는 거의 없지만, 공정이 좀 더 간단하기 때문에 자주 사용합니다.

이 반죽의 핵심은 흰자 머랭을 이용해 가볍고 공기가 잘 통하는 구조, 즉 스펀지 구조를 만드는 것인데요, 흰자만 따로 거품을 낼 경우 기포를 쉽게 꺼트리는 지방이 없기 때문에 공기 포집이 잘되어서 더 부피감이 있고, 잘 가라앉지 않으며, 힘 있는 구조를 만들 수 있어요. 때문에, 조직이 촘촘하고 기공이 작은 탄력 있는 케이크가 만들어지게 돼요. 그래서 무거운 크림이나 과일을 듬뿍 채우기에 알맞은 케이크 시트가 될 수 있답니다. 또, 공립법 제누와즈보다는 시트가 건조한 편이에요. 이 점은 녹인 버터 대신 식물성 오일이나 생크림을 사용하고 액체 재료(우유 등)의 비율을 약간 높여 줌으로써 건조한 식감을 잡아 줄 수 있고, 머랭 반죽 특성상 케이크 윗면에 큰 기공이 많이 보이는 경우도 줄어들게 되죠. 머랭은 흰자와 설탕의 배합 비율, 온도, 휘핑하는 속도 등 여러 가지 요소 때문에 밀도와 안정성이 달라지게 돼요. 별립법 반죽에서는 이 머랭이 가볍고 성글게 완성되었는지, 매끈하고 탄탄한지에 따라 케이크의 텍스처가 달라지게 됩니다. 따라서 별립법 시트를 만들 땐 먼저 좋은 머랭을 만드는 것이 가장 필요한 작업이라고 할 수 있어요.

## | 머랭이란

머랭은 일반적으로 달걀흰자에 설탕을 넣어 탄탄해질 때까지 휘핑하여 만든 반죽이에요. 만드는 방법에 따라, 프렌치 머랭, 이탈리안 머랭 그리고 스위스 머랭 등이 있어요.

프렌치 머랭은 차가운 달걀흰자에 설탕을 조금씩 넣으면서 휘핑하여 만듭니다. 만드는 방법이 비교적 간단하지만 안정성은 다른 머랭에 비해 떨어져요. 그래서 스펀지 케이크, 수플레, 또는 쉬폰 케이크 반죽에 사용합니다.

이탈리안 머랭은 설탕과 물을 끓여서 115°~118℃ 정도의 뜨거운 시럽을 만든 후, 휘핑한 흰자에 조금씩 부어 가면서 만들지요. 프렌치 머랭에 비해 안정

적이고 단단해요. 또 뜨거운 시럽으로 인해 흰자가 살균되는 효과가 있기 때문에 주로 크림이나 무스 등 굽지 않는 제과 품목에 쓰여져요.

스위스 머랭은 달걀흰자에 설탕을 함께 섞고 중탕으로 55°~60℃까지 가열한 뒤 휘핑하여 완성해요. 이탈리안 머랭과 마찬가지로 흰자의 살균 효과가 있고 머랭이 안정적입니다.

---

✦ 알아두세요

## 알면 쓸대있는 머랭 지식

머랭을 만들기 전 이 내용을 꼭 읽어 보세요. 여기에 만족스러운 머랭을 만드는 모든 팁을 모았어요. 아래 내용은 별립법 스펀지 케이크나 쉬폰 케이크 반죽에 사용하는 프렌치 머랭을 기준으로 설명해요.

### 1 휘핑볼

볼의 모양이나 크기는 만들어야 하는 머랭의 양에 따라 달라지겠지요. 하지만 적당한 속도로 안정된 머랭을 만들고 싶다면 폭 좁고 깊은 볼을 사용하기를 추천해요. 볼이 너무 넓으면 핸드믹서를 움직여야 하는 범위가 넓어지고 휘젓는 팔의 속도는 빨라지게 돼요. 또 거품날이 닿지 않는 부분이 생길 수도 있어요. 그래서 좁은 볼에서 천천히 움직이면서 믹서 날 자체 속도에 의존해 꼼꼼히 휘핑하면 거친 거품 형성을 줄일 수 있어요. 전 흰자 양이 110g(달걀 3개 분량) 이하일 때는 지름 18cm 정도의 깊은 믹싱볼을 사용했어요. 넓은 볼을 사용하면 아무래도 움직여야 하는 면적이 넓어져서 골고루 휘핑하기 위해서는 팔을 돌리는 속도가 빨라지죠. 그리고 휘퍼 날이 볼 바닥을 심하게 긁어 대기도 하죠. 좁고 깊은 믹싱볼을 사용하면 좁은 범위에서 골고루 휘핑할 수 있어서 좋고, 여유롭게 움직이므로 처음부터 큰 기포가 과하게 형성되지 않아요. 또한 볼은 깨끗하고 기름기나 물기가 없는 건조한 상태여야 해요. 특히 달걀을 분리할 때 노른자가 조금이라도 들어가지 않도록 주의하세요. 소량의 지방 성분도 머랭을 만드는 데 방해될 수 있어요.

### 2 흰자 온도

온도가 낮을수록 표면장력이 탄력적이어서 기포가 천천히 그리고 조밀하게 생성되므로 질 좋은 머랭을 만드는 데 도움이 돼요. 온도가 높으면 표면장력이 느슨해져서 시작부터 거품 포집이 활발하죠. 대신 입자가 크고 거친 머랭이 만들어질 수 있어요. 일본 셰프 고지마 루미는 저서 『탐나는 케이크2』에서 흰자 온도를 0℃에 가깝게 준비하라고 해서 이 이론에 따라 저도 대부분 차가운 흰자를 사용해 보았고, 매우 높은 비율로

완벽한 머랭을 만들 수 있었어요. 그러나 흰자 온도는 설탕 비율에 따라서 달라질 수 있어요. 그래서 설탕의 비율이 낮을수록, 예를 들어 설탕의 비율이 50% 이하라면 흰자를 계량한 볼을 냉동실에 잠시 넣어 두어 0℃에 가까운 매우 차가운 흰자를 사용하는 것이 확실히 좋고, 설탕 비율이 50~90% 사이라면 냉장실에서 꺼낸 지 얼마 안 된 차가운 흰자를 사용하세요. 냉장고에서 꺼낸 흰자 온도는 대략 5°~8℃ 정도예요. 설탕 비율이 100% 이상이라면 상온의 흰자를 사용해도 좋아요.

### 3 약간의 산(Acid)

알칼리성을 띠는 달걀흰자에 약간의 레몬즙이나 타르타르산, 식초 등과 같은 산성 재료를 더해 주면 단백질 사슬이 쉽게 풀어져 공기를 쉽게 포집한다고 해요. 또 산은 단백질 응고를 촉진해서 좀 더 안정적인 머랭을 만드는 데 도움을 줘요. 하지만 신선한 달걀을 사용하면 오래된 달걀보다 더 산성이 강하다고 해요. 흰자의 온도, 설탕양, 설탕을 넣는 시점 등을 잘 고려하면서 올바른 방법으로 휘핑한다면 산성 재료 없이도 질 좋은 머랭을 만들 수 있어요.

### 4 휘핑 속도

머랭을 올리는 믹서기 속도를 너무 빠르게 또는 너무 약하게 한다면 머랭을 잘 만들기 어려워요. 속도가 너무 빠르면 처음부터 거품이 크고 성글게 만들어져 처음엔 단단한 듯 보이나 실은 구조력이 약해요. 이런 머랭은 밀가루나 지방 재료 또는 액체 재료를 넣고 섞는 순간 빠르게 무너질 수 있죠. 반대로 속도가 너무 약해도 마찬가지고요. 거품이 매우 느리게 만들어져 설탕을 녹이는 시간도 오래 걸리게 돼요. 따라서 처음에 만들어지는 거품의 양이 많지 않아서 지지력도 약해지면서 부피감 있는 머랭을 유지하기 어렵죠. 따라서 중속 또는 중고속으로 머랭을 충분히 올려 준 후 저속으로 기포를 더 이상 늘리지는 않으면서도 작게 쪼개고 촘촘하게 정리하는 방법이 좋아요. 시중에서 판매하고 있는 핸드믹서의 파워는 150~400w까지 다양한데 이 책에서는 300w파워를 가진 핸드믹서를 사용했어요. 5단계 속도 레벨이 있으며 중속은 3단계를 말해요.

## 5 설탕의 역할

설탕이 단백질의 기포성을 억제하는 작용을 하기 때문에 처음에는 흰자 거품이 만들어지는 것을 방해해요. 하지만 설탕이 기포 주변의 단백질 필름에 녹아들면 주변의 수분을 끌어당겨 시럽 상태가 되는 거예요. 이는 마치 벽돌 사이 시멘트처럼 기포 하나하나를 감싸서 오븐에 구우면 설탕이 품고 있던 수분은 증발하고 바삭한 머랭만 남아 구조가 든든하게 유지되는 것과 같아요.

## 6 흰자 대비 설탕의 비율

케이크 반죽에 사용하는 머랭은 원하는 식감 또는 맛을 내기 위해 흰자에 추가하는 설탕의 비율은 많이 달라질 수 있어요. 설탕 비율이 적을수록 거품이 비교적 빨리 생성되며 크기도 크게 만들어지죠. 대신 나중에 지지력도 약해지기 때문에 거품이 쉽게 무너질 수 있죠. 반면 설탕 비율이 높을수록 거품 형성은 느리지만 구조력이 강한 머랭이 돼요. 설탕 비율이 50% 이하인 경우는 머랭이 빨리 형성되지만 가벼우면서 구조가 약한 머랭이 될 수 있어요. 설탕 비율이 50~90% 사이일 때 머랭의 밀도, 질감, 기포의 포집 정도가 매우 안정화되기 시작하고 설탕 비율이 90% 이상 되면 거품이 느리게 포집되지만 매우 매끈하고, 조밀하고, 쫀쫀한 머랭을 만들 수 있어요. 하지만 이 경우 처음부터 설탕을 너무 많이 넣고 시작한다면 오히려 기포 형성 기회가 줄어서 물처럼 변할 수 있어요.

## 7 설탕을 추가하는 시점

앞에서 언급했듯이 설탕은 단백질의 기포성을 억제하여 흰자 거품이 만들어지는 것을 방해하기도 하지만 이미 만들어진 거품은 잘 감싸서 구조력을 높여 줘요. 따라서 흰자를 먼저 휘핑하여 어느 정도 거품이 형성되면 설탕은 3회 이상 나누어 넣는 것이 좋아요. 또 추가 시점을 잘 조절함으로써 기포를 발달시켰다가 억제하기를 반복하면서 안정된 머랭을 만들어야 해요. 기본적인 방법은 흰자 거품을 내다가 물 같은 흰자가 더 이상 보이지 않을 때, 거품이 맥주 거품처럼 만들어졌을 때 설탕의 1/3을 넣기 시작하여 점차 대략 30초 간격으로 나머지 설탕을 나누어 넣어 준 후 그 후 원하는 머랭의 상태(단단하게 또는 부드럽게)에 도달할 때까지 설탕이 다 녹을 수 있도록 휘핑해 주세요.

설탕은 처음부터 많이 넣으면 머랭이 잘 형성되지 않는 점, 또 너무 늦게 넣으면 기포는 많고 부피감은 커지지만 오히려 나중으로 갈수록 거품이 꺼지면서 묽게 변할 수 있다는 점을 기억해야 해요.

## 8 설탕 비율에 따른 조건 *

아래 표는 머랭을 만들 때 흰자와 설탕 비율에 따른 휘핑 조건을 정리했어요. 케이크 레시피마다 각자 다른 머랭의 배합을 가지고 있기 때문에 항상 같은 방법으로 휘핑하게 되면 머랭의 질이 좋지 않은 경우가 많아서 조건별로 안정적으로 휘핑하는 방법을 정리해 보았어요. 반드시 이렇게 해야 한다는 필수 조건은 아니지만 오랫동안 관찰한 개인적인 경험을 정리한 것임을 알려 드려요. 또한 아래 조건은 흰자 분량이 40~120g 사이일 때를 기준으로 했고, 대체로 스펀지 케이크 레시피에서 요구하는 흰자의 양이기 때문에 흰자의 양이 이보다 더 적거나 많아지면 조건도 달라질 수 있어요.

## 9 머랭을 휘핑할 때 마지막에 저속으로 정리하는 이유

흰자에 마지막 설탕을 추가한 후 원하는 머랭의 형태가 잡히면 저속으로 낮춰서 휘핑하는 것이 좋아요. 핸드믹서를 가장 낮은 단계로 조정한 뒤 휘핑하면 더 이상 거품은 만들지 않으면서도 남아 있는 크기가 큰 기포를 작게 쪼개기만 하게 돼요. 이 작업을 하면 거품이 빨리 무석해지는 것을 막고 안정적인 머랭을 만들게 되는데 이것을 우리는 '거품을 정리한다'라고 하죠.

## 10 머랭과 반죽을 잘 섞는 방법

머랭은 흐름성이 적어요. 덩어리로 뭉쳐서 잘 풀어지지 않기도 하지요. 그래서 반죽에 머랭을 넣고 섞을 때는 주걱으로 머랭을 갈라 주면서 섞는 것이 도움이 돼요. 만일 더 단단한 머랭을 섞어야 할 때는 손거품기로 섞어 주세요. 주걱으로 섞을 때보다 잘 풀어지기 때문에 상대적으로 거품을 덜 꺼트리게 됩니다.

\* 설탕 비율에 따른 조건

| 흰자 대비 설탕 비율 | 추천 흰자 온도 | 추천 휘핑 속도 | 설탕 넣는 시점 | 머랭 특징 |
|---|---|---|---|---|
| 30% 이하 | 0~4℃ 매우 차가운 흰자<br>흰자를 계량한 볼을 냉동실에 넣어 테두리에 살짝 살얼음이 낄 때까지 둠 | 저속 → 중속 → 저속 | 휘핑과 거의 동시에 넣기 시작해 두 번에 나누어 넣기 | 흰자를 차갑게 준비하지 않을 경우 구조가 성글고 힘이 약함<br>레시피에 베이킹소다가 추가적으로 필요함 |
| 30~50% | 4℃~8℃ 차가운 흰자<br>흰자를 계량한 볼을 냉동실에 잠시 넣어 둠 | 중속 → 저속 | 휘핑 시작 후 40초만에 넣기 시작<br>세 번에 나누어 추가 | 머랭이 차갑지 않을 경우 머랭의 힘이 약한 편<br>오래 휘핑하면 무석해지기 쉬움 |
| 50~80% | 8℃~14℃ 냉장실에서 꺼낸 흰자를 바로 사용하거나 흰자를 계량한 볼을 냉장실에 넣어 두었다가 사용 | 중속 → 저속 | 맥주 거품처럼 뒤덮이면(40~60초) 넣기 시작<br>세 번에 나누어 추가 | 머랭이 윤기가 나며 안정적임 |
| 80% 이상 | 18℃~20℃ 상온의 흰자를 사용 | 중속 → 저속 | 맥주 거품처럼 뒤덮이면(40~60초) 넣기 시작<br>세 번 이상 나누어 추가 | 머랭이 매우 조밀하고 광택이 나며 탄력 있음<br>덜 녹은 설탕이 없도록 주의 |

이번에 소개하는 머랭 만들기는 스펀지 케이크, 비스퀴 그리고 쉬폰 케이크를 만들 때 필요한 머랭을 만드는 방법이에요. 이탈리아 머랭, 스위스 머랭 등과는 달라요. 여기서는 흰자에 설탕을 조금씩 넣으면서 휘핑하는 프렌치 머랭(Cold Meringue)을 만드는데 저는 초 단위로 나누어 동작 설명을 했어요. 이처럼 머랭을 올릴 때 정확히 시간을 맞추어야 하는 것은 아니지만 처음 해 보는 분들도 어느 정도 감을 잡을 수 있도록 적당한 기준을 제시한 것이에요. 처음에는 제시한 시간대로 그대로 따라해 보세요. 그러다가 감이 잡히면 눈으로 적당한 상태를 알아보는 경지에 이르게 되죠. 그 후에는 이런 분, 초가 의미가 없어질 거예요.

다음에 설명하는 레시피에서 자세하게 나열한 조건과 과정들은 반드시 머랭 만들기의 정석은 아니에요. 단지 수없이 많은 머랭을 만들어 보면서 제일 안정적이었던 방법을 제가 했던 그대로 적어 보았어요. 어떻게 보면 'TMI'일 수 있으나 초보자분들에게는 좋은 결과에 빠르게 도달할 수 있도록 돕고, 그동안 실패 원인을 몰랐던 분은 놓친 포인트를 확인할 수 있는 기회가 될 수 있을 거라 생각합니다. 하지만 결국은 이것을 기반으로 여러분 자신만의 노하우를 만들어 가는 것이 중요해요. 설명이 길고 복잡해 보일 수 있지만 익숙해지면 매우 간단한 과정이니 반복하여 읽어 숙지한 후 전 과정을 매끄럽게 연결할 수 있도록 해 보세요.

### 머랭 만들기

**재료:** 달걀흰자 100g, 설탕 55g

이 재료 비율 이외의 머랭을 만들 때는 왼쪽의 '설탕 비율에 따른 조건' 표에서 제시한 설탕 비율에 따라 흰자를 알맞은 온도로 준비하고 흰자의 양에 따라 휘핑 시간도 달라지니 유의하세요. 작업하는 실내 온도도 결과에 영향을 줘요. 특히 너무 더우면 머랭이 금방 사그라들 수 있어요.

**1**
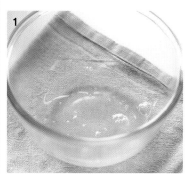

**2**

**3**
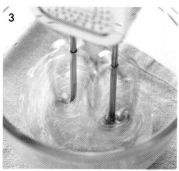

1   휘핑할 볼은 기름기나 수분이 없이 깨끗한 것을 사용해요. 냉장고에서 꺼낸 달걀흰자를 계량한 후 바로 사용하거나 흰자를 볼에 계량한 후 랩을 씌워 냉장고에 넣어서 차게 준비해요.* * p.83 '알면 쓸데있는 머랭 지식' 참고

2   핸드믹서*에 기름기와 물기가 없는 깨끗한 거품날을 끼워 준비해요. * p.10 '핸드믹서' 참고

3   핸드믹서는 기울이지 말고 수직으로 들어 거품날이 바닥에 닿기 직전까지 넣고 중속으로 휘핑을 시작해요. 원을 그리면서 골고루 휘핑하되 거품날이 이미 빠르게 돌고 있으니 팔까지 빠른 속도로 움직일 필요는 없어요. 머랭이 너무 빨리 풍성하게 만들어지면 거품막이 금세 노화되어서 사그라들죠.

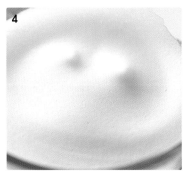  

4 휘핑을 시작하고 약 30~40초 후에는 맥주 거품처럼 고운 거품이 윗부분을 빼곡히 뒤덮은 상태가 될 거예요. 이 상태에 도달하는 시간은 흰자의 온도에 따라 약간 다른데 흰자가 차가울수록 시간이 더 걸려요.

5 사진에서는 머랭의 상태를 보여드리기 위해 휘핑을 멈추고 설탕을 넣고 있지만 사실은 계속 휘핑하면서 시간에 맞춰 설탕의 1/3만 넣어야 해요.

6 중속으로 계속 휘핑하세요. 설탕이 잘 녹을 수 있도록 가장자리와 가운데를 골고루 약 30초 동안 휘핑하는데 가장자리를 휘핑할 때는 다른 손으로 볼을 조금씩 돌려주면서 핸드믹서 날을 볼에 살짝 닿을 정도로 위치시킨 후 앞뒤로 왔다갔다 작은 폭으로 움직이세요.

  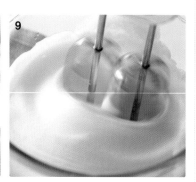

7 30초 후 거품이 좀 더 조밀해지면서 모양과 부피가 구름 같아졌어요. 휘퍼날이 지나간 자국이 나타나기 시작하는데 아직 눈으로 기포 하나하나가 보여요. 표면은 윤기가 돌지 않고 푸석하죠.

8 이때 두 번째 설탕을 1/3 넣어 주세요.

9 약 30초 동안 휘핑하세요.

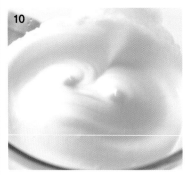  

10 앞 과정보다 더 부피가 커지고 큰 거품이 쪼개져 작고 조밀해지고 머랭에 윤기가 돌기 시작하죠. 믹서기 날이 지나가면 선명한 주름이 생기는 것도 볼 수 있어요.

11  나머지 설탕을 넣고 30초 동안 휘핑하세요.

12  30초 후 머랭이 더욱 조밀해지고 매끄럽게 광택이 나기 시작해요. 거품날이 지나가면 주름이 겹겹이 생기는데 이때 핸드믹서를
　　저속으로 바꾸고 60초 정도 거품 정리시간을 가지세요.

　　　Tip　저속으로 거품을 정리하는 과정은 아주 중요해요. 눈으로는 거품 입자를 확인할 수 없을 만큼 조밀한 머랭이
　　만들어질 때까지 천천히 원을 그리면서 휘핑하세요.

 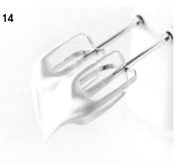 

13  중간중간 휘핑을 멈추고 거품날을 들어 올린 후 볼 안에 머랭뿔 모양을 확인하세요. 사진에서의 머랭은 부드러운 상태죠. 머랭은
　　조밀하고 윤기가 나지만 몸통은 부드럽고 끝은 무거워 축 처져요.

14  거품날에 걸린 머랭의 모습이에요. 역시 젖은 느낌으로 축 처져 있어요. 흰자 대비 설탕의 양이 많을수록 무겁고 젖은 듯한 머랭
　　이 나오는 편이에요.

15  조금 더 휘핑해 주세요. 다시 확인해 보았을 때 머랭뿔은 가벼워 보이지만 아래로 부드럽게 숙이고 있고 몸통이 힘 있게 서 있다
　　면 중간 정도 부드러운 머랭입니다. 베리류나 과일 퓨레가 들어간 가벼운 무스크림에 사용하기 좋고 또는 별립법 스펀지를 만들
　　때 이 상태의 머랭을 사용하면 적당히 촉촉하면서도 탄력 있는 시트가 만들어져요.

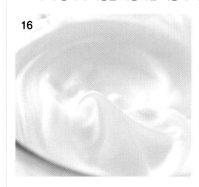 

16  조금 더 휘핑하면 머랭뿔이 더 뾰족해지면서 약간만 아래로 숙여지지요. 매끈하고 부드럽지만 몸통은 아주 탄력 있어요.

17  거품날 끝으로 머랭 끝을 툭툭 쳐 보세요. 몸통은 잘 움직이지 않고 탄력 있게 버티죠. 끝부분만 찰랑거리는 정도로 주걱으로 떠
　　보면 뚝 끊겨요. 다른 반죽에 섞어 보면 저항감이 느껴지지만 겉돌지 않고 잘 섞일 수 있어요. 그러나 시간이 지체되면 무석한 상
　　태로 되기 쉬워 머랭을 완성한 후 바로 반죽에 투입해야 해요.

　　　Tip　이 상태의 머랭은 쉬폰 케이크나, 비스퀴 조콩드 등을 만들 때 좋아요. 가볍고 폭신하지만 탄력 있는 결과물이
　　만들어져요. 마카롱, 다쿠아즈 등에도 적합해요.

## 머랭 상태 비교

**1 부드러운 상태**

머랭뿔이 무거워 보이고 많이 처지며 광택이 생겨요. 주걱으로 퍼 올리면 천천히 흘러내리죠.

**2 부드럽지만 탄력 있는 상태**<sup>*</sup>

몸통은 힘 있게 서 있고 뿔은 가벼워 보이며 부드럽게 휘고 매끈한 광택이 나요. 주걱으로 퍼 올리면 부드럽게 연결되다가 끊겨요.

* 활용 : 무스 크림, 별립법 스펀지

**3 단단한 상태**<sup>*</sup>

몸통은 단단하고 뿔은 뾰족하지만 살짝 휘어 있어요. 주걱으로 퍼 올리면 저항감이 있어 잘 끊여요.

* 활용 : 쉬폰, 비스퀴, 마카롱, 다쿠아즈 등

**4 오버휘핑한 상태**

머랭이 매우 가벼워요. 뚝뚝 끊기기 때문에 휘퍼로 잘 떠올려지지 않고 휘퍼에 머랭이 덩어리지며 갇히죠. 윤기는 사라지고 표면이 거칠어져요.

⏱ 60분
🎯 ★☆☆

## | 재료(15cm 원형팬)

달걀노른자 54g, 설탕A 44g,

달걀흰자 100g, 설탕B 56g,

박력분 100g,

우유 32g, 식물성 오일 22g, 바닐라 익스트랙 6g

## | 굽기

온도계 기준 160℃

컨벡션오븐 150℃

열선오븐 170℃

굽는 시간 35~40분

## | 도구

15×7cm 원형팬, 유산지 또는 테프론시트, 핸드믹서, 중탕 냄비, 온도계, 큰 믹싱볼, 손거품기, 실리콘 주걱, 식힘망

## | 과정 요약

① 오븐을 제시된 온도로 예열하고, 모든 재료를 계량해 상온으로 준비해 주세요.

② 박력분을 2번 체 쳐 두세요.

③ 달걀을 흰자와 노른자로 분리하여 따로 계량하세요

④ 흰자를 계량한 볼은 냉장고에 넣어 두어 8˚~14℃ 정도로 준비하세요

⑤ 식물성 오일, 우유 그리고 바닐라 익스트랙을 한 볼에 섞어 중탕으로 50˚~55℃ 정도까지 데워 두세요.

⑥ 노른자가 담긴 볼에 설탕A를 넣고 색이 뽀얗게 밝아질 때까지 휘핑하세요.

⑦ '4'의 달걀흰자에 설탕B를 3번에 나누어 넣으며 휘핑하여 머랭을 만드세요.

⑧ '6'의 노른자 반죽에 머랭의 1/3을 넣어 먼저 섞어 준 후, 나머지 머랭을 다 넣고 섞어 주세요.

⑨ '2'의 체 친 가루 재료를 한 번 더 체 치면서 넣고 섞어 주세요.

⑩ '5'에 '9'의 반죽을 일부 덜어 애벌섞기를 하고, 다시 본 반죽에 넣어 골고루 섞어 주세요.

⑪ 반죽을 팬에 붓고 예열한 오븐에서 35~40분 동안 구워 주세요.

1  모든 재료는 상온에서 준비하세요. 달걀을 흰자와 노른자로 분리하고 각각 다른 볼에 계량하는데 흰자를 계량한 볼은 랩을 씌워 냉장고에 넣어 두거나 머랭 휘핑 시 온도가 8°~14℃ 정도가 되도록 맞춰 주세요.

2  원형팬의 바닥과 옆면에 유산지를 둘러 놓아요.

3  소금, 식물성 오일, 우유, 바닐라 익스트랙을 한 볼에 섞어 중탕볼에 넣어 온도가 50°~55℃ 정도를 유지하도록 데워 주세요.

   **Tip**  이 레시피에서는 차가운 머랭을 사용하기 때문에 액체 재료는 꼭 따뜻하게 만들어 반죽에 넣었을 때 쉽게 섞일 수 있도록 해 주세요. 만약 온도가 너무 높으면 달걀 거품이 빠르게 꺼지니 주의하세요.

4  달걀노른자를 풀어 준 후 설탕A를 넣어 주세요. 설탕은 달걀의 수분을 흡수하여 노른자가 덩어리질 수 있으므로 지체 없이 섞어 주어야 하며 이때 설탕을 완전히 녹이는 정도는 아니에요.

5 핸드믹서 속도를 중속으로 두고 노른자를 휘핑해요. 별립법은 노른자 거품을 제법 많이 올려야 해요.

6 노른자 거품이 일면서 부피가 커지고 아이보리색으로 변할 때까지 휘핑해요. 믹서기 거품날로 거품을 퍼 올렸을 때 거품이 천천히 주르륵 흘러내리고 잠시 쌓였다가 천천히 사라지는 정도면 딱 좋아요. 그리고 잠시 놓아 두세요.

머랭 * p.85 머랭 만들기 참고

7 핸드믹서 거품날을 깨끗한 것으로 교체하고 살짝 차가운 달걀흰자를 준비하세요.

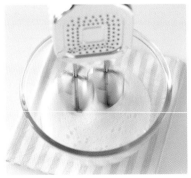

8 핸드믹서 속도를 중속으로 두고 휘핑을 시작해요. 설탕B를 3번에 나누어 넣으면서 광택 있고 조밀한 머랭을 만들어요.

9 휘핑을 멈추고 거품날을 들어 올렸을 때 솟아 있는 머랭을 살피세요. 전체적으로 윤기 나고 머랭뿔 끝은 부드럽게 숙이고 있으며 몸통은 힘 있게 서 있으면 잘된 거예요. 만일 스펀지 케이크에 너무 많은 기공이 보인다면 머랭이 너무 빽빽해서 그런 거예요. 그러니 부드러운 머랭을 만들어 주세요.

## 반죽 섞기

10 거품 낸 노른자 반죽에 머랭의 1/3을 덜어 넣어 주세요.

11 머랭은 거품기로 원을 그리면서 섞어 주세요. 머랭이 노른자의 지방을 만나 쉽게 거품이 꺼질 수 있으니 부드럽게 섞어야 합니다. 거품기를 사용하면 거품을 너무 많이 꺼트리지 않으면서 섞을 수 있어요. 그러나 주걱으로 섞어도 괜찮아요.
노른자와 머랭을 완벽하게 섞기보다는 머랭의 흔적이 남아 있을 때 멈춰 주세요.

12 나머지 머랭을 모두 넣고 거품기로 원을 그리면서 섞어 주세요.

13 가끔 볼 바닥 부분의 반죽도 퍼 올리면서 섞어 주세요. 섞는 동작을
   부드럽게 하여 큰 기포가 생겨 들어가지 않도록 해 주세요.
   거품기로 볼 주변의 덜 섞인 반죽을 긁어 주면서 섞어 주고 머랭 흔
   적이 살짝 남았을 때까지만 섞어 주세요.

14 체 친 밀가루를 1번 더 체 치면서 넣어 주세요.

15 거품기로 볼 바닥부터 반죽을 가끔 박력분이 뭉치지 않도록 흩어주고
   끌어 올리면서 섞어 주세요.

16 부드러운 동작으로 볼을 싹싹 훑어 주면서 반죽을 퍼 올리듯 반죽해
   요. 대략 20~30회 정도로 날가루가 거의 보이지 않을 때까지만 반죽
   해 주세요.

17 데워 둔 우유와 식물성 오일의 온도를 확인해서 50°~55℃ 사이일 때 사용하세요.

18 이제부터 주걱을 사용해요. 반죽을 1주걱 정도 덜어서 애벌섞기*를 해요. * p.43 '7. 애벌섞기 하는 이유' 참고

19 골고루 저어 따뜻한 액체 지방과 거품 반죽이 완전히 섞이도록 해야 해요.

20 애벌반죽이 주걱을 거쳐 흐르게 하는데 볼 안에 빙 둘러 주면서 넣어 주세요.

21 주걱으로 액체 재료가 잘 섞이도록 섞어 주세요.
제누와즈 섞기 방법*으로 약 30~40회 정도 섞어 주세요.

* p.48 '기본 제누와즈' 참고

22 중간중간 볼 주변의 반죽을 잘 훑어서 덜 섞인 반죽이 없도록 해 주세요.

**팬닝과 굽기**

23 준비한 팬에 반죽을 부어 준 뒤 큰 기포를 제거하기 위해 20cm 이상 높은 위치에서 반죽을 흘려 넣어 주세요.

24 마지막 반죽을 긁어 넣으면 표면에 죽은 반죽이 보이는데 주걱으로 잘 펼쳐서 섞어 주세요.

25 볼을 테이블에 탁탁 내리쳐서 떠오른 기포를 없앤 후 예열한 오븐에서 40분간 스펀지 구조가 안정적으로 자리 잡도록 충분히 구워 주세요.

26 다 구워진 케이크는 오븐에서 꺼내자마자 팬을 테이블에 두 차례 내리쳐서 뜨거운 수증기 빼는 작업을 해 주세요.

27 식힘망 위에서 팬을 뒤집어 케이크를 분리한 후 뒤집어서 3~5분 정도 놓아 두세요.

28 다시 바로 놓고 완전히 식혀 주세요.

Matcha Sponge Cake

# 말차 스펀지 케이크(별립법)

🕐 60분

🎯 ★★

## I 재료(15cm 원형팬)

달걀노른자 54g, 설탕A 38g,

달걀흰자 100g, 설탕B 52g,

박력분 84g, 말차 가루 5g,

생크림 29g, 식물성 오일 21g, 바닐라 익스트랙 3g

## I 굽기

실제 온도계 기준 160℃

컨벡션오븐 150℃

열선오븐 170℃

굽는 시간 35~40분

## I 도구

15×7cm 원형팬, 유산지 또는 테프론시트, 저울, 핸드믹서, 중탕 냄비, 온도계, 큰 믹싱볼, 손거품기, 실리콘 주걱, 식힘망

## I 과정 요약

① 오븐을 제시된 온도로 예열하고, 모든 재료를 계량해 상온으로 준비해 주세요.

② 박력분과 말차는 함께 2번 체 쳐 두세요.

③ 달걀을 흰자와 노른자로 분리하여 따로 계량하세요

④ 흰자를 계량한 볼은 냉장고에 넣어 두어 8°~14℃ 정도로 준비하세요

⑤ 생크림, 식물성 오일 그리고 바닐라 익스트랙을 한 볼에 섞어 중탕으로 50°~55℃ 정도까지 데워 두세요.

⑥ 노른자가 담긴 볼에 설탕A를 넣고 색이 뽀얗게 밝아질 때까지 휘핑하세요.

⑦ '4'의 달걀흰자에 설탕B를 3번에 나누어 넣으며 휘핑해서 머랭을 만드세요.

⑧ '6'의 노른자 반죽에 머랭의 1/3을 넣어 먼저 섞어준 후, 나머지 머랭을 다 넣고 섞어 주세요.

⑨ '2'의 체 친 가루 재료를 한 번 더 체 치면서 넣고 섞어 주세요.

⑩ '5'에 '9'의 반죽을 일부 덜어 애벌섞기를 하고, 다시 본 반죽에 넣어 골고루 섞어 주세요.

⑪ 반죽을 팬에 붓고 예열한 오븐에서 35~40분 동안 구워 주세요.

## 미리 할 일

1    모든 재료는 상온에서 준비해 주세요. 달걀을 흰자와 노른자로 분리하고 각각 다른 볼에 계량한 후 흰자를 계량한 볼은 랩을 씌워 냉장고에 넣어 두거나 머랭 휘핑 시 온도가 8°~14℃ 정도가 되도록 맞춰 주세요.

2    원형 팬의 바닥과 옆면에 유산지를 둘러 주세요.

3    박력분과 말차 가루는 2번 이상 체에 쳐 두세요.

4    소금, 식물성 오일, 우유를 한 볼에 섞어 중탕볼에 넣고 50°~55℃ 정도 온도로 데우고 유지해 주세요.

> **Tip**   이 레시피에서는 차가운 머랭을 사용하기 때문에 액체 재료는 꼭 따뜻한 상태로 반죽에 들어갔을 때 쉽게 섞일 수 있도록 해 주세요. 온도가 너무 높으면 달걀 거품을 빠르게 꺼트리니 주의하세요.

## 노른자 휘핑

5    먼저 달걀노른자를 풀어 준 후 설탕A를 넣어요. 설탕은 달걀의 수분을 흡수하여 노른자가 덩어리질 수 있으므로 곧바로 휘핑을 시작하세요.

6    핸드믹서를 중속으로 맞춘 뒤 노른자 부피가 커지고 색이 연한 아이보리색으로 변할 때까지 휘핑해요. 믹서기 거품날로 거품을 퍼 올려 보았을 때 거품이 주르륵 흘러내리고 잠시 쌓였다가 천천히 사라지는 정도면 좋아요. 이 상태에서 잠시 대기해 주세요.

**머랭**　* p.85 '머랭 만들기' 참고

7　핸드믹서의 거품날을 깨끗한 것으로 교체하고 차가운 달걀흰자(8℃~14℃)를 핸드믹서 중속으로 휘핑을 시작해 주세요.

8　설탕B를 3번에 나누어 넣으면서 광택 있고 조밀한 머랭*을 만들어 주세요.

9　휘핑한 노른자 반죽에 머랭 1/3을 덜어서 넣어 주세요.

10　머랭은 잘 풀리지 않으려는 성질이 있으므로 주걱으로 잘라 주면서 노른자와 섞어 주세요.

11　처음 섞은 머랭의 흔적이 살짝 남아 있을 때 나머지 머랭을 모두 넣어 주세요.

12　이번에도 주걱으로 머랭을 자르면서 반죽을 퍼 올리는 동작을 반복하여 섞다가 아직 머랭의 흔적이 남아 있을 때 멈춰요.

13      체 친 밀가루를 한 번 더 체 치면서 넣어 주세요.

14-15  주걱으로 반죽을 가르고 아래부터 퍼 올려서 뒤집는 동작으로 날가루가 거의 보이지 않을 때까지 섞어 주세요.

16      데워 둔 우유와 식물성 오일이 담긴 볼에 반죽을 1~2주걱 정도 덜어 섞어서 애벌반죽을 해 주세요.

17      애벌반죽을 본반죽에 부어 주세요. 제누와즈 섞는 방법으로 대략 20회 정도 섞어 주세요.

18      준비된 팬에 반죽을 붓고. 예열한 오븐에서 약 35~40분 구워 줍니다.

# Earl Grey Sponge Cake
## 얼그레이 스펀지 케이크(별립법)

 60분

★★★

## I 재료(15cm 원형팬)

달걀흰자 100g, 설탕 90g, 달걀노른자 54g,
박력분 83g, 얼그레이 가루 4g,
얼그레이 우유 33g, 식물성 오일 20g,
바닐라 익스트랙 3g, 레몬 제스트 4g

**얼그레이 우유** : 데운 우유 70g, 얼그레이 찻잎 6g

## I 굽기

실제 온도계 기준 160℃
컨벡션오븐 150℃
열선오븐 170℃
굽는 시간 35~40분

## I 도구

15×7cm 원형팬, 유산지 또는 테프론시트, 저울, 핸드믹서, 중탕 냄비, 온도계, 큰 믹싱볼, 손거품기, 실리콘 주걱,
식힘망

## I 과정 요약

① 오븐을 제시된 온도로 예열하고, 모든 재료를 계량해 상온으로 준비해 주세요.
② 박력분과 얼그레이 가루는 미리 체 쳐 두세요.
③ 얼그레이 잎에 데운 우유를 넣어 30분간 우려낸 뒤 걸러서 얼그레이 우유를 만드세요.
④ 식물성 오일, 얼그레이 우유를 한 볼에 섞어 중탕으로 50°~55℃ 정도까지 데워 두세요.
⑤ 달걀흰자에 설탕을 3번 나누어 넣으며 휘핑해서 머랭 거품을 올려 주세요
⑥ 머랭에 달걀노른자를 모두 넣고 핸드믹서로 가볍게 섞어 주세요.
⑦ '2'의 체 친 가루 재료를 한 번 더 체 치면서 넣고 섞어 주세요.
⑧ '4'에 '7'의 반죽을 일부 덜어 애벌섞기를 하고, 다시 본 반죽에 넣어 골고루 섞어 주세요.
⑨ 반죽을 팬에 붓고 예열한 오븐에서 35~40분 동안 구워 주세요.

1   모든 재료는 상온으로 준비하세요.
    달걀을 흰자와 노른자로 분리하고 각각 다른 볼에 계량한 후. 얼그레이 찻잎을 곱게 갈아 박력분과 함께 섞어서
    2번 체치고, 남는 굵은 잎은 버려요.

2   원형팬의 바닥과 옆면에 유산지를 둘러 놓아요.

3   80℃로 데운 우유에 얼그레이 찻잎을 넣어 30분 정도 우려 주세요.

4   우려 낸 얼그레이는 체에 걸러 내고 얼그레이 우유를 35g 준비해 주세요.

5   얼그레이 우유에 식물성 오일과 바닐라 익스트랙을 넣어 주세요.

6   '5'를 중탕으로 데워서 사용 직전까지 온도를 50°~55℃ 정도로 유지해 주세요.

7      레몬 껍질의 노란 부분만 제스터로 갈아 낸 후 잘게 다져서 반죽에 넣어 주는데 구우면 이물감이 느껴질 수 있기 때문에 될 수 있으면 잘게 다져 주세요.

머랭

8      반별립법 레시피는 머랭에 들어가는 설탕 비율이 매우 높으므로 흰자는 상온으로 준비해 주세요. 설탕을 3번에 나누어 넣으면서 광택 있고 조밀한 머랭을 만들어 주세요.*   * p.85 '머랭 만들기' 참고

9      완성한 머랭에 노른자를 넣어 주세요.

10      핸드믹서 저속으로 노른자를 섞어 주세요.

11      덜 섞인 부분이 없을 때까지만 가볍게 섞어 줘요. 너무 오래 섞으면 머랭이 가라앉을 수 있으니 주의하세요.

반죽 & 굽기

12      머랭 위에 얼그레이 가루와 박력분 섞은 것을 한 번 더 체 치면서 넣어 주세요.

13-14  주걱으로 반죽을 가르고 아래부터 퍼 올려서 뒤집는 동작으로 날가루가 거의 보이지 않을 때까지 섞어 주세요.

15     데워 둔 우유와 식물성 오일이 담긴 볼에 반죽을 1~2주걱 정도 덜어 섞어서 애벌반죽을 해 주세요.

16     애벌반죽을 본반죽에 부어 주세요. 제누와즈 섞는 방법으로 대략 20회 정도 섞어 주세요.

17     레몬 제스트를 넣고 완전히 섞어 주세요.

18     준비한 팬에 반죽을 붓고. 예열한 오븐에서 약 35~40분 구워 줍니다.

60분

★★

## | 재료(15cm 원형팬)

달걀 130g, 설탕A 95g,
달걀흰자 57g, 설탕B 30g,
박력분 58g, 코코아 가루 8g, 홍국쌀 가루 16g,
생크림 37g, 인스턴트커피 가루 2g,
바닐라 익스트랙 8g, 소금 1g

## | 굽기

실제 온도계 170℃ 예열, 160℃에서 굽기
컨벡션오븐 160℃ 예열, 150℃에서 굽기
열선오븐 180℃ 예열, 170℃에서 굽기
굽는 시간 30～35분

## | 도구

15×7cm 원형팬, 유산지 또는 테프론시트, 저울, 핸드믹서, 중탕 냄비, 온도계, 큰 믹싱볼, 손거품기, 실리콘 주걱,
식힘망

## | 과정 요약

① 오븐을 제시된 온도로 예열하고, 모든 재료를 계량해 상온으로 준비해 주세요.
② 박력분, 코코아 가루, 홍국쌀 가루는 함께 2번 체 쳐 두세요.
③ 달걀을 풀어 설탕A를 넣고 섞은 후 중탕으로 38°～42℃까지 데워 주세요.
④ 생크림, 인스턴트커피 가루, 바닐라 익스트랙 그리고 소금을 섞은 후 중탕으로 50°～55℃로 데우세요.
⑤ '3'을 핸드믹서 고속에서 6분, 저속에서 2분 동안 휘핑한 후 잠시 놓아 두세요.
⑥ 달걀흰자에 설탕B를 3번 나누어 넣으며 휘핑해서 머랭 거품을 올리고 잠시 놓아 두세요.
⑦ '5'에 '2'의 체 친 가루 재료들을 한 번 더 체 쳐 넣고 섞어 주세요.
⑧ '4'를 반죽에 넣어 섞어 주세요.
⑨ 휘핑 한 머랭 '6'을 2번에 나누어 넣으면서 섞어 주세요.
⑩ 반죽을 팬에 붓고, 예열한 오븐에서 30～35분 동안 구워 주세요.

1-2 계량한 흰자는 냉장실에 넣어 두어 차게 준비하세요. 휘핑 시 온도는 8°~14℃ 정도로 맞추고 나머지 재료는 모두 상온에서 준비해요. 밀가루, 코코아 가루, 홍국쌀 가루를 섞어서 2번 이상 체에 쳐 두세요.

> **More** 제가 몇 가지 브랜드의 홍국쌀 가루를 사용해 보았는데요. 브랜드마다 발색 정도가 제법 달랐어요. 이 레시피의 비율대로 첨가하였을 때 어떤 제품은 붉은색이 충분하지 않고 어떤 제품은 매우 어둡고 진한 자줏빛을 내는 경우도 있었어요. 이 레시피는 그중 발색이 적당했던 제품 기준으로 만들어졌으니 참고하세요. 홍국쌀 가루를 넣었다고는 해도 약간 탁한 붉은 기가 도는 정도로, 색이 완전히 빨갛게 나오지는 않아요. 만일 발색이 약하다고 해도 발효되어 만들어진 제품 특성상 특유의 향과 시큼한 맛이 날 수 있으니 홍국쌀 가루의 양을 많이 늘리지는 마세요. 좀 더 선명한 색을 원할 때는 소량의 레드 식용색소를 더 첨가하세요.

3-4 달걀은 먼저 풀어 준 후 설탕A를 넣어 잘 섞어 주고 뜨거운 물을 끓인 냄비에 달걀을 푼 볼을 걸치고 중탕해 주세요.

5-6 쉬지 않고 계속 저어 주면서 달걀 온도가 38°~42℃에 도달할 때까지 데워요. 뜨거운 생크림에 커피 가루를 녹이고 바닐라 익스트랙과 소금을 섞어 준 후 중탕 냄비에 넣어 두어 사용 전까지 따뜻하게(50°~60℃) 유지시켜요.

7      핸드믹서를 고속으로 6분, 저속으로 2분 동안 달걀을 휘핑해 주세요. 휘퍼로 거품을 떠올려 보았을 때 끊기지 않고 흘러 내리면서 리본처럼 접히면 됩니다. 그런 뒤 잠시 놓아 두세요.

8-9    차가운 흰자에 설탕B를 3번에 나누어 넣고 휘핑하여 머랭뿔이 숙여지는 부드러운 머랭˚을 만들어 주세요.
        ˚ p.85 '머랭 만들기' 참고

10-11 달걀 거품 반죽에 체에 쳐 둔 가루 재료를 한 번 더 체 쳐서 넣고 가루를 골고루 섞어 주세요. 지금은 너무 많이 섞지 않아도 괜찮아요.

12      반죽 위에 데운 커피 생크림을 골고루 뿌려 넣으면서 완전히 섞어 주세요.

13-14 반죽에 휘핑한 머랭을 2번에 나누어 넣으면서 섞어 주세요.

15      머랭의 흔적이 사라지고 반죽이 매끄럽고 균일하게 섞이면 완성이에요. 반죽을 준비한 팬에 담고 테이블에 탕탕 내리쳐서 큰 기포를 터트려 주세요. 예열한 오븐에서 30~35분간 구워 주세요.

## 스펀지 응용 레시피

**[별립법 응용]**

재료 양은 모두 15cm 원형팬 기준이며, 필요한 레시피별 포인트를 적어 두었습니다.*

* p.89 '바닐라 스펀지'를 참고하여 만들어 보세요.

### ❖ 아몬드 스펀지 ❖

달걀노른자 54g, 설탕A 34g,
달걀흰자 95g, 설탕B 52g,
우유 30g, 식물성 오일 22g,
아몬드 익스트랙 2g,
박력분 70g, 아몬드 가루 15g

* 아몬드 가루가 굵은 경우 박력분과 함께 블렌더에 갈아서 사용하세요.

### ❖ 코코넛 스펀지 ❖

달걀노른자 54g, 설탕A 39g,
달걀흰자 95g, 설탕B 52g,
식물성 오일 20g, 바닐라 익스트랙 3g,
박력분 65g, 코코넛 가루 20g,
코코넛 밀크 38g

* 코코넛 가루가 굵은 경우 박력분과 함께 블렌더에 곱게 갈아서 사용하세요.

**[별립법 변형 응용]**

재료 양은 모두 15cm 원형팬 기준이며 필요한 레시피별 포인트를 적어 두었습니다.

* p.108 '무색소 레드벨벳 스펀지'를 참고하여 만들어 보세요.

### ❖ 초코 스펀지 ❖

달걀 105g, 설탕A 84g,
달걀흰자 47g, 설탕B 23g,
생크림 32g, 바닐라 익스트랙 4g,
박력분 63g, 코코아 가루 13g

* 생크림과 바닐라 익스트랙은 함께 데워준 후 애벌반죽 없이 머랭 넣기 전 단계에서 반죽과 섞어 주세요.

### ❖ 헤이즐넛 초코 스펀지 ❖

달걀 105g, 설탕A 84g,
달걀흰자 50g, 설탕B 23g,
우유 33g, 버터 20g,
박력분 36g, 헤이즐넛 가루 33g,
코코아 가루 14g

* 우유와 버터는 함께 데워준 후 애벌반죽 없이 머랭 넣기 전 단계에서 반죽과 섞어 주세요.

[반별립법 응용]
재료 양은 모두 15cm 원형팬 기준이며, 필요한 레시피별 포인트를 적어 두었습니다.*

* p.103 '얼그레이 스펀지'를 참고하여 만들어 보세요.

### ✦ 모카 스펀지 ✦

달걀흰자 100g, 설탕 90g, 달걀노른자 54g,
데운 우유 35g, 커피 가루 3g,
식물성 오일 22g,
바닐라 익스트랙 3g,
박력분 90g

* 데운 우유에 커피 가루를 먼저 녹인 후 식물성 오일
  과 바닐라 익스트랙을 섞어서 애벌반죽할 때 사용하
  세요.

### ✦ 피스타치오 스펀지 ✦

달걀흰자 100g, 설탕 90g, 달걀노른자 43g,
피스타치오 페이스트 36g, 우유 26g,
식물성 오일 10g,
박력분 85g

* 피스타치오 페이스트를 우유와 식물성 오일과 함께
  섞어서 데운 후 애벌반죽 없이 반죽 제일 마지막에
  넣어 주세요. 의도에 따라 연두색 식용색소를 소량
  넣어 주세요.

### ✦ 오렌지 스펀지 ✦

*오렌지 농축액
오렌지 주스 80g, 오렌지 제스트 4g

*스펀지 반죽
달걀흰자 100g, 설탕 90g, 달걀노른자 54g,
박력분 90g, 오렌지 농축액 33g,
식물성 오일 20g,
곱게 다진 오렌지 제스트 3g

* 냄비에 오렌지 주스와 오렌지 제스트를 넣고 주스가
  1/2 정도로 줄어들 때까지 중불로 가열하세요. 불에
  서 내려 식힌 후 체에 걸러 33g을 계량해서 스펀지
  반죽에 사용해요.

### ✦ 쑥 스펀지 ✦

달걀흰자 105g, 설탕 95g, 달걀노른자 56g,
데운 생크림 54g, 바닐라 익스트랙 3g,
박력분 90g, 쑥 가루 9g

* 쑥 가루에는 섬유질이 많이 포함되어 있어서 그대로
  사용하면 질기고 씹히는 질감을 얻게 돼요. 쑥 가루
  를 체에 쳐서 섬유질을 제거하고 고운 가루로만 계량
  하세요.

* 박력분과 쑥가루는 함께 체 쳐서 사용하세요.

# 쉬폰 시트

이번에는 쉬폰 시트를 만들어 볼 순서네요! 쉬폰이라는 이름에서도 알수 있듯이 촉촉하고, 부드럽고, 가벼운 텍스처를 가지죠. 쉬폰 시트는 또한 조밀한 구조 때문에 약간의 쫀쫀함이 있어 유연해요. 이 때문에 시트에 크림을 바르고 돌돌 말아 주는 롤케이크나 케이크 옆면에 옷처럼 시트를 둘러 주는 샤를로트 케이크 또는 샌드위치 케이크를 만들 때 사용하기 좋답니다. 쉬폰법으로 만들면 반죽 방법이 비교적 간단하고, 낮은 팬에 굽기 때문에 굽고 식히는 시간이 짧아 만드는 데 부담이 없는 것도 장점이에요. 이제부터 쉬폰 반죽법도 알아 볼게요.

## | 쉬폰이란

쉬폰이란 프랑스어로 '실크'라는 뜻이에요. 쉬폰법이란 달걀노른자에 밀가루와 액체 재료를 섞어 반죽형 반죽을 만들고, 달걀흰자는 머랭을 만든 후 두 반죽을 섞는 방법이지요. 그래서 쉬폰은 반죽형 반죽, 거품형 반죽의 특징을 함께 지닌 케이크라고 할 수 있어요. 쉬폰 케이크는 별립법 스펀지 케이크처럼 달걀을 노른자와 흰자로 분리하고 머랭을 올려 반죽하는 과정은 비슷하지만, 노른자는 거품을 내지 않고 반죽하며, 액체 재료와 오일의 비율이 더 높은 것이 특징이에요. 그래서 쉬폰 시트로는 일반 케이크보다 매우 가볍고 섬세한 케이크를 만들 수 있어요. 쉬폰 케이크 레시피에서 머랭의 설탕 비율이 낮아서 휘핑을 하면 부피가 크고 가벼운 거품이 만들어져요. 그래서 자칫 푸석한 머랭이 될 수도 있죠. 설탕 비율을 높이면 더 안정적이고 탄탄한 머랭을 만들 수 있겠지만 쉬폰만의 나긋한 식감과는 멀어져요. 그래서 쉬폰 케이크의 설탕 비율은 낮게 하는 대신 베이킹파우더를 넣기도 해요.

---

### ✦ 알아두세요

### 알면 쓸데있는 제누와즈 지식

**1 쉬폰 레시피에서 버터 대신 오일을 사용하는 이유**

쉬폰 케이크는 머랭을 비교적 풍성하고 단단하게 올려서 반죽하는 케이크예요. 그래서 쉬폰 질감은 공기주머니가 많아 부피가 커지며 가볍고 폭신해집니다. 반면 케이크의 식감은 건조해지기 쉬워요. 그래서 반죽에 버터보다는 오일을 사용하는데 오일은 수분 비율이 높고 상온에서 잘 굳지 않아서 식어도 촉촉함을 유지하죠. 실제로 많은 레시피에서 녹인 버터를 사용하는 경우가 있기도 하지만 버터는 비교적 무거워서 섞는 횟수가 많아지고 지방 비율이 높아서 머랭을 빨리 꺼트릴 수 있어요. 상온에서 굳는 버터의 특성상 구운 후 식으면 오일보다 촉촉함이 덜하게 되고요. 따라서 녹인 버터를 사용할 때 액체 재료를 섞어 온도를 50°~55℃로 데워서 사용하는 게 좋습니다.

**2 노른자와 액체 재료를 잘 섞어야 하는 이유**

쉬폰 케이크는 오일을 사용하기 때문에 섞을 때 주의를 덜 기울이기 쉬워요. 하지만 오일도 지방인지라 잘 섞지 않으면 반죽하고 나서 분리될 수 있지요. 노른자는 천연 유화제로 오일과 반죽이 잘 혼합되는 데 도움이 돼요. 그래서 노른자를 오일과 액체 재료를 섞을 때 꼼꼼하게 섞어 주어야 해요. 오일도 확실한 유화가 될 수 있도록 신경 써 주세요.

Vanilla Chiffon

# 바닐라 쉬폰

⏱ 30분
🎯 ★

**ㅣ 재료(1/2 빵팬)**

달걀노른자 72g, 설탕A 27g,
우유 50g, 포도씨 오일 35g, 바닐라 익스트랙 6g,
박력분 84g, 베이킹파우더 1g,
달걀흰자 140g, 설탕B 75g

**ㅣ 굽기**

실제 온도계 기준 170℃
컨벡션오븐 160℃
열선오븐 180℃
굽는 시간 12~14분

**ㅣ 도구**

1/2 빵팬, 스크래퍼, 핸드믹서, 체, 손거품기, 실리콘 주걱, 믹싱볼, 중탕 냄비

**ㅣ 과정 요약**

① 달걀흰자를 제외한 모든 재료는 상온으로 준비하세요.
② 달걀흰자는 계량 후 랩을 씌워 냉장고에 넣어 두어 8°~14℃로 맞춰 주세요.
③ 박력분과 베이킹파우더는 함께 두 번 체에 쳐 두세요.
④ 우유, 포도씨 오일, 바닐라 익스트랙을 섞어 중탕으로 50°~55℃까지 데워 놓으세요.
⑤ 노른자를 풀어 준 후 설탕을 섞어 준 다음 '4'의 데운 액체 재료를 섞어 주세요.
⑥ 여기에 '3'의 체 친 박력분과 베이킹파우더를 넣고 잘 섞어요.
⑦ 흰자에 설탕을 3번에 나누어 넣으면서 부드러운 머랭을 만들어 주세요.
⑧ 머랭을 '6'의 반죽에 1/3씩 넣으면서 섞어 주세요.
⑨ 반죽을 팬에 붓고 평평하게 정리해 주고,
⑩ 예열된 오븐에서 12~14분간 구워 주세요.

1   달걀흰자를 제외한 모든 재료는 상온으로 준비해요. 계량한 흰자는 랩을 씌워 냉장실에 잠시 넣어 두어 머랭 휘핑 시 온도가 8℃~14℃가 되도록 맞춰 주세요. 박력분과 베이킹파우더는 함께 섞어서 2번 이상 체에 쳐 두세요. 레시피의 온도에 맞춰 오븐을 20분 이상 예열해 주세요.

2   1/2 빵팬에 유산지나 테프론시트를 깔아 주세요.

More   참고로 전 코팅팬을 사용하는데요. 유산지를 바닥에만 깔고 테두리 턱을 세우지 않아도, 굽고 나면 시트 옆면이 자연스럽게 분리돼 편해요. 하지만 논코팅 팬이나 알루미늄 팬을 사용한다면 옆면까지 유산지 턱을 만들어 깔아야 해요. 유산지를 사용해서 구우면 시트 바닥쪽에 주름이 많이 생겨요. 반면 테프론시트는 그런 점이 없고 구움색이 고르게 나기 때문에 자주 이용하고 있어요.

3   우유, 포도씨 오일 그리고 바닐라 익스트랙은 함께 계량하여 중탕으로 50℃~55℃까지 데워 주세요.

Tip   이 레시피는 차가운 머랭을 사용하기 때문에 액체 재료를 따뜻하게 유지해 주어서 반죽에 들어갔을 때 쉽게 섞일 수 있도록 해 주세요.

4 노른자를 풀어 준 후 설탕A를 넣고 잘 섞어 주세요. 설탕을 모두 녹일 필요는 없지만 노른자 덩어리가 지지 않도록 충분히 저어 주세요.

5 '3'의 따뜻하게 데운(50℃~55℃) 우유, 오일, 바닐라 익스트랙을 넣고 충분히 믹싱해 주세요.

Tip 오일과 수분이 잘 섞여 유화되어야 해요. 표면에 잔거품이 덮일 때까지 충분히 저어 주세요.

6 '1'의 박력분과 베이킹파우더 섞은 것을 한 번 더 체 치면서 넣어 주세요. 뭉친 가루가 사라질 때까지 매끄럽게 섞은 후 잠시 놓아 두세요.

Tip 가루 재료를 한 번에 넣어도 괜찮지만 박력분이 잘 뭉쳐지기 때문에 2번에 나누어 넣으면 더 좋아요. 덩어리 없이 매끄럽게 섞어 주세요.

7  핸드믹서를 중속으로 조정한 뒤 차가운 흰자를 휘핑해요. 설탕B를 3번에 나누어 넣으면서 휘핑하여 머랭 끝이 부드럽게 휘어지는 머랭*을 만들어 주세요.  * p.85 '머랭 만들기' 참고

More  8°~14℃ 사이의 차가운 흰자를 사용한다면 푸석하지 않고 매끄러운 머랭을 만들 수 있어요. 머랭이 푸석해지면 처음에는 단단한 듯 하지만 반죽 과정에서 거품이 빠르게 꺼져 결국 묽은 반죽이 될 수 있어요. 그렇다고 휘핑을 덜해서 젖은 머랭을 만들면 반죽이 안정적이기는 하지만 시트가 잘 부풀지 않고 굽고 나서 식으면 눅눅해지기 쉬워요. 그러므로 차가운 흰자를 사용하고 머랭 끝이 가볍게 휘어지고 광택이 있지만 비교적 힘이 있는 단단한 머랭으로 만들어 주면 돼요.

8  노른자 반죽에 머랭을 3번에 나누어 섞어 주는데 먼저 1/3을 덜어 거품기로 살살 섞어 주세요.

Tip  쉬폰 머랭은 가볍지만 반죽에 섞을 때 뭉친 덩어리가 잘 풀리지 않아요. 이때 거품기를 이용하여 섞으면 뭉친 부분을 잘 풀어줄 수가 있어요. 섞을 때는 바닥 노른자 반죽까지 함께 끌어올리듯이 섞다가 다시 원을 그리며 섞어 주세요. 첫 번째와 두 번째 머랭을 섞을 때는 머랭이 마블처럼 살짝 남아 있는 상태까지만 섞어 주세요.

9    남은 머랭의 1/2을 넣어서 잘 섞어 주고 나머지 머랭을 넣고 뭉쳐서 남아 있는 머랭이 없어질 때까지 완전히 섞어
     주세요.

10   마지막에 주걱으로 볼 주변을 정리하면서 몇 차례 섞어 준 뒤 마무리해 주세요.

**팬닝과 굽기**

11   반죽이 끝나면 바로 준비한 팬에 반죽을 부어 주세요. 먼저 스크래퍼로 반죽을 네 모서리까지 끌고 가서 채워 주
     세요.

12 모서리가 잘 채워지면 스크래퍼를 반죽 윗면에 가볍게 대고 직선으로 움직이면서 윗면이 평평해지도록 정리해 주세요. 팬을 돌려가면서 가로, 세로, 윗면이 평평해질 때까지 몇 차례 반복해 주세요.

13 팬을 들어 작업대에 탁탁 내리치세요. 큰 기포가 떠올라 터질 수 있도록 하고 예열한 오븐에서 12~14분간 구워 주세요.

Tip 떠오른 기포가 저절로 터지지 않으면 꼬치 등으로 찔러서 터트려 주세요. 팬은 오븐의 중간단에 넣고 구워 주세요. 단 컨벡션 오븐의 경우 대류가 활발하게 일어나므로 시트가 심하게 부풀거나 부분적으로 붕 뜨는 경향이 있어요. 그럴 땐 제일 아래에 넣고 구워 주면 그런 현상이 없어져요. 쉬폰 시트의 바닥 쪽이 진한 구움색을 띠는 것을 원치 않는다면 오븐에 넣을 때 팬을 아래에 한 장 덧대고 구워 주세요.

14 다 구워진 시트는 옆면이 거의 분리된 상태가 돼요. 작은 스패출러로 옆면에 붙어 있는 부분만 조심스럽게 분리해 주세요.

15 시트 위에 유산지와 식힘망을 순서대로 올리고 팬과 함께 뒤집어 주세요.

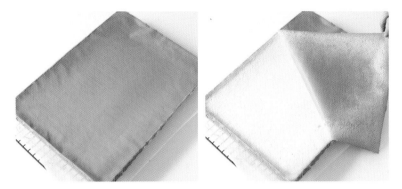

16 시트 바닥 쪽 유산지나 테프론시트를 떼어 내 주세요.

17 떼어 낸 유산지나 테프론시트를 다시 덮어 두거나 얇고 깨끗한 천을 덮은 채로 완전히 식혀 주세요.

**Tip** 쉬폰 시트를 사용하기 전까지 식히다 보면 너무 건조해져서 막상 사용할 때 찢어지는 경우가 발생해요. 이때는 먼저 구운 시트를 한 김 식힌 후 공기가 잘 통하는 얇은 천을 덮어 두세요. 그러면 건조하지 않게 잘 식힐 수 있어서 좋았어요. 천으로는 찜기에 사용하는 면보나 거즈를 이용해요.

## Chocolate Chiffon
# 초코 쉬폰

🕐 30분

🎯 ★

**| 재료(1/2 빵팬)**

달걀노른자 72g, 설탕A 27g,

우유 50g, 포도씨 오일 35g, 바닐라 익스트랙 4g,

박력분 66g, 코코아 가루 18g, 베이킹파우더 1g,

달걀흰자 140g, 설탕B 75g

**| 굽기**

실제 온도계 기준 170℃

컨벡션오븐 160℃

열선오븐 180℃

굽는 시간 12~14분

**| 도구**

1/2 빵팬, 스크래퍼, 핸드믹서, 체, 손거품기, 실리콘 주걱, 믹싱볼, 중탕 냄비

**| 과정 요약**

① 달걀흰자를 제외한 모든 재료는 상온으로 준비하세요.

② 달걀흰자는 계량 후 랩을 씌워 냉장고에 넣어 두어 8°~14℃로 맞춰 주세요.

③ 박력분, 코코아 가루 그리고 베이킹파우더는 함께 2번 체에 쳐 두세요.

④ 우유, 포도씨 오일, 바닐라 익스트랙을 섞어 중탕으로 50°~55℃까지 데워 놓으세요.

⑤ 노른자를 풀어 준 후 설탕을 섞어 준 다음 '4'의 데운 액체 재료를 섞어 주세요.

⑥ 여기에 '3'의 체 친 박력분과 베이킹파우더를 넣고 잘 섞어요.

⑦ 흰자에 설탕을 3번에 나누어 넣으면서 부드러운 머랭을 만들어 주세요.

⑧ 머랭을 '6'의 반죽에 1/3씩 넣으면서 섞어 주세요.

⑨ 반죽을 팬에 붓고 평평하게 정리해 준 다음 예열된 오븐에서 12~14분간 구워 주세요.

1 달걀흰자를 제외한 모든 재료는 상온으로 준비해요. 계량한 흰자는 랩을 씌워 냉장실에 잠시 넣어 두어 머랭 휘핑 시 온도가 8°~14℃가 되도록 맞춰 주세요. 박력분과 코코아 가루 그리고 베이킹파우더는 함께 섞어서 2번 이상 체에 쳐 둬요. 레시피 온도에 맞춰 오븐을 20분 이상 예열해 주세요.

2 볼에 우유, 포도씨 오일, 바닐라 익스트랙을 섞은 후 중탕으로 50°~55℃까지 데워 주세요.

**반죽 & 굽기**

3 노른자를 풀어 준 후 설탕A를 넣고 잘 섞어 주세요. 설탕을 모두 녹일 필요는 없지만 노른자 덩어리가 생기지 않도록 충분히 저어 주세요.

4-5 50°~55℃로 따뜻하게 데운 우유, 오일, 바닐라 익스트랙을 넣고 충분히 믹싱해 주세요.

6-7 박력분과 코코아 가루 그리고 베이킹파우더 섞은 것을 1번 더 체 치면서 넣어 주세요. 뭉친 가루가 사라질 때까지 매끄럽게 섞은 후 잠시 놓아 두세요.

8-9 핸드믹서를 중속에 맞춘 뒤 차가운 흰자를 휘핑해 주세요. 설탕B를 3번에 나누어 넣고 휘핑해서 머랭 끝이 부드럽게 휘어지는 머랭*을 만들어 주세요.  * p.83 '알면 쓸데있는 머랭 지식' 참고

10-11 노른자 반죽에 머랭을 2번에 나누어 섞어 주세요. 마지막에 주걱으로 볼 주변을 정리하면서 몇 차례 섞어 준 뒤 마무리해요.

    Tip 코코아 가루가 머랭을 쉽게 꺼트려서 반죽을 오래 섞으면 너무 묽어질 수 있어요. 머랭은 2번에 나누어 넣어 섞고 신속하게 반죽해 주세요.

12 반죽이 끝나면 바로 준비한 팬에 반죽을 붓고 평평하게 윗면을 정리한 후 팬을 들어올려 작업대에 탁탁 내리쳐서 떠오르는 기포를 터트려 주세요. 예열한 오븐에서 12~14분 동안 구워 주세요.

# Earl Grey Chiffon
## 얼그레이 쉬폰

🕐 50분
🎯 ★

## I 재료(1/2 빵팬)

달걀노른자 72g, 설탕A 27g,
얼그레이 우유 54g, 녹인 버터 30g,
박력분 81g, 얼그레이 가루 3g, 베이킹파우더 1g,
달걀흰자 140g, 설탕B 75g

얼그레이 우유 : 우유 90g, 얼그레이 찻잎 6g

## I 굽기

실제 온도계 기준 170℃
컨벡션오븐 160℃
열선오븐 180℃
굽는 시간 12~14분

## I 도구

1/2 빵팬, 스크래퍼, 핸드믹서, 체, 손거품기, 실리콘 주걱, 믹싱볼, 중탕 냄비

## I 과정 요약

① 달걀흰자를 제외한 모든 재료는 상온으로 준비하세요.
② 달걀흰자는 계량 후 랩을 씌워 냉장고에 넣어 두어 8°~14℃로 맞춰 주세요.
③ 박력분, 얼그레이 가루 그리고 베이킹파우더는 함께 2번 체에 쳐 두세요.
④ 우유를 데워 얼그레이 찻잎을 우린 후, 체에 걸러 얼그레이 우유만 짜내 주세요.
⑤ 얼그레이 우유에 녹인 버터를 넣고 50°~55℃까지 데워 놓으세요.
⑥ 노른자를 풀어 준 후 설탕을 섞어 준 다음 '5'의 데운 액체 재료를 섞어 주세요.
⑦ 여기에 '3'의 체 친 가루 재료를 넣고 잘 섞어요.
⑧ 흰자에 설탕을 3번에 나누어 넣으면서 부드러운 머랭을 만들어 주세요.
⑨ 머랭을 '6'의 반죽에 1/3씩 넣으면서 섞어 주세요.
⑩ 반죽을 팬에 붓고 평평하게 정리해 준 다음 예열한 오븐에서 12~14분간 구워 주세요.

1   달걀흰자를 제외한 모든 재료는 상온으로 준비해요. 계량한 흰자는 랩을 씌워 냉장실에 잠시 넣어 두어 머랭 휘
    핑 시 8°∼14℃가 되도록 온도를 맞춰 주세요. 박력분과 얼그레이 가루 그리고 베이킹파우더는 함께 섞어서 2
    번 이상 체에 쳐 두세요. 레시피 온도에 맞춰 오븐을 20분 이상 예열해 주세요.

2-4  우유를 80℃ 정도로 데워 얼그레이 찻잎을 넣어서 30분 정도 우려 주세요. 30분 후 체에 걸러 찻잎을 제거하
    는데 이때 주걱으로 찻잎을 눌러 우유를 짜내 주세요. 짜낸 우유는 54g 정도 필요해요.

5-6  얼그레이 우유에 녹인 버터를 넣어 잘 섞어 주세요. 사용할 때까지 50°∼55℃로 따뜻하게 유지해 주세요.

7-8  달걀노른자를 풀고 설탕A를 넣어 주세요. 그런 뒤 핸드믹서로 뽀얗게 될 때까지 휘핑하세요.

    Tip  쉬폰법은 노른자를 휘핑하지 않지만 쫀쫀한 시트를 만들기 위해 거품을 올렸어요.

9   노른자 거품에 데운 얼그레이 우유와 녹인 버터 혼합물을 넣고 꼼꼼히 섞어 주세요.

10-12 체 친 밀가루와 얼그레이 가루를 1번 더 체 치면서 넣고 덩어리가 없어질 때까지 매끄럽게 섞어 준 후 잠시 놓아 두세요.

13-15 핸드믹서를 중속으로 맞춘 뒤 차가운 흰자를 휘핑해 주세요. 설탕B를 3번에 나누어 넣으면서 휘핑하는데 머랭 끝이 부드럽게 휘어지는 머랭*을 만들어 주세요. *p.83 '알면 쓸데있는 머랭 지식' 참고

16-17 반죽에 머랭을 3번에 나누어 넣으면서 섞어 주세요. 마지막에 주걱으로 볼 주변을 정리하면서 몇 차례 섞어 준 뒤 마무리해요.

18 반죽이 끝나면 바로 준비한 팬에 반죽을 붓고 평평하게 윗면을 정리한 후 팬을 들어 올려 작업대에 탁탁 내리쳐서 떠오르는 기포를 터트려 주세요. 예열한 오븐에서 12~14분 동안 구워 주세요.

Mango Passion Fruit Chiffon

# 망고 패션프루트 쉬폰

🕐 30분

🎯 ★

## I 재료(1/2 빵팬)

달걀노른자 72g, 설탕 A 27g,
우유 10g, 망고 퓨레 12g, 패션프루트 퓨레 28g,
포도씨 오일 34g,
박력분 84g, 베이킹파우더 1g,
달걀흰자 140g, 설탕 B 75g

## I 굽기

실제 온도계 기준 170℃
컨벡션오븐 160℃
열선오븐 180℃
굽는 시간 12~14분

## I 도구

1/2 빵팬, 스크래퍼, 핸드믹서, 체, 손거품기, 실리콘 주걱, 믹싱볼, 중탕 냄비

## I 과정 요약

① 달걀흰자를 제외한 모든 재료는 상온으로 준비하세요.

② 달걀흰자는 계량 후 랩을 씌워 냉장고에 넣어 두어 8°~14℃로 맞춰 주세요.

③ 박력분, 베이킹파우더는 함께 두 번 체 쳐 두세요.

④ 우유, 망고 퓨레, 패션프루트 퓨레 그리고 포도씨 오일을 섞어 중탕으로 50°~55℃까지 데워 놓으세요.

⑤ 노른자를 풀어 준 후 설탕을 섞어 준 다음 '4'의 데운 액체 재료를 섞어 주세요.

⑥ 여기에 '3'의 체 친 가루 재료를 넣고 잘 섞어요

⑦ 흰자에 설탕을 3번에 나누어 넣으면서 부드러운 머랭을 만들어 주세요.

⑧ 머랭을 '6'의 반죽에 1/3씩 넣으면서 섞어 주세요.

⑨ 반죽을 팬에 붓고 평평하게 정리해 준 다음 예열한 오븐에서 12~14분간 구워 주세요.

## 미리 할 일

1    달걀흰자를 제외한 모든 재료는 상온으로 준비해요. 박력분과 베이킹파우더를 함께 섞어서 2번 이상 체에 쳐 두
세요. 흰자는 랩을 씌워 냉장실에 잠시 넣어 두어 머랭 휘핑 시 8°~14℃가 되도록 온도를 맞춰 주세요. 레시피
온도에 맞춰 오븐을 20분 이상 예열해 주세요.

2    우유, 패션프루트 퓨레, 망고 퓨레 그리고 포도씨 오일을 함께 섞어서 중탕으로 50°~55℃까지 데워 주세요.

## 반죽 & 굽기

3    노른자를 풀어 준 후 설탕A를 넣고 잘 섞어 주세요. 설탕을 모두 녹일 필요는 없지만 노른자가 덩어리지지 않
도록 충분히 저어 주세요.

4    따뜻하게 데운 우유, 패션프루트 퓨레, 망고 퓨레 그리고 포도씨 오일 혼합물을 넣고 거품이 나도록 꼼꼼히 잘
섞어 주세요. 이 과정에서 오일과 수분이 잘 섞여 유화되어야 해요.

5-6   반죽에 가루 재료를 한 번 더 체 치면서 넣어 주세요. 가루가 덩어리지지 않도록 매끄럽게 섞어 준 후 잠시 놓아
두세요.

7-8    핸드믹서를 중속으로 맞춘 뒤 차가운 흰자를 휘핑해 주세요. 설탕B를 3번에 나누어 넣으면서 휘핑을 할 때 머
       랭 끝이 부드럽게 휘어지는 머랭*을 만들어 주세요. * p.83 '알면 쓸데있는 머랭 지식' 참고

9-11   반죽에 머랭을 3번에 나누어 넣으면서 섞어 주세요. 마지막에 주걱으로 볼 주변을 정리하면서 몇 차례 더 섞어
       준 뒤 마무리해요.

12     반죽이 끝나면 바로 준비한 팬에 반죽을 붓고 평평하게 윗면을 정리한 후 팬을 들어 올려 작업대에 탁탁 내리
       쳐서 떠오르는 기포를 터트려 주세요. 예열한 오븐에서 12~14분 동안 구워 주세요.

# 쉬폰 응용 레시피

재료 양은 모두 1/2 빵팬 기준이며, 필요한 레시피별 포인트를 적어 두었습니다.*

* p.115 '바닐라 쉬폰'을 참고하여 만들어 보세요.

## ❖ 레몬 쉬폰 ❖

달걀노른자 72g, 설탕 A 27g,
우유 42g, 포도씨 오일 35g, 레몬즙 8g,
박력분 84g, 베이킹파우더 1g,
달걀흰자 140g, 설탕 B 75g, 레몬 제스트 3g

* 레몬 제스트는 곱게 다져서 반죽 마지막에 넣어 주세요.

## ❖ 아몬드 오렌지 쉬폰 ❖

달걀노른자 72g, 설탕 A 22g,
오렌지 주스 48g, 포도씨 오일 35g,
박력분 63g, 아몬드 가루 21g,
베이킹파우더 2g,
달걀흰자 140g, 설탕 B 75g,
오렌지 제스트 5g

* 오렌지 제스트는 곱게 다져서 반죽 마지막에 넣어 주세요.

## ❖ 말차 쉬폰 ❖

달걀노른자 72g, 설탕 A 27g,
생크림 48g, 포도씨 오일 32g,
박력분 78g, 말차 가루 5g,
베이킹파우더 1g,
달걀흰자 140g, 설탕 B 77g

## ❖ 모카 쉬폰 ❖

달걀노른자 72g, 설탕 A 27g,
뜨거운 물 20g, 인스턴트커피 가루 3g,
생크림 26g, 포도씨 오일 32g,
박력분 82g, 원두커피 가루 2g,
베이킹파우더 1g,
달걀흰자 140g, 설탕 B 77g

* 뜨거운 물에 인스턴트커피 가루를 녹이고 생크림과 포도씨 오일을 섞어 50°~55℃에서 사용해요.

## ❖ 라즈베리 요거트 쉬폰 ❖

달걀노른자 72g, 설탕 A 27g,
라즈베리 퓨레 20g, 요거트 30g,
포도씨 오일 34g,
박력분 73g, 복분자 가루 11g,
베이킹파우더 1g,
달걀흰자 140g, 설탕 B 75g,
분홍 식용색소 소량

* 라즈베리 퓨레와 플레인 요거트 그리고 포도씨 오일을 섞어 50°~55℃까지 데워서 사용해요.

## ❖ 라벤더 쉬폰 ❖

달걀노른자 72g, 설탕 A 27g,
라벤더 우유 50g, 포도씨 오일 30g,
바닐라 익스트랙 5g,
박력분 84g, 베이킹파우더 1g,
달걀흰자 140g, 설탕 B 75g,

* 라벤더 우유 : 뜨겁게 데운 우유 90g에 라벤더 찻잎 3g을 넣고 20분간 우린 후, 체에 내려서 라벤더 우유 54g을 준비해요 여기에 포도씨 오일과 바닐라 익스트랙을 섞어 50°~55℃에서 사용하세요.

# 비스퀴 조콩드

비스퀴 조콩드는 바바리안 크림이나 무스 크림 등과 쓰이는 가장 기본적인 시트 중 하나랍니다. 롤케이크, 레이어 케이크 그리고 무스 케이크의 바닥에 깔거나 케이크 옆면을 장식하기도 하지요. 프랑스의 유명한 케이크인 '오페라 케이크 (Gâteau Opéra)'가 바로 이 비스퀴 조콩드를 활용하여 우아하고 고급진 맛을 연출한 것이죠.

## | 비스퀴 조콩드란

비스퀴(Biscuit)란 프랑스어로 밀가루, 달걀, 설탕으로 만든 건조한 케이크라는 의미라고 해요. 제 유튜브 채널명이기도 한 Joconde는 프랑스어로 '명예' 또는 '우아함'을 의미하며, 이는 이 케이크의 우아한 풍미와 섬세하고 부드러운 질감의 특성을 표현하기 위한 이름이기도 하죠. 정말 잘 어울리는 이름인 것 같아요. 그런데 놀랍게도 이 비스퀴 시트는 이미 17세기에 만들어졌지만 그동안 잊혔었죠. 그러다 20세기에 들어와 그 유명한 오페라 케이크를 창작한 프랑스의 요리사 가스통 르노뜨르(Gaston Lenôtre)에 의해 재발견되어 프랑스 디저트로 널리 사용되었답니다.

비스퀴 조콩드는 깊은 견과류의 풍미가 있는 스펀지 케이크입니다. 이 부드럽고 고소한 시트는 수많은 맛을 지닌 달콤한 디저트 사이에서 푹신하면서도 묵직한 공기층을 제공하는 휴식 같은 역할을 하는 것 같아요. 그래서 오페라 케이크의 레이어, 무스 케이크의 베이스 그리고 앙트르메의 띠장식 등 많은 디저트 레시피의 기본 비스퀴로 사용합니다.

비스퀴 조콩드는 기본적으로 아몬드 가루를 넣어 만들지만 헤이즐넛 가루나 피스타치오 가루로도 만들 수 있어요. 또한 이 케이크는 별도의 화학적 팽창제를 사용하지 않고 머랭으로 부피를 만들기 때문에 달걀흰자 머랭을 거칠지 않고 매끄럽고 촘촘하게 만드는 것이 중요해요.

대략의 반죽법을 살펴 보면 달걀에 슈가파우더를 넣고 섞어 준 후 아몬드 가루, 밀가루 혼합물을 넣고 핸드믹서로 충분히 믹싱해 줘요. 여기에 흰자 머랭을 덜어 섞어 주세요. 마지막으로 녹인 버터를 넣어 균일하게 섞어 준 후 오븐 시트팬에 붓고 주걱으로 표면을 매끄럽게 만들어 구워 주면 됩니다.

## Almond Biscuit Joconde
# 아몬드 비스퀴 조콩드

 30분
 ★★

**Ⅰ 재료(1/2 빵팬)**

달걀 136g, 슈가파우더 55g,
아몬드 가루 92g, 박력분 25g,
달걀흰자 85g, 설탕 43g,
버터 17g, 바닐라 익스트랙 5g

**Ⅰ 굽기**

실제 온도계 기준 190℃
컨벡션오븐 180℃
열선오븐 200℃
굽는 시간 8~10분

**Ⅰ 도구**

1/2 빵팬, 유산지 또는 테프론시트, 체, 스크래퍼, 핸드믹서, 손거품기, 실리콘 주걱, 믹싱볼, 중탕 냄비

**Ⅰ 과정 요약**

① 달걀흰자를 제외한 모든 재료는 상온으로 준비하세요.
② 아몬드 가루와 박력분을 함께 두 번 체 쳐 두고, 슈가파우더는 따로 계량하세요.
③ 달걀을 먼저 풀어 준 다음, 슈가파우더를 넣고 섞어 주세요.
④ 중탕 냄비에 볼을 걸치고 40℃까지 데우세요.
⑤ 달걀 볼을 내리고 중탕 냄비에 버터와 바닐라 익스트랙을 계량한 볼을 넣어 데워 주세요.
⑥ 달걀을 핸드믹서 고속으로 3분 동안 휘핑하세요.
⑦ '2'의 체 친 가루 재료를 넣고 핸드믹서 중속으로 6분 동안 믹싱해요.
⑧ 차가운 흰자에 설탕을 3번에 나누어 넣으면서 머랭을 올려 주세요.
⑨ '7'에 머랭을 먼저 1/3만 넣고 주걱으로 섞은 다음, 나머지 머랭을 모두 넣고 섞어 주세요.
⑩ '5'의 데운 액체 재료를 넣고 잘 섞어 주세요.
⑪ 반죽을 팬에 붓고 스크래퍼로 윗면을 평평하게 해 주세요.
⑫ 예열한 오븐에 넣고 9~10분간 구워 주세요.
⑬ 다 구워지면 팬에서 분리하여 식힘망에 올린 후 완전히 식혀 주세요.

1  모든 재료는 상온으로 준비하세요. 달걀을 흰자와 노른자로 분리하고 각각 다른 볼에 계량해 주세요. 흰자를 계량한 볼은 랩을 씌워 냉장고에 넣어 두거나 머랭 온도가 8°~14℃ 정도가 되도록 준비하세요.

2  아몬드 가루, 박력분을 함께 계량하고 체에 쳐 주세요. 슈가파우더는 따로 계량해 두세요. 아몬드 가루는 입자가 고운 제품으로 준비해요. 만일 가지고 있는 가루의 입자가 굵은 편이라면 박력분과 함께 푸드 프로세서 또는 블렌더에 넣고 갈아서 사용해요.

   Tip  박력분을 함께 가는 이유는 아몬드 가루에서 유분이 나와 뭉치는 것을 막기 위해서예요.

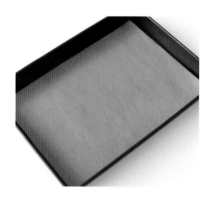

3  오븐을 180℃로 예열하고, 사각팬에 유산지나 테프론시트를 깔아 주세요.

4   달걀을 먼저 풀어 준 뒤 슈가파우더를 넣고 섞어 주세요.

5   중탕 냄비에 올려 거품기로 저어 주면서 40℃까지 데워 주세요.

6   달걀볼을 내리고 버터를 넣어 녹여 주세요. 사용 전까지 50°~55℃ 정도로 따뜻하게 유지해 주세요.

7  데운 달걀이 부피가 커지고 뽀얗게 될 때까지 핸드믹서를 고속으로 맞춘 뒤 3분 동안 휘핑해 주세요.

8  핸드믹서를 고속으로 맞춘 뒤 6분 동안 반죽이 매끄럽고 색이 연해질 때까지 믹싱해 주세요. 달걀에 가루 재료를 모두 넣고 믹싱하기 때문에 볼륨감이 줄어들 거예요. 색은 점점 연해지고 반죽에 윤기가 돌 때까지 비교적 오래 믹싱해야 해요.

## 머랭 만들기

9  깨끗한 핸드믹서 거품날로 교체한 후 차가운 달걀흰자를 중속으로 하여 휘핑*을 시작해요.
   * p.85 '머랭 만들기' 참고

Tip  머랭이 완성되면 거품날로 머랭을 찍어 올린 후 볼 안에 솟아 있는 머랭을 살펴 보세요. 위쪽 뿔은 아래로 부드럽게 숙이고 있고, 몸통은 힘 있게 서 있으면 잘된 거예요. 머랭을 너무 오래 휘핑해서 푸석해지지 않게 하세요. 머랭이 단단한 듯이 보여도 반죽할 때 금세 가라앉아서 반죽이 오히려 묽어져요.

10 머랭을 1/3만 떠서 반죽에 섞어 주세요.

11 먼저 섞은 머랭 자국이 약간 남아 있을 때 남은 머랭을 모두 넣고 섞어 주세요.

12 녹인 버터를 넣고 가라앉거나 겉돌지 않도록 균일하게 섞어 주세요.

13 준비한 팬에 반죽을 모두 부어 주세요.
스크래퍼로 반죽을 고르게 퍼지도록 사방으로 밀어 내세요. 팬의 네 모서리를 채우듯이 밀어 주세요.

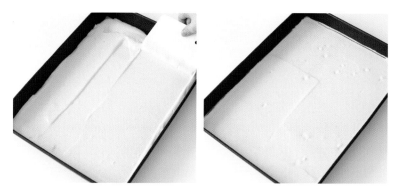

14 스크래퍼를 반죽 표면에 가볍게 대고 팬의 왼쪽 끝에서 오른쪽 끝으로 움직여 평평하게 정돈하는데, 팬을 90°씩 돌
려 가면서 반복하세요.
팬을 테이블에 가볍게 내리치거나 팬을 한 손으로 들고 다른 손으로 팬 뒷면 바닥을 탕탕 쳐 기포가 떠오르면 터트
려 주세요. 예열한 오븐에 넣고 9~10분간 구워 주세요.

15 다 구워지면 시트 테두리를 스패츌러로 조심스럽게 떼어 주세요. 이
미 많은 부분의 시트가 팬으로부터 분리가 되어 있을 거예요.

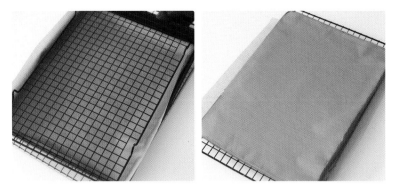

16 시트 위에 유산지, 식힘망 순서로 올린 후 재빠르게 팬 채로 뒤집어서 분리해 주세요.

17 유산지나 테프론시트를 떼어 낸 후 다시 그대로 덮어 두고 비스퀴를 완전히 식혀 주세요. 만일 사용할 때까지 시간이 지체되는 경우라면 얇은 면 소재의 천을 덮어 너무 건조해지지 않도록 해 주세요.

# Chocolate Biscuit Joconde
## 초코 비스퀴 조콩드

 30분
 ★★

## I 재료(1/2 빵팬)

달걀 136g, 슈가파우더 50g,
아몬드 가루 82g, 코코아 가루 15g, 박력분 20g,
달걀흰자 85g, 설탕 40g,
버터 17g, 바닐라 익스트랙 5g

## I 굽기

실제 온도계 기준 190℃
컨벡션오븐 180℃
열선오븐 200℃
굽는 시간 8~10분

## I 도구

1/2 빵팬, 스크래퍼, 유산지 또는 테프론시트, 체, 핸드믹서, 손거품기, 실리콘 주걱, 믹싱볼, 중탕 냄비

## I 과정 요약

① 달걀흰자를 제외한 모든 재료는 상온으로 준비하세요.
② 아몬드 가루, 코코아 가구, 박력분을 함께 계량하여 2번 체 쳐 두고, 슈가파우더는 따로 계량합니다.
③ 달걀을 먼저 풀어 준 다음, 슈가파우더를 넣고 섞어 주세요.
④ 중탕 냄비에 볼을 걸치고 40℃까지 데우세요.
⑤ 달걀 볼을 내리고 중탕 냄비에 버터와 바닐라 익스트랙 넣은 볼을 데워 주세요.
⑥ 달걀을 핸드믹서 고속으로 3분 동안 휘핑하세요.
⑦ '2'의 체 친 가루 재료를 넣고 핸드믹서 중속으로 6분 동안 믹싱해요.
⑧ 차가운 흰자에 설탕을 3번에 나누어 넣으면서 머랭을 올려 주세요.
⑨ '7'에 머랭을 먼저 1/3만 넣고 주걱으로 섞은 다음, 나머지 머랭을 모두 넣고 섞어 주세요.
⑩ '5'의 데운 액체 재료를 넣고 잘 섞어 주세요.
⑪ 반죽을 1/2 빵팬에 붓고 스크래퍼로 윗면을 평평하게 해 주세요.
⑫ 예열한 오븐에 넣고 8~10분간 구워 주세요.
⑬ 다 구워지면 팬에서 분리하여 식힘망에 올린 후 완전히 식혀 주세요.

## 미리 할 일

1 　모든 재료는 상온으로 준비하세요. 달걀을 흰자와 노른자로 분리하고 각각 다른 볼에 계량한 후 흰자를 계량한 볼은 랩을 씌워 냉장고에 넣어 두거나 머랭 온도가 8°~14℃ 정도가 되도록 맞춰 주세요. 박력분과 아몬드 가루, 코코아 가루를 모두 섞어 2번 정도 체 쳐 주세요.

## 반죽 & 굽기

2 　노른자를 먼저 풀어 준 뒤 슈가파우더를 섞어 주세요. 지금 단계에서 슈가파우더는 덩어리지면서 완전히 풀리지는 않겠지만 중탕을 하게 되면 완전히 녹게 돼요.

3 　중탕 냄비에 볼을 걸치고 데우면서 거품기로 계속 저어 주세요. 슈가파우더가 완전히 녹고 달걀 온도가 42℃가 되면 중탕을 멈추세요.

4 　달걀볼은 내리고 중탕 냄비에 버터와 바닐라 익스트랙을 넣어 데우세요. 50°~55℃ 정도로 유지해 주세요.

5-6 　핸드믹서를 고속으로 맞춰 3분 동안 휘핑을 해요. 달걀 거품이 뽀얗고 밀도 있게 만들어지도록 해 주세요.

7-8    체 친 가루 재료를 모두 넣어 주세요. 그런 뒤 핸드믹서를 중속으로 맞춰 6분간 휘핑해 주세요.
       반죽이 매끄러워지게 되면 잠시 놓아 두세요.

9-10   달걀흰자는 냉장고에 넣어 두어 살짝 차가운 상태로 준비하고 머랭을 올려요. 설탕을 3번에 나누어 넣으면서
       휘핑할 때 머랭 끝이 부드럽게 휘는 머랭을 만들어 보세요.

11-12  '10'에 머랭의 1/3만 넣어 섞은 후, 다시 나머지 머랭을 넣어 고르게 섞어 주세요.

13-14  따뜻하게 녹인 버터(50˚~55℃)와 바닐라 익스트랙을 넣어 섞은 후 반죽을 마무리해 주세요.

15-16  유산지나 테프론시트를 깐 1/2 빵팬에 반죽을 붓고 윗면을 평평하게 정리해 주세요. 예열한 오븐에서 8~10분
       동안 구워 주세요.

17     다 구워진 시트는 뒤집어서 테프론시트를 떼어 내고 식힘망 위에서 완전히 식혀 주세요.

# 비스퀴 조콩드 응용 레시피

재료 양은 모두 1/2 빵팬 기준이며, 필요한 레시피별 포인트를 적어 두었습니다.*

* p.137 '아몬드 비스퀴 조콩드'를 참고하여 만들어 보세요.

## ❖ 말차 비스퀴 조콩드 ❖

달걀 136g, 슈가파우더 55g,
아몬드 가루 82g, 박력분 26g, 말차 가루 6g,
달걀흰자 85g, 설탕 43g,
식물성 오일 17g, 바닐라 익스트랙 4g

## ❖ 얼그레이 비스퀴 조콩드 ❖

달걀 136g, 슈가파우더 55g,
아몬드 가루 80g, 박력분 27g,
얼그레이 가루 4g,
달걀흰자 85g, 설탕 43g,
식물성 오일 17g, 바닐라 익스트랙 4g

## ❖ 피스타치오 비스퀴 조콩드 ❖

달걀 136g, 슈가파우더 55g,
아몬드 가루 82g, 박력분 33g,
달걀흰자 85g, 설탕 43g,
피스타치오 페이스트 32g

* 피스타치오 페이스트를 가장 나중에 넣고 섞어 주
  세요.

## ❖ 헤이즐넛 비스퀴 조콩드 ❖

달걀 136g, 슈가파우더 55g,
아몬드 가루 39g, 헤이즐넛 가루 47g,
박력분 34g,
달걀흰자 85g, 설탕 43g,
녹인 버터 14g, 바닐라 익스트랙 5g

# Joconde
## Cakery

# 비스퀴 아 라 퀴에르

비스퀴 아 라 퀴에르는 달걀의 흰자와 노른자를 분리해 만드는 가볍고 건조한 스펀지케이크예요. 영미권에서는 레이디핑거(Ladyfingers), 이탈리아에서는 사보이 아르디(Savoiardi), 프랑스에서는 비스퀴 아 라 퀴에르(Biscuits à La Cuillére, 스푼 비스퀴)로 알려져 있어요. 티라미수, 트러플, 샤를로트 같은 디저트 레시피에 가장 많이 쓰이죠. 특히 바삭하게 구워 커피에 푹 적신 이 비스퀴를 담은 티라미수는 정말 내 영혼을 깨워 일으켜 주는 것 같아요. 이보다 더 환상적인 조합이 어디 있을까요? 이 공기를 품은 연약한 비스퀴를 소중히 구워 가볍고 감미로운 크림을 곁들인 디저트를 꼭 만들어 보세요.

비스퀴 아 라 퀴에르는 버터나 오일 또는 베이킹파우더가 들어가지 않아요. 유지가 들어가지 않아서 달걀 거품이 힘이 있지요. 반죽 형태를 유지하기가 쉽기 때문에 짤주머니를 이용해 다양한 모양으로 짜서 구울 수 있다는 장점이 있어요. 오래전에는 반죽을 스푼으로 떠올려 구웠다고 해요.

레이디핑거 반죽법은 달걀노른자와 설탕을 넣어 밀도 있게 거품을 낸 다음 달걀흰자 머랭을 조심스럽게 섞어 주는 거예요. 옥수수 전분과 밀가루를 섞어서 반죽을 만드는데 반죽을 베이킹 팬에 독특한 '손가락' 모양으로 파이핑하죠. 굽기 전 마지막에 슈가파우더를 위에 듬뿍 뿌려 주는데요, 슈가파우더는 레이디핑거의 껍질에 바삭하면서도 달콤한 크러스트를 만들어 줍니다.

## 실패 예방법

레이디핑거를 만들 때 자주 발생하는 문제들을 예방하기 위해서 염두에 두어야 할 부분을 말씀 드릴게요. 레이디핑거 반죽이 힘이 없고 묽어지거나 처음에는 부피감이 있지만 굽는 과정에서 퍼지는 경우가 있어요. 물

론 기본적으로 반죽 과정에서 오버믹싱해서 거품을 가라앉히는 일은 없도록 주의해야겠지요. 하지만 그 외의 문제라면 흰자에 들어가는 설탕의 비율이 낮을 때, 흰자의 온도가 높을 때 그리고 머랭을 탄탄하게 올리지 않았을 때 문제가 생길 수 있어요. 설탕 비율이 낮으면 흰자 거품이 처음부터 풍성하게 일어나겠지만 조밀함이 떨어지기 때문에 힘 있게 지지되는 구조를 갖기 어려워지죠. 흰자 대비 설탕 비율은 50% 이상이 안정적이에요. 또한 흰자는 차가운 것을 사용하세요. 계량 후 볼을 냉장고에 넣어서 차게 만든 후 사용하는 게 좋습니다. 흰자 온도가 낮을수록 안정적이고 치밀한 머랭을 만들 수 있어요. 마지막으로 실패 예방법 한가지는 옥수수 전분을 추가하는 거예요. 옥수수 전분을 섞으면 레이디핑거가 가벼우면서도 단단한 모양이 유지돼요. 반죽이 묽거나 굽는 과정에서 퍼지는 것을 예방해 주는 보험이죠. 레시피에서 박력분을 대략 16% 정도 덜어 내고 옥수수 전분으로 대체하면 돼요.

한 줄로 정리하자면 '8℃~14℃의 차가운 흰자를 사용하고, 설탕 비율은 50% 이상 그리고 옥수수 전분을 추가한다'예요.

## ㅣ 재료(1/2 빵팬)

달걀노른자 36g, 설탕A 24g,
달걀흰자 72g, 설탕B 48g,
박력분 60g, 옥수수 전분 10g,
바닐라 익스트랙 1g,
슈가파우더 적당량

## ㅣ 굽기

실제 온도계 기준 190℃
컨벡션오븐 180℃
열선오븐 200℃
굽는 시간 8~10분

## ㅣ 도구

낮은 사각팬, 유산지 또는 테프론시트, 핸드믹서, 믹싱볼, 손거품기, 실리콘 주걱, 가루체, 분당체, 짤주머니,
805호(지름 1.2cm) 원형깍지

## ㅣ 과정 요약

① 달걀은 노른자와 흰자로 분리하여 계량하고, 흰자는 냉장고에 넣어 두세요.

② 박력분과 옥수수 전분은 2번 체 쳐 두세요.

③ 낮은 사각팬에 유산지나 테프론시트를 깔아 두세요.

④ 짤주머니에 원형깍지를 끼워 준비해 주세요.

⑤ 노른자에 설탕을 넣고 핸드믹서로 묵직해질 때까지 휘핑해 주세요.

⑥ 달걀흰자에 설탕을 3번 나누어 넣으면서 머랭을 올려 주세요.

⑦ '5'의 노른자 반죽에 머랭을 2번에 나누어 넣고 가볍게 섞어 주세요.

⑧ '2'의 체 친 가루 재료를 넣고 가볍게 섞어 주세요.

⑨ 바닐라 익스트랙을 넣고 섞어 반죽을 완성하세요.

⑩ '4'의 짤주머니에 반죽을 넣고 베이킹팬에 손가락 모양으로 파이핑해 주세요.

⑪ 예열한 오븐에서 13분간 구워 주세요.

1   모든 재료는 상온으로 준비하세요. 달걀을 흰자와 노른자로 나눠 계량하고 박력분과 옥수수 전분은 함께 섞어 체
    쳐 두세요. 낮은 사각팬에 반죽을 짤 길이를 표시해 둔 종이를 아래에 놓고 유산지나 테프론시트를 깔아 두고 짤주
    머니에 깍지를 끼워두세요.

노른자 휘핑

2   노른자를 먼저 풀어 준 후 설탕을 넣고 섞어 주세요. 노른자를 핸드믹서 중속으로 휘핑해 주세요. 부피가 커지면서
    묵직해지고 연한 아이보리색이 될 때까지 휘핑해 주고 잠시 놓아 두세요.

머랭

3  핸드믹서 거품날을 깨끗한 것으로 교체한 후 차가운 달걀흰자에 설탕을 3번에 나누어 넣으면서 핸드믹서를 중속에 맞춘 뒤 휘핑하세요. 거품날로 머랭을 찍어 올린 후 볼 안에 솟아 있는 머랭을 살피면 위에 솟은 뿔은 부드럽게 고개를 숙이지만 몸통은 빳빳하게 서 있는 상태면 돼요.*  * p.85 '머랭 만들기' 참고

반죽

4  노른자 반죽에 머랭을 1/3만 넣고 손거품기로 조심스럽게 섞어 주세요.

> Tip  거품기로 반죽을 섞으면 머랭을 최대한 덜 꺼트리면서 빠르게 섞을 수 있어요. 주걱으로 섞을 때보다 반죽이 묽어지는 현상이 덜해요.

5  나머지 머랭을 모두 넣고 같은 방법으로 조심스럽게 섞어 주세요.

6  박력분과 옥수수 전분을 한 번 더 체 치면서 넣어 주세요. 손거품기로 조심스럽게 섞어 주세요.

7  가루 재료가 보이지 않을 정도로만 섞이면 바닐라 익스트랙을 넣고 한 번 더 섞고서 다시 주걱으로 가볍게 정리하여 마무리해 주세요.

> **Tip** 반죽을 너무 오래 섞어 거품이 많이 꺼지면서 반죽이 묽어지면 통통한 비스퀴 아 라 퀴에르가 아닌 납작한 모양으로 구워질 수 있어요. 가루가 눈에 보이지 않을 때에 주걱으로 주변 반죽을 모아 정리하고 마무리하세요.

**파이핑**

8  805호 원형깍지(지름 1.2cm)를 끼운 짤주머니에 반죽을 담아요.

9  깍지 끝을 팬 바닥에서 1cm 정도 띄우고 천천히 짜면서 옆으로 이동 해요. 마지막에는 손의 쥐는 힘을 완전히 빼고 진행하던 반대 방향으로 짧게 움직이면서 끊어 주세요. 약 9~10cm 길이로, 또는 필요한 길이로 파이핑해요.

> **Tip**  반죽을 짤 때 바닥에서 약간 띄우고 짜면서 이동하세요. 그래야 통통한 모양의 비스퀴 아 라 퀴에르를 만들 수 있어요. 또 비스퀴 아 라 퀴에르는 구우면서 많이 부풀기 때문에 간격을 좁게 하면 서로 붙어 버릴 수 있으니 여유 공간을 남기고 파이핑하세요. 이 레시피 분량으로는 9~10cm 길이의 비스퀴 아 라 퀴에르를 40~44개 정도 만들 수 있어요.

10  파이핑한 후 분당체로 슈가파우더를 균일하게 뿌려 주세요. 한 번 뿌리고 나면 슈가파우더가 금세 녹아 버릴 거예요. 전체적으로 2~3회까지 뿌려 주세요.

**굽기와 식히기**

11  예열한 오븐에서 13분간 구워 주세요. 다 구워지면 팬에서 분리해서 유산지와 함께 식힘망 위에서 식혀요. 완전히 식힌 후 비스퀴 아 라 퀴에르를 유산지에서 떼어 내 주세요.

✦ 알아두세요
사진은 둥글게 디스크 형태로 짜는 모습이에요. 일정한 굵기로 소용돌이 모양으로 짜 준 후 슈가파우더를 뿌리고 구워 주세요. 샤를로트, 케이크 등의 바닥 시트로 사용해요. 굽는 온도와 시간은 같아요.

# 3

필링 & 크림

Filling & Cream

## Compote
# 콤포트

콤포트는 과일을 물과 설탕으로 만든 시럽에 넣어 조린 거예요. 주로 신선한 과일을 사용하지만, 건조 과일이나 동결 과일로도 만들 수 있어요. 콤포트(Compote)는 프랑스어 'Compote'에서 유래했으며, '과일을 부드럽게 익히고 단맛을 주는 것'을 뜻해요.

## | 콤포트 잘 만드는 법

콤포트를 케이크에 넣기 좋은 상태로 만들려면 너무 오래 조리하지 않는 것이 좋아요. 특히 복숭아나 살구처럼 비교적 부드러운 과육은 끓어 오른 상태에서 바로 불을 꺼야 과일의 형태를 유지해 예쁘게 만들어지죠. 단, 사과나 배처럼 단단한 과일은 오래 끓여도 괜찮아요.

## | 콤포트의 보관

콤포트는 조리 후 완전히 식히고, 깨끗이 소독한 유리병이나 밀폐용기에 담아 냉장고에 보관합니다. 일반적으로 1~2주 동안 냉장보관이 가능하고, 냉동보관도 할 수 있어요. 제대로 냉동한 콤포트는 3개월 이상 보관할 수 있지만 저는 해동하면 바로 만들었을 때보다 살아 있는 식감이 많이 줄어들어서 냉동을 추천하지 않아요.

## | 콤포트 활용

콤포트는 과육이 단단한 사과나 배, 복숭아부터 살구, 자두, 체리 등 비교적 과육이 연한 과일까지 모두 사용할 수 있어요. 저는 보통 단단한 과일을 케이크에 넣고 싶을 때 주로 이용하는데, 맛은 더 진해지고, 보관기간도 길어진답니다. 블루베리나 체리 같은 베리류도 콤포트를 만들어 사용하면 형태는 유지하면서 맛은 더 깊어져요. 또한 케이크에 필링으로 사용했을 때도 크림과 따로 겉돌지 않고 잘 어울린답니다. 그 밖에 콤포트를 파운드 케이크 반죽에 넣어 구워도 좋구요. 아이스크림, 와플 등에 올려서 먹어도 맛있고 보기에도 멋지답니다.

Apple Compote
# 사과 콤포트

• 사과 300g, 설탕 90g, 물 300g, 소금 1/4티스푼, 레몬 1/2개 슬라이스
• 냄비, 밀폐용기, 유산지

## 만들기

1 사과를 웨지 모양으로 잘라 준비하세요. 사과 1개 기준으로 12등분 한 크기예요.

2 냄비에 사과, 물, 설탕, 소금, 레몬 슬라이스를 넣고 끓입니다. 소금은 맛도 좋아지지만 사과의 갈변을 방지해 주기 때문에 조금 넣어 주면 좋아요.

3 전체적으로 바글바글 끓기 시작하면 중약불로 줄이고 졸여 주세요.

4 중간중간 시럽을 사과 위에 끼얹어 주고 거품을 걷어 내세요.

5 약 12분 후 사과가 투명해지면 불을 끕니다.

6 다른 그릇이나 병에 옮기고 유산지를 덮어 주세요. 완전히 식으면 유산지를 걷어 내고 뚜껑을 덮어 냉장보관하는데 일주일 정도 보관 가능해요.

Tip 유산지는 시럽 위로 나와 있는 과육 부분이 공기와 닿아서 색이 변하는 것을 막아 줘요.

Pear Compote

# 배 콤포트

- 배 400g, 화이트와인 160g, 물 160g, 설탕 100g, 스타아니스 2알, 시나몬 스틱 작은 것 1개, 레몬즙 5g
- 냄비, 밀폐용기, 유산지

만들기

1    배를 1.5cm 크기의 큐브 모양으로 잘라 준비해요.

2    배를 제외한 모든 재료를 냄비에 넣고 끓여 주세요.

3    와인의 알코올이 모두 날아가도록 1~2분간 팔팔 끓여 주세요.

4    조심스럽게 배를 넣어 준 후 계속 끓여 줘요.

5    끓어오르면 거품을 걷어 내 주고 30초 후 불을 꺼 주세요.

6    소독한 병에 옮긴 후 유산지를 덮어 완전히 식혀 주세요. 완전히 식으면 뚜껑을 덮어 냉장보관하는데 일주일 정도 보관 가능합니다.

# 복숭아 콤포트

- 딱딱이 복숭아 500g, 로제 샴페인 200g, 물 250g, 설탕 90g, 시나몬 스틱 5cm 1개, 바질 잎 5~6장
- 냄비, 밀폐용기

1     과육이 단단하고 껍질이 붉은 복숭아를 고르세요. 깨끗이 세척한 복숭아를 씨를 중심으로 자른 뒤 양손으로 복숭아를 쥐고 뒤틀어 반을 가르고 씨를 도려내세요.
과육을 1.5cm 두께의 반달 모양으로 슬라이스하고 껍질을 깎아요. 이 껍질들도 '꼭' 모아 두세요!

2     냄비에 물과 로제 샴페인을 붓고 설탕을 넣어요. 설탕의 양은 복숭아의 달달한 정도에 따라 조절하세요.

3     냄비에 복숭아 껍질을 넣어요. 껍질의 붉은 색이 우러나와 복숭아를 분홍으로 물들일 거예요. 여기에 시나몬 스틱과 바질도 넣고 2분 동안 바글바글 끓이다가 바질은 건져내 주세요.

4     5분간 더 끓여 주다가 복숭아 껍질과 시나몬 조각도 건져 주세요.

5     불을 끄고 복숭아를 넣어요. 다시 불을 켜고 냄비 가운데까지 보글보글 끓어오르면 몇 초 후 불을 끕니다. 오래 끓이지 마세요. 시럽이 없는 부분의 갈변과 건조를 막기 위해 바로 유산지를 표면에 덮어서 그대로 식혀 주세요.

6     밀폐용기에 넣어 냉장보관하세요. 만 하루 정도 지나면 맛있는 복숭아 콤포트가 됩니다.

# Apricot Compote
## 살구 콤포트

- 단맛이 나지 않는 살구 500g, 물 300g, 설탕 160g, 바닐라빈 1/2개
- 냄비, 밀폐용기

만들기

1   과육이 너무 무르지 않은 살구를 골라 살구 씨를 중심으로 돌려가며 잘라 반으로 갈라 주세요.

2   씨를 제거해 주세요.

3   살구 껍질을 얇게 깎아 과육만 준비해 주세요.

4   껍질을 깐 살구는 깨끗이 소독한 병에 넣어 주세요.

5   냄비에 물, 설탕, 반으로 가른 바닐라빈을 넣고 3분 동안 팔팔 끓여 주세요.

6   끓인 시럽을 소독한 병에 부어 주세요. 완전히 식으면 뚜껑을 덮어 냉장보관하는데 일주일 정도 보관 가능합니다.

# Blueberry Compote
## 블루베리 콤포트

- 생 블루베리 또는 냉동 블루베리 300g, 설탕 90g, 물 40g, 레몬즙 15g
  * 잼과 같은 질감의 콤포트를 만들려면 옥수수 전분 2g을 설탕에 미리 섞어 준 후 사용하세요.
- 냄비, 밀폐용기

## 만들기

1 냄비에 모든 재료를 넣고 끓여 주세요.

2 '1'이 끓어오르면 불을 중약불로 줄이고 5~6분간 더 졸여 주세요.

3 불을 끄고 소독한 병에 옮겨요. 완전히 식으면 뚜껑을 덮어 냉장보관하는데 일주일 정도 보관 가능해요.

Cherry Comfort

# 체리 콤포트

• 씨를 제거한 체리 300g, 물 80g, 설탕 80g, 레몬즙 15g, 키르쉬(체리 리큐르) 15g

  * 잼 같은 질감을 원한다면 옥수수 전분 2g을 설탕에 미리 섞어 준 후 사용하세요.

• 냄비, 밀폐용기

1   칼로 체리 씨를 따라 돌리면서 체리를 반으로 갈라 주세요. 씨가 없는 냉동 체리라면 이 과정을 생략하세요.

2   칼 끝을 아주 짧게 쥐고 씨가 붙어 있는 부분을 도려내면서 제거해요. 모든 체리 씨를 제거하고 과육만 300g을
    준비하세요.

3   냄비에 물, 설탕, 레몬즙을 넣고 팔팔 끓여 주세요.

4   설탕이 다 녹으면 냄비에 체리를 넣어 주세요.

5   다시 시럽이 팔팔 끓으면 불을 약불로 낮추고 5분만 더 졸여 주세요. 중간중간 거품도 걷어 내 주세요.

6   냄비를 불에서 내린 후 한 김 식으면 키르쉬를 넣고 섞어 주세요. 소독한 병에 옮긴 후 완전히 식으면 냉장보관
    하는데 일주일 정도 보관 가능해요.

# Cranberry Compote
## 크랜베리 콤포트

• 크랜베리 200g, 오렌지 주스 80g, 설탕 80g, 오렌지필 약간, 로즈마리 약간

• 냄비, 밀폐용기

## 만들기

1  준비한 모든 재료를 냄비에 넣고 끓여요. 로즈마리는 8cm 길이 한 줄기만 넣었어요. 오렌지필은 취향껏 넣어도 괜찮아요.

2  전체적으로 끓어오르면 불을 약불로 줄여 주세요.

3  약 2~3분 후 크랜베리 껍질이 톡톡 터지면 불에서 내려 주세요. 소독한 병에 옮긴 후 완전히 식으면 냉장보관 하는데 일주일 정도 보관 가능해요.

Curd
# 커드

커드(Curd)는 과일 주스나 신선한 과일, 설탕, 달걀, 버터 등을 혼합하여 만든 특유의 과일 크림이라고 말할 수 있어요. 주로 과일퓨레나 과일주스를 사용하여 디저트로 만들어서 종류가 매우 다양해요. 주로 과일을 사용하여 만드는데 레몬 커드가 가장 잘 알려져 있고, 그 외에도 오렌지 커드, 라즈베리 커드, 블루베리 커드, 망고 커드 등 다양한 과일을 활용한 커드가 있어요. 커드는 만드는 과정이 간단함에도 맛과 질감은 부드러우면서 과일향은 여전히 풍부하게 유지하기 때문에 만족스러운 케이크 재료가 될 거예요.

## 커드의 활용

다양한 과일 커드는 과일의 특성과 맛을 강조하면서도 부드러운 풍미를 주기 때문에 여러 디저트나 베이킹에 활용할 수 있어요. 주로 타르트나 무스 케이크, 치즈 케이크, 파이 등에 맛을 채울 수 있지요. 생크림 케이크에 넣고 싶다면 케이크 시트 사이에 잼처럼 필링하거나, 케이크 위에 토핑하거나, 커드에 젤라틴과 같은 응고제를 첨가하여 굳힌 후 케이크와 크림 사이에 샌딩을 할 수도 있답니다.

## 커드의 보관

커드는 냉장실에서 1~2주, 냉동실에 얼려 적절하게 보관할 경우 최대 3~6개월 동안 좋은 상태를 유지할 수 있어요. 하지만 시간이 지나면 식감의 변화가 생기기 때문에, 만들고 3개월 이내에 소비하길 추천해요. 커드를 보관하기 전에는 완전히 식힌 다음, 소독한 밀폐용기에 담고 위 표면에는 랩을 밀착하여 덮으세요. 이렇게 하면 수분이 응결되거나 박테리아가 성장하는 것을 막아 줍니다. 더불어 냉동하면 부피가 팽창하기 때문에, 용기 상단에 약간의 공간이 남아 있어야 해요. 용기에 커드 만든 날짜를 표시하는 것, 잊지 마세요! 사용하기 전에는 상온에서 해동하지 말고 꼭 냉장고로 옮겨서 완전히 해동해야 하고, 사용하기 전 중탕해 가볍게 데워 주거나 잘 저어 주면 부드러운 커드의 질감을 되찾을 수 있어요.

## 커드 vs 커스터드 크림

커드의 풍미와 질감은 커스터드 크림과 자주 비교되는데, 이 둘의 큰 차이점은 주로 사용하는 재료와 제조 방법 때문에 나타나요. 앞에서 말했듯 커드는 과일 주스나 신선한 과일을 베이스로 해서 과일의 산미와 새콤한 맛을 그대로 가지고 있습니다. 반면에 커스터드 크림은 우유로 만들기 때문에 부드러운 크림의 질감을 가지고 있는 점이 달라요.

Lemon Curd

# 레몬 커드

- 레몬 제스트 8g(레몬 약 2개), 설탕 80g, 레몬즙 60g, 달걀 104g, 달걀노른자 38g, 차가운 무염 버터 60g, 리몬첼로 5g
  * 커드 약 260g 분량

- 냄비, 레몬제스터, 스퀴저, 손거품기, 밀폐용기

## 만들기

1    레몬 2개를 제스터에 갈아서 레몬 제스트를 준비하세요. 레몬 껍질의 하얀 부분은 쓴맛이 나니 노란 부분만 갈으세요.

2    설탕에 레몬 제스트를 미리 골고루 섞어 두면 제스트의 아로마를 설탕이 흡수하게 돼요.

3    스퀴저로 신선한 레몬즙을 짜 주세요. 이때 섬유질이나 씨는 걸러 주세요.

4    냄비에 달걀을 넣고 먼저 풀어 주세요. 설탕과 달걀을 함께 섞으면 노른자가 덩어리질 수 있어요. 눌어 붙지 않도록 바닥이 두꺼운 냄비를 추천해요.

5    레몬 제스트를 섞은 설탕을 넣고 바로 섞어 주세요.

6    레몬즙을 넣고 고르게 섞어 주세요.

> **More**   레몬 커드처럼 시트릭 계열의 커드를 만들 때는 거품기나 냄비는 가능하면 쇠나 알루미늄 금속이 아닌 것이 좋아요. 레몬 커드를 준비하는 동안 금속 조리 도구를 사용하면 레몬 주스와 화학 반응을 일으켜 커드에 금속 맛이 날 수 있기 때문이에요. 실리콘 또는 나무 재질의 거품기나 주걱을 사용하고 스테인리스 스틸 또는 법랑, 코팅된 냄비와 같이 산에 반응하지 않는 냄비가 좋아요.

7   '6'을 아주 약한 불에 올려 서서히 데워 주세요. 달걀이 익어서 덩어리지거나 바닥에 눌어 붙지 않도록 약불로 끓이고, 손거품기로 구석구석 쉬지 않고 저어 주세요.

8   재료를 계속 저어 주다 보면 73℃ 정도가 되면 서서히 스프 같은 질감으로 바뀌기 시작해요. 75°~80℃ 정도 되면 기포가 폭폭 올라와요. 약불에서 조리하기 때문에 온도가 계속 오르지는 않지만 83℃ 이상이 되면 불을 꺼도 잔열이 뜨거워 커드가 너무 되직해져요. 그래서 80℃ 쯤에는 불을 꼭 끄세요.

9   불을 끈 후 바로 차가운 버터를 조금씩 넣고 저어 주세요. 버터를 녹일 때 잘 섞어 완전히 유화시켜 주어야 합니다.
    차가운 버터를 넣는 이유는 커드의 온도를 빨리 낮추고. 더 익는 것을 멈춰 달걀이 응고되거나 스크램블이 되는 것을 방지하는 거예요. 또 버터를 한 번에 넣지 않고 조금씩 넣고 섞어 주면 유화가 잘되고 커드의 부드럽고 크리미한 질감을 유지하는 데 도움이 돼요. 버터는 1~1.5cm 크기의 큐브 모양으로 잘라 계량하고 냉장고에 넣어 두세요.

10  '9'에 리몬첼로를 넣고 완전히 섞어 주세요. 리몬첼로는 레몬 리큐르(레몬술)로 커드의 향미를 높여 주지만 없으면 생략해도 괜찮아요.

11  달걀 전란을 넣었기 때문에 익은 흰자가 약간씩 생기기도 해요. 그런 달걀 덩어리나 제스트는 체에 내려 주세요.

12  쿠킹 랩을 표면에 밀착하여 씌우고 완전히 식혀 줍니다.* 그리고 보관할 그릇이나 병에 담고 완전히 식으면 냉장 또는 냉동보관하세요.  * p.179 '커드의 보관' 참고

Orange Curd

# 오렌지 커드

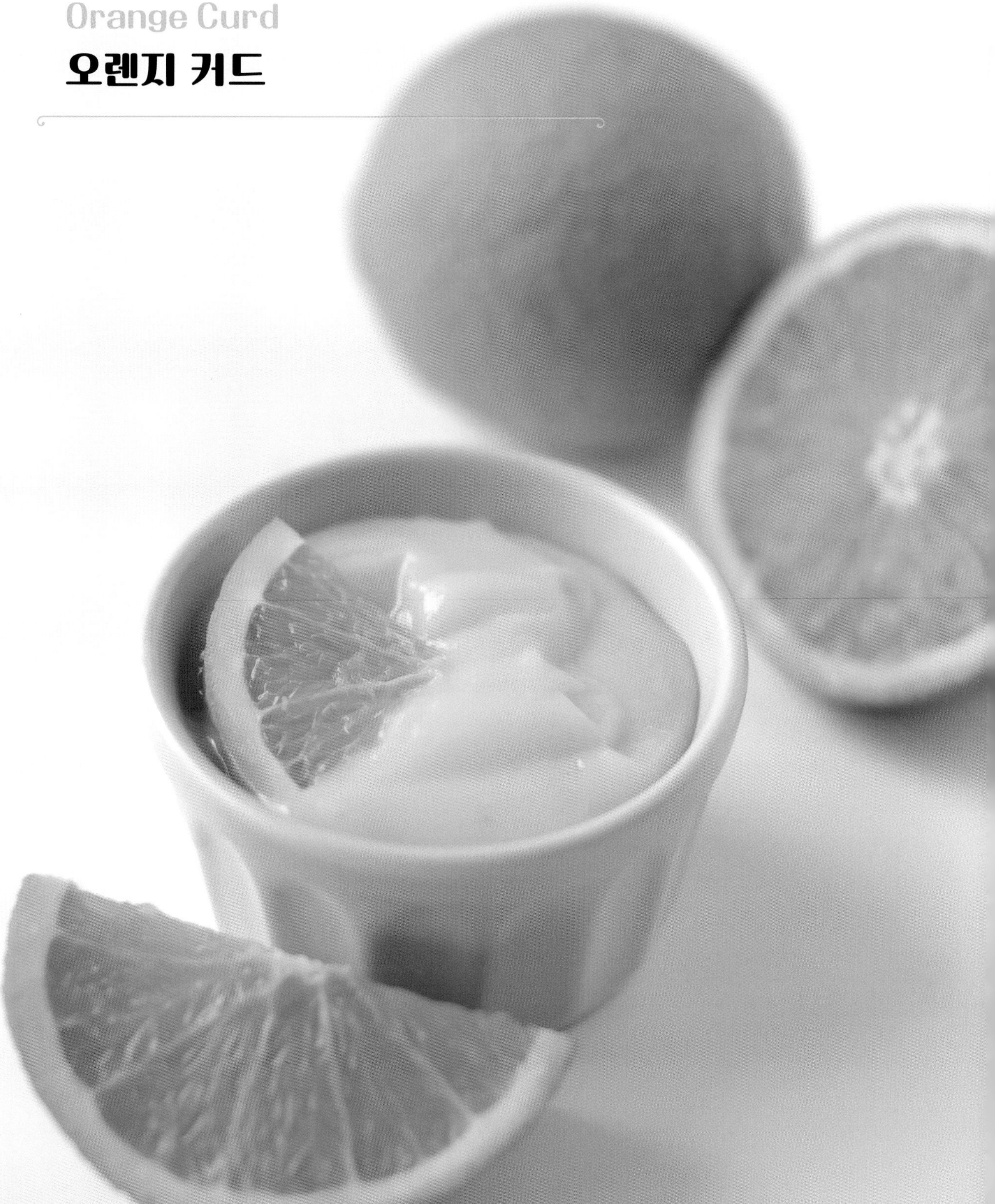

- 오렌지 제스트 8g, 설탕 90g, 옥수수 전분 5g, 오렌지 주스 135g, 달걀노른자 60g, 차가운 무염 버터 60g, 쿠앵트로 8g
  * 커드 약 260g 분량

- 냄비, 플라스틱 볼, 작은 볼, 주걱, 체, 밀폐용기

1  플라스틱 볼에 설탕과 오렌지 제스트, 옥수수 전분을 넣고 섞어 주세요.

2  작은 볼에 달걀노른자를 풀어 두세요.

3  냄비에 오렌지 주스를 넣은 뒤 섞어 둔 제스트에 설탕을 풀어 주세요.

4  주걱이나 거품기로 계속 저어 주면서 약불로 끓여 주세요.

5  약 2분 동안 졸이면 오렌지 주스에서 점성이 생기기 시작해요.

6  불을 끄고 80℃까지 잠시 식힌 후 오렌지 시럽 1/2을 풀어 둔 달걀노른자에 부어 주세요. 달걀노른자가 익어 버리지 않도록 하기 위한 템퍼링 과정이에요.

7      '6'의 재료들을 완전히 섞어 주세요.

8      주스가 담긴 냄비에 '7'의 재료들을 다시 부어 주세요.

9      다시 '8'을 약불에서 끓이면서 계속 저어 주세요. 그러면 기포가 폭폭 올라 오는데 약 85°~90℃에서 스프 질감
       의 소스가 되면 불을 꺼 주세요.

10     차가운 버터를 조금씩 넣으면서 녹여 주는데. 꼼꼼하게 섞어서 유화시켜 주어야 해요.

11     마지막으로 쿠앵트로(오렌지 리큐르)를 넣고 잘 섞어 주세요.

12     체를 이용해 오렌지 제스트 등을 걸러 주세요. 밀폐용기에 담고 완전히 식으면 냉장 또는 냉동보관해 주세요.

> **Tip**   오렌지나 자몽 커드 만드는 방법은 다른 커드들과 약간 다릅니다. 오렌지의 신맛과 향은 레몬에 비해 부드러
> 워서 많은 양의 오렌지 주스가 필요해요. 수분이 많아 커드 질감을 만들려면 주스와 설탕 그리고 약간의 옥수수 전
> 분을 냄비에 넣어 졸이는 과정이 필요한데 이 과정에서 향이 진해져요. 오렌지 커드는 그 후에 달걀노른자를 넣어서
> 만듭니다.

Passion Fruit Curd

**패션프루트 커드**

- 패션프루트 과육 86g, 설탕 96g, 달걀노른자 38g, 달걀 52g, 차가운 무염 버터 80g
  * 커드 약 297g 분량

- 냄비, 블렌더, 체, 볼, 손거품기, 주걱, 밀폐용기

**만들기**

1  패션프루트 과육을 모두 긁어서 씨를 제외한 과육 무게만큼 준비해 주세요.

2  블렌더로 씨와 과육을 분리하는 정도로만 갈아 주세요. 씨를 갈아 줄 필요는 없어요.

3  체에 꼼꼼하게 씨를 걸러 내 퓨레만 준비하세요. 그런 뒤 패션프루트 느낌이 나도록 약간의 씨를 남겨서 퓨레에 넣어 줍니다.

4  '3'에 달걀과 달걀노른자를 모두 넣고 완전히 풀어 주세요.

5  '4'에 설탕을 넣고 잘 섞어 주세요.

6  냄비에 물을 끓인 후 그 위에 볼을 올려 중탕으로 가열을 시작해 주세요.

7    섞은 재료가 73℃가 넘으면 서서히 스프 같은 질감으로 변하기 시작해요. 80℃ 정도가 되면 불을 꺼 주세요.

8    질감 확인을 위해 주걱으로 떠 올려 보세요. 사진같이 글레이징되면 손가락으로 훑었을 때 선명한 자국이 남죠.

9    '8'에 차가운 버터를 조금씩 넣으면서 녹여 주세요.

10   녹은 버터를 충분히 섞어서 유화시켜 주세요.

11   밀폐용기에 담고 완전히 식으면 냉장 또는 냉장보관해 주세요.

**Tip**  이번 레시피는 시간이 조금 더 오래 걸려도 중탕으로 만드는 방식으로 만들어 보았어요. 이렇게 하면 오렌지 커드처럼 냄비를 직접 불에 올려 만드는 방법보다 달걀이 익으면서 생기는 작은 덩어리가 덜 생겨요. 여러분은 두 방법 중 편한 방법으로 만드시면 됩니다.

# 커드 레시피 응용

### ✦ 라임 커드 ✦

**재료:** 달걀 100g, 달걀노른자 54g, 설탕 82g, 소금 0.5g,
라임 제스트 6g(라임 약 2개), 라임 주스 70g,
차가운 무염 버터 93g  * 커드 약 290g 분량

1  라임 제스트를 소금과 설탕에 섞어 준비하세요.
2  냄비에 달걀을 넣어 먼저 풀어 준 뒤 '1'의 라임 제스트에 설탕을 넣고 섞어 주세요.
3  신선한 라임에서 짠 주스를 넣고 완전히 섞어 주세요.
4  약불에서 은근히 끓이면서 거품기로 계속 저어 주세요.
5  약 80℃에서 스프 같은 질감으로 변하면 불을 끄고 버터를 섞어 녹여 주세요.

* 레몬 커드 만드는 법을 참고하세요.

### ✦ 자몽 커드 ✦

**재료:** 달걀노른자 43g, 설탕 77g, 자몽 제스트 5g,
자몽 주스 150g, 옥수수 전분 6g,
차가운 무염 버터 56g, 분홍 식용색소 약간

* 커드 약 250g 분량

1  자몽 제스트와 옥수수 전분을 설탕에 섞어 두세요.
2  볼에 달걀노른자를 풀어 놓아요.
3  냄비에 자몽 주스와 자몽 제스트, 설탕을 넣고 섞어 주세요.
4  중불에 올려 끓어오르면 약불로 줄이고 2분간 더 끓여 주세요.
5  끓인 주스의 1/2만 풀어 둔 달걀에 섞어 주세요.
6  달걀을 다시 냄비에 붓고 약불로 계속 끓이면서 저어 주세요.
7  85°~90℃에서 스프 같은 질감으로 변하면 불을 끄고 차가운 버터를 조금씩 넣으면서 녹여 주세요.
8  원하는 경우 색소를 첨가해도 좋아요.
9  체에 내려 자몽 제스트를 걸러내 주세요.

* 오렌지 커드 만드는 법을 참고하세요.

## ❖ 라즈베리 커드 ❖

**재료:** 달걀 50g, 달걀노른자 19g, 설탕A 70g, 설탕B 15g,
냉동 라즈베리 150g, 레몬즙 7g, 전분 2g,
차가운 무염 버터 62g, 키르쉬(체리 리큐르) 6g

1  냄비에 냉동 라즈베리와 설탕A, 레몬즙을 넣고 중불
에서 끓인 후 라즈베리가 부드러워지면 블렌더로 곱
게 갈아 주세요.
2  라즈베리를 체에 내려 씨를 걸러 내고 라즈베리 퓨
레*만 냄비에 담습니다.   * 퓨레 약 163g
3  설탕B와 전분을 섞은 후 퓨레에 달걀, 달걀노른자를
모두 넣고 약불에서 조려 주세요.
4  '3'이 73°~80℃ 사이에서 스프 같은 질감이 되면
불을 꺼 주세요.
5  차가운 버터를 조금씩 넣으면서 녹여 주세요.
6  키르쉬를 넣고 잘 섞어 주세요.

* 패션프루트 커드 만드는 법을 참고하세요.

## ❖ 살구 커드 ❖

**재료:** 달걀 40g(달걀 1개에서 흰자를 덜어 내어 계량),
달걀노른자 19g, 설탕 90g, 살구 간 것 160g,
차가운 무염 버터 36g, 쿠앵트로 6g

* 커드 약 290g 분량

1  냄비에 곱게 간 살구와 달걀, 달걀노른자, 설탕을 넣
고 잘 섞어 주세요.
2  약불에 올리고 계속 저으면서 끓여 주세요.
3  약 80℃가 되고 스프 질감이 나면 불을 끄고 차가운
버터를 조금씩 넣으면서 녹여 줍니다.
4  여기에 쿠앵트로를 섞어 주세요. 완성!

* 레몬 커드 만드는 법을 참고하세요.

# 꿀리 또는 퓨레

제과에서는 영어로 퓨레(Puree) 또는 프랑스어로 꿀리(Coulis, 영어 발음 koo-lee: 쿨리). 이런 용어들이 자주 쓰이는데 모두 같은 말이지요. 마치 영어 잼(Jam)과 프랑스어 콩피튀르(Confiture)가 같은 것을 부르는 말처럼요. 꿀리는 케이크에 정말 많이 쓰여서 만들어 두면 젤리, 커드, 패스트리 크림, 무스 크림, 가나슈 그리고 생크림까지 무궁무진하게 만들 수 있어요. 다양한 맛과 풍미의 재료가 만들어지는 거죠. 그래서 저는 꿀리를 잘 만드는 것은 요리의 기본인 장을 잘 담그는 것과 같다는 생각이 들어요. 뭐든지 베이스가 중요하잖아요.

## | 꿀리와 퓨레

둘 다 과일이나 채소를 믹서기로 갈아 넣어 부드러운 텍스처로 만든 소스를 말해요. 꿀리와 퓨레는 외관상 같아 보이지만 약간의 차이가 있어요. 퓨레는 보통 과일이나 채소를 블렌더나 푸드 프로세서로 갈아 만든 것으로, 토마토, 호박, 사과 퓨레 등이 있어요. 퓨레는 음식의 맛과 질감을 부드럽게 만들어 주는, 말하자면 수프를 예로 들 수 있지요. 꿀리(Coulis)는 프랑스어로 '흐르다'라는 뜻을 가지고 있는데, 주로 과일로 만들어지는 좀 더 액체 질감을 가진 소스입니다. 과일을 갈은 후 체로 씨나 과일 섬유질을 제거해서 만들어 부드럽죠. 예를 들면 딸기, 라즈베리 꿀리 등이 있어요. 꿀리는 주로 디저트, 케이크, 아이스크림 등과 함께 사용해요.

이렇게 꿀리와 퓨레는 외관상 큰 차이는 없지만 사용 목적과 질감에 따라 약간의 차이가 있어요. 우리에게는 퓨레라는 단어가 더 익숙해서 저도 늘 혼용하여 말하는데, 여기서는 케이크에 필링으로 쓰거나 생크림과 섞기 위한 소스를 알려드릴 예정이니 앞으로는 '꿀리'라고 할게요.

## | 응고제를 넣는 이유

기본적으로 꿀리는 응고제(Gelling Agent) 없이 만들어요. 그런데 어떤 과일을 선택하는지에 따라 펙틴 같은 응고제가 필요할 수 있어요. 특히 케이크 크림에 퓨레를 섞고자 한다면 생크림을 안정적으로 만들기 위해 응고제를 소량 넣어 주는 거예요.

충분한 펙틴이 있는 크랜베리나 레드 또는 블랙커런트 종류는 퓨레를 만들고 나면 젤리처럼 되직해져서 응고제가 따로 필요 없지만, 블루베리, 패션프루트, 망고, 체리 등은 응고제를 조금 넣어 주면 안정적인 크림을 만들 수 있답니다.

만일 펙틴이 없다면, 젤라틴이나 옥수수 전분을 사용할 수 있는데, 차이점이라면 펙틴은 부드러운 흐름성을 유지하면서도 점성이 있고 끓고 있는 꿀리에 넣어도 식은 후에 젤링 효과가 나타나요. 반면 젤라틴은 펙틴보다 젤리 같은 탱탱한 점성이 생기지만, 과일에 따라 각자 포함한 효소 때문에 젤라틴의 효과가 나타나지 않는 경우도 있어요. 또한 높은 온도로 끓이는 꿀리에 넣으면 응고 효과가 줄어 완성한 후 한 김 식히고 넣어야 합니다. 또한 전분은 식었을 때 표면의 광택이 줄고 젤리처럼 탱탱하기보다 묵 같은 상태가 되는 편이지만, 크림과 섞었을 때 특유의 맛이 나지 않고 텍스쳐도 안정적으로 만들 수 있어 펙틴이나 젤라틴이 없을 때 좋은 대안이 됩니다.

동시킬 때는 작은 밀폐용기에 적은 양을 소분해서 얼리고 필요한 만큼 전자레인지나 중탕으로 바로 녹여서 사용할 수 있어요. 그러나 이 기간은 특정 과일과 조리 정도에 따라 달라질 수 있습니다.

## 레몬즙을 넣는 이유

잼이나 꿀리를 만들 때 레몬즙을 넣게 되는데 여기에는 몇 가지 이유가 있어요. 레몬즙은 자연적으로 산도가 낮은 과일의 평범한 단맛을 보완해 줘요. 그래서 꿀리에 밝고 톡 쏘는 풍미와 상쾌한 풍미를 더해 주면서 전체적인 맛의 균형을 잡아 주고 꿀리가 지나치게 달아지는 것을 방지하지요. 또한 레몬즙에는 천연 항산화제 역할을 하는 구연산이 포함돼 있어서 과일의 생생한 색을 보존하고 산화되거나 갈변되는 것을 막아 줘요. 특히 블루베리에 넣은 레몬즙은 블루베리 크림의 색을 한층 우아한 보랏빛으로 만들어 준답니다. 또 레몬의 산도는 과일의 펙틴을 활성화하여 농축 과정을 돕고 꿀리를 더 부드러운 질감으로 만들어 주기도 하죠.

## 시판 퓨레의 사용법

시판 중인 수많은 종류의 질 좋은 냉동 과일 퓨레가 있는데 이를 이용해 꿀리를 만들면 편해요. 그래서 저도 종종 사용하지만, 다양한 퓨레를 모두 갖추려면 비용이 만만치 않고 대량으로 만들 수 밖에 없습니다. 그러니 상업용이 아니라면 집에서 소량씩 만들어 사용하길 추천해요. 과일 꿀리는 쉽게 만들 수 있는 데다 판매용과 비교해 맛이나 질의 차이는 거의 없어요.

## 꿀리의 보관법

과일 꿀리를 보관할 때는 완전히 식혀 준 후 소독한 밀폐용기에 옮겨요. 꼭 맞는 뚜껑이 있는 유리병이나 플라스틱 용기에 보관할 때는 종류와 만든 날짜를 표시하세요. 이렇게 하면 항상 신선도를 알수 있겠죠. 꿀리는 일반적으로 냉장고에서는 약 1~2주일, 냉동하면 최대 6~12개월 동안 보관 가능하다고 해요. 냉

# 라즈베리 꿀리 Raspberry Coulis

## 재료 & 도구

• 냉동 라즈베리 300g, 설탕 60g, 펙틴 1g(선택 사항), 레몬즙 10ml

  * 위 재료로 꿀리 약 250g을 만들 수 있어요. 하지만 불의 세기와 체의 굵기에 따라 그 양이 달라질 수 있어요.

• 냄비, 블렌더, 체, 밀폐용기

## 만들기

1   설탕에 펙틴 가루 또는 옥수수 전분을 섞어 주세요. 펙틴 또는 전분은 끓고 있는 시럽에 직접 넣으면 잘 풀리지 않아요. 한 번 덩어리가 지면 잘 풀리지 않으니 미리 설탕과 섞어서 사용하는 것이 좋아요.

2   냄비에 라즈베리, 펙틴을 섞은 설탕, 레몬즙을 넣고 끓여 주세요. 레몬즙은 상큼한 맛과 향을 줄 뿐 아니라 보관 기간을 늘려 주고, 꿀리의 색을 더 밝고 붉게 만들어 줘요.

3   전체적으로 바글바글 끓기 시작하면 불을 중약불로 줄이고 6분 동안 졸여서 스프의 농도가 되면 불을 꺼 주세요.

4-5   한 김 식힌 후 블렌더나 푸드 프로세서로 곱게 갈아 주고 체에 내려 씨와 섬유질을 걸러 줍니다.

6   완성되면 약간의 점성이 생겨 주르륵 흐르지만 식을수록 점도가 높아지죠. 소독한 병에 담고 완전히 식으면 밀폐하여 보관해요. 이 퓨레는 냉장보관 시 2주 안에 소비해야 해요.

  * 참고로 냉동보관은 3개월까지예요.

## ∼ 다양한 꿀리 응용 ∼

여기에 소개하는 꿀리들은 앞에서 설명한 라즈베리 꿀리 만드는 과정과 거의 같아요. 그래서 재료 소개
와 과정은 간략하게 설명할게요. 자세한 레시피는 '라즈베리 꿀리 만들기' 설명을 참고하세요.

### ✧ 블루베리 꿀리 ✧

**재료:** 냉동 블루베리 300g, 설탕 45g, 펙틴 1g,
 레몬즙 15g

\* 꿀리 약 250g 분량

※ 블루베리 꿀리에 레몬즙을 넣으면 색을 좀 더 밝고
 예쁜 보랏빛으로 만들어 줍니다.

1  설탕에 펙틴을 섞어 두세요.
2  냄비에 모든 재료를 넣고 끓어오르면 약불에서 8분,
   펙틴이 없으면 10분간 졸여 줘요.
3  다 졸인 후 한 김 식으면 블렌더에 갈고 고운체로
   걸러 주세요.

### ✧ 망고 꿀리 ✧

**재료:** 망고 퓨레 300g, 설탕 45g, 펙틴 1g, 레몬즙 10g

\* 꿀리 약 230g 분량

1  망고 또는 냉동 망고는 갈아서 퓨레로 300g을 준비
   해 주세요.
2  냄비에 모든 재료를 넣고 가열하는데 끓어오르면 중
   약불로 줄이고 8분간 졸여 주세요.
3  다 졸인 후 고운체로 걸러 주세요.

### ✦ 패션프루트 꿀리 ✦

**재료:** 패션프루트 퓨레 300g, 설탕 45g, 펙틴 1g

\* 꿀리 약 167g 분량

1   패션프루트의 과육을 긁어 내고 블렌더로 섬유질과
    씨가 분리될 때까지만 갈아 주세요.
2   체에 내려 퓨레 300g을 준비해 주세요.
3   설탕과 펙틴 가루는 미리 섞어 두세요.
4   냄비에 모든 재료를 넣고 가열하고 끓어오르면 중약
    불로 줄이고 10분간 졸여 주세요.
5   다 졸인 후 완전히 식혀 주세요.

### ✦ 살구 꿀리 ✦

**재료:** 살구 과육 300g, 설탕 60g, 펙틴 2g, 물 40g

\* 꿀리 약 250g 분량

※ 살구 꿀리는 콤포트를 만들 때와는 달리 잘익은 살구
   로 만들면 좋아요. 살구의 반을 갈라 씨를 제거하고
   껍질을 깎아서 준비하세요.

1   설탕과 펙틴 가루는 미리 섞어 두세요.
2   냄비에 모든 재료를 넣고 가열하는데 끓어오르면 중
    약불로 줄이고 8∼10분간 졸여 주세요.
3   다 졸인 후 한 김 식으면 블렌더로 갈고, 고운체로
    걸러 주세요.

## ⋄ 체리 꿀리 ⋄

**재료:** 냉동 체리 300g, 설탕 96g, 펙틴 1g, 레몬즙 20g

* 꿀리 약 260g 분량

1  설탕과 펙틴 가루는 미리 섞어 두세요.
2  냄비에 모든 재료를 넣고 가열하는데 끓어오르면 중약불로 줄이고 10분간 졸여 주세요.
3  중간중간 거품을 걷어 내 주세요.
4  다 졸인 후 한 김 식으면 블렌더로 갈고, 고운체로 걸러 주세요.

## ⋄ 크랜베리 꿀리 ⋄

**재료:** 냉동 크랜베리 300g, 오렌지 주스 300g, 설탕 90g, 오렌지 제스트 10g

* 꿀리 약 214g 분량

※ 크랜베리에는 천연 펙틴이 풍부하게 함유돼 있어요. 그래서 따로 응고제를 넣지 않아도 됩니다.

1  모든 재료를 냄비에 넣고 끓여 주세요.
2  끓어오르면 중약불로 줄이고 7분간 졸여 줍니다.
3  다 졸인 후 한 김 식으면 블렌더로 갈고, 고운체로 걸러 주세요.

**재료:** 냉동 블랙커런트 300g, 설탕 60g, 레몬즙 12g

\* 꿀리 약 255g 분량

※ 블랙커런트에도 천연 펙틴이 풍부하게 함유되어 따로 응고제를 넣지 않아요. 사진에서 보이나요? 떠 올렸을 때 무겁게 흘러내리는 모습을요.

1  모든 재료를 냄비에 넣고 끓여 주세요.
2  끓어오르면 약불로 줄이고 7분간 졸여 주세요.
3  다 졸인 후 한 김 식으면 블렌더로 갈고, 고운체로 걸러 주세요.

**재료:** 냉동 레드커런트 300g, 설탕 60g, 레몬즙 8g

\* 꿀리 약 255g 분량

※ 레드커런트는 천연 펙틴이 풍부해 따로 응고제를 넣지 않아요. 완성한 꿀리는 떠 올렸을 때 꿀처럼 묵직하게 흘러요.

1  모든 재료를 냄비에 넣고 끓여 주세요.
2  끓어오르면 약불로 줄이고 7분간 졸여 주세요.
3  다 졸인 후 한 김 식으면 블렌더로 갈고, 고운체로 걸러 주세요.

**레드커런트 & 블랙커런트**

디저트에 레드커런트와 블랙커런트를 활용하는 것은 많이 들어 보셨을 거예요. 이름에서 알 수 있듯이 블랙커런트는 검은색, 레드커런트는 영롱한 주황색이지만 붉은색을 띠지요. 크기는 크랜베리나 블루베리보다 작아요. 일반적으로 블랙커런트는 유럽과 북아메리카에서 재배하고, 레드커런트는 유럽에서 더 흔하게 볼 수 있어요. 블랙커런트는 약간 산미가 있는데 제 개인적인 느낌으로는 짭짤한 신맛이라는 생각이 들고 약간의 단맛도 느낄 수 있어요. 그에 반해 레드커런트는 더 달콤한 맛과 사탕처럼 상큼한 과일향을 가지고 있어요. 그래서 블랙커런트는 보통 음료, 소스, 시럽, 젤리와 잼으로 많이 사용하고, 레드커런트는 대부분 잼이나 디저트에 주로 사용하지만 이는 절대적인 건 아니에요. 취향에 따라 달라질 수 있어요. 둘 다 케이크용 생크림과 함께 섞어 사용하면 고급스런 색감과 맛을 느낄 수 있습니다.

Caramel Sauce
# 캐러멜 소스

캐러멜은 케이크에 들어가는 크림이나 소스 중 가장 다양하고 폭넓게 사용된다고 해도 과언이 아니죠. 여기서도 캐러멜 소스를 활용한 케이크와 글레이즈에도 사용했는데요. 잘 만들어 두면 케이크뿐 아니라 다양한 디저트와 음료에 활용할 수 있답니다. 캐러멜 만드는 방법에는 습식(Wet Method)과 건식(Dry Method)이 있는데, 이 둘의 차이점과 과정을 알아보기로 해요.

## 습식 캐러멜

습식은 가장 일반적인 캐러멜 만드는 방법이에요. 설탕과 물을 함께 넣어 캐러멜화시키는 방법으로, 주의점은 설탕이 모두 녹고 갈색이 되기 전까지 저어 주지 않는 것이에요. 만약 저어 주면 순간 덜 녹은 설탕과 녹은 설탕이 딱딱하게 뭉쳐서 재결정화(Crystallization)가 일어나요. 그 외에는 전반적으로 물 덕분에 캐러멜화가 천천히 진행되기 때문에 캐러멜화 시점을 찾기가 수월해요.

## 건식 캐러멜

건식은 물을 넣지 않고 마른 팬에서 설탕이 녹아 액화되고 캐러멜이 될 때까지 가열하는 방법이에요. 건식 캐러멜은 습식과 달리 설탕이 갈색으로 변하는 과정에서 저어주어도 괜찮아요. 그러나 캐러멜화되는 시점이 순식간에 일어나기 때문에 긴장해야 하죠. 하지만 결과물로 보면 약간의 불맛이 더해진다고 할까요?

## 공통된 주의사항

냄비는 고르게 열전달이 되도록 바닥이 두껍고, 끓어 넘치지 않도록 깊이가 있는 냄비를 사용하는 것이 좋아요. 또한, 냄비마다 핫스팟이 조금씩 다르기 때문에 설탕이 덜 균일하게 갈색이 되다가 일부만 탈 수도 있으니 세심하게 관찰하세요. 캐러멜화는 처음에는 더딘 듯 보이지만 한번 시작되면 급속도로 갈색으로 변해요. 캐러멜을 태우면 쓴맛이 나게 되니 주의해야 합니다.

설탕이 완전히 녹고 바글바글 끓다가 캐러멜화가 시작되는 시점은 온도는 대략 160℃ 이후부터죠. 170℃가 되면 완전히 갈색으로 변하기 시작하는데, 이즈음 불에서 내리고 생크림을 넣어 줘야 하지만 차가운 액체가 갑자기 들어가면 캐러멜이 격렬하게 끓고 뜨거운 수증기가 발생해 위험합니다. 그러므로 생크림은 60℃ 정도로 데워서 넣도록 하세요.

# 습식 캐러멜 Wet Method Caramel

- 설탕 100g, 물 30g, 생크림 80g, 바닐라 익스트랙 1g, 버터 20g, 소금 0.5g
- 냄비, 주걱

## 만들기

1-3    냄비에 설탕과 물을 넣고 중불에서 가열해 주세요. 설탕이 다 녹으면 잔거품이 전체적으로 형성될 거에요.
설탕이 다 녹으면서 바글바글 끓어오르면 냄비를 기울이고 돌리면서 끓여 주세요.

4-6    점점 색이 갈색으로 변하면 불을 끄세요. 60℃로 데운 생크림을 조금씩 넣어 가면서 주걱으로 빠르게 섞어 주세요.
생크림을 다 넣으면 다시 불에 올려 약불에서 30초만 데우세요.

7-9     불에서 내리고 버터와 소금을 넣고 녹여 주세요. 캐러멜을 용기에 옮기고 상온에서 완전히 식혀 주세요.

Tip  버터는 생략해도 되지만, 넣으면 질감을 조금 더 부드럽게 하고 풍미가 좋아져요. 차가운 버터를 1cm 큐브모
양으로 잘라 사용하세요.
소금은 만드는 과정 중 어느 단계에서 넣어도 상관없어요. 솔티드 캐러멜을 원하면 취향에 맞게 레시피보다 조금 더
추가해 주면 됩니다.

# 건식 캐러멜 Dry Method Caramel

## 재료 & 도구

• 설탕 100g, 생크림 100g, 버터 10g, 소금 0.5g
• 냄비, 주걱

## 만들기

**1-3** 냄비에 설탕을 넣고 중불에서 가열해요. 설탕이 갈색으로 변하기 시작하면 약불로 줄이고 주걱으로 살살 저어 주세요.

> **Tip** 습식 캐러멜과 달리 건식 방법으로 만들 때는 캐러멜화가 빨리 시작돼요. 이때 부분적으로 먼저 갈색으로 변하면서 탈 수 있기 때문에 저어서 열을 고르게 맞춰 주어야 해요.

**4-6** 테두리에 기포가 끓고 전체적으로 갈색이 되면 불에서 내려요. 60℃로 데운 생크림을 조금씩 넣으면서 빠르게 저어 주세요. 생크림을 다 넣으면 다시 약불에 올려 30초 정도만 데워 주세요.

7-8     불에서 내려 버터와 소금을 넣고 녹여 주세요. 용기에 옮겨 상온에서 완전히 식혀 주세요.

## Basic Cream
# 제과의 기본 크림

아마도 제과를 처음 시작하거나, 자주하다 보면 가장 많이 접하는 크림은 파티시에 크림일 거라 생각해요. 크림의 달콤함 뿐 아니라 깊은 고소함과 은은한 바닐라 향이 함께 풍겨서 맛보는 모든 디저트를 사랑하게 만드는 맛과 풍미가 있어요. 기본 중의 기본이 되는 크림이기 때문에 저는 눈감고도 만들 수 있을 정도로 연습한 것 같아요. 이 크림 자체로 완벽하지만 여기에 조금씩 다른 재료를 추가해 보면 또 차별화된 질감과 풍미를 가진 크림으로 탄생 합니다. 기본 크림의 종류는 다양하지만 여기서는 생크림 케이크에 자주 쓰이는 크림을 위주로 알아 볼게요.

## ┃기본 크림 만들 때 주의점

우유나 크림을 가열할 때는 끓지 않도록 조심해야 해요. 끓게 되면 달걀이 응고되거나 우유에 필름막이 생기고 누렇게 변할 수 있어요.
크림을 익히는 동안에는 냄비 바닥에 크림이 눌어붙지 않도록 계속 휘저어 주어야 합니다.

그리고 크림을 다 만든 후 표면에 필름막이 생기지 않도록 주의해야 해요. 그러려면 크림 표면에 랩을 밀착하여 덮은 후 저온에서 식히는 것이 좋아요. 크림을 만든 후에는 충분히 식혀 주세요. 뜨거운 상태로 사용하면 디저트의 텍스처와 맛에 영향을 줄 수 있어요.

**More** 기본 크림 잘 만드는 방법

**도구** 냄비는 바닥이 두꺼운 것으로 고르세요. 열원의 크기에 상관없이 고른 열전달과 유지가 안정적인 냄비가 좋아요. 거품기는 둥근 모양의 벌룬 거품기보다 폭이 좁고 긴 모양의 프렌치 거품기를 추천해요. 크림의 농도가 진해짐에 따라 바닥에 눌어붙는 것을 방지하고 냄비의 모서리쪽 구석에도 닿아서 모든 크림을 잘 섞을 수 있는 크기가 적당해요.

**온도** 노른자는 60℃에서 익기 시작하는데 이 크림의 경우 설탕을 넣고 뽀얗게 휘핑하였기 때문에 익는 온도가 높아진 상태예요. 그렇다고 너무 높은 온도에서 조리하면 달걀노른자가 익어서 덩어리가 생길 거예요. 조리 온도가 85℃를 넘지 않는 것이 좋아요.

**작업** 크림을 만드는 데 실패하지 않으려면 온도를 너무 높이지 않고 일정하게 유지하세요. 또한 거품기로 크림을 계속 저어 주어야 해요. 크림이 농도가 진해지기 시작하면 열원에서 약간 들어 올린 후 힘차게 저어 주세요. 여기에서 초보자와 실력자가 나뉘어요. 이렇게 불 위에 올렸다 멀리했다 하면서 열을 능숙하게 조절하면 눌어붙는 부분 없이 만들 수 있어요.

# 크렘 앙글레즈

- 앙글레즈 크림 약 312g, 달걀노른자 54g, 설탕 70g, 생크림 125g, 우유 125g, 바닐라빈 1개
- 냄비, 거품기, 체, 주걱, 밀폐용기

만들기

1-2   달걀노른자를 먼저 잘 풀어 준 뒤 설탕을 넣고 섞어 주어요.

　　　Tip   달걀노른자를 잘 풀지 않고 설탕을 넣으면 수분을 흡수하는 설탕의 성질 때문에 노른자 표면이 덩어리질 수
　　　있어요. 또 설탕을 넣은 뒤에는 신속하게 섞어 주는 것이 좋아요.

3-4   거품기로 힘차게 섞어 주세요. 노른자가 뽀얗고 부드러운 크림처럼 될 때까지 휘핑해 주세요.

　　　Tip   보통은 노른자를 설탕과 가볍게 섞어 두는 경우가 많아요. 그런데 이렇게 노른자를 뽀얗게 휘핑해 주면 데운
　　　우유를 부어서 탬퍼링하거나 끓이는 과정에서 노른자가 익거나 덩어리지는 것을 방지하는 데 도움을 줘요.

5   바닐라빈은 반으로 가르고 칼끝으로 씨를 긁어서 분리해 두세요.

6   냄비에 우유, 생크림, 바닐라빈을 넣고 80℃까지 데워 주세요.

　　　Tip   우유와 생크림을 데우는 이유는 바닐라빈의 향을 우려 내고 달걀노른자 반죽과 잘 섞이게 하기 위해서예요.
　　　그래서 절대 팔팔 끓이면 안 돼요. 냄비 가장자리를 빙 둘러서 거품이 생기고 들썩들썩하면서 끓기 시작할 때까지만
　　　데우세요. 너무 뜨거우면 달걀노른자가 익을 수 있어요.

7-8 데운 우유를 노른자 반죽에 조금씩 쪼르르 따라주면서 거품기로 잘 섞어 주세요. 다 부을 때까지 꼼꼼하고 균일하게 섞어 주세요.

> **More** 이 과정이 바로 서로 온도와 질감이 다른 두 재료를 조금씩 섞는 템퍼링 과정이에요. 조금씩 부어주면서 고르게 섞어 주는 것이 포인트예요.

9 '5'를 다시 냄비에 부어 주세요. 이때 필요하다면 체에 걸러서 바닐라빈과 있을 수 있는 덩어리를 제거해 주세요.

10-11 중불에서 끓이면서 거품기로 계속 힘차게 저어 주세요. 시간이 지나면 점점 스프 같은 질감으로 변할 거예요. 계속 저어 주다가 보글보글 끓기 시작할 때 바로 불을 꺼 주세요.

12 앙글레즈 크림을 고운체에 내려 있을 수 있는 노른자 덩어리를 걸러 주세요. 앙글레즈 크림은 만들자마자 표면에 밀착하여 랩을 씌우고 식혀 주세요. 완성한 크림은 그날 바로 사용하거나 밀폐용기에 넣고 냉장실에서 하루 동안 보관할 수 있어요. 사용할 때는 중탕으로 데워서 부드럽게 만들어 주세요. 차게 이용해야 할 때는 핸드믹서로 잘 풀어 주세요.

> **Tip** 크렘 앙글레즈가 준비되었는지 확인하려면 저온의 '알 라 나프(à la nappe)' 기법을 사용하는 것이 좋아요. 주걱으로 크렘 앙글레즈를 떠서 손가락으로 주걱에 선을 그어 앙글레즈 크림이 다시 덮이는데 시간이 얼마나 걸리는지 확인하는 거예요. 시간이 지나도 선이 덮이지 않고 선명하게 남으면 크렘 앙글레즈가 완성됩니다.

Crème Pâtissière
## 크렘 파티시에

- 달걀노른자 54g, 설탕 66g, 박력분 25g, 우유 254g, 바닐라빈 1개
  * 파티시에 크림 약 320~330g 분량

- 냄비, 거품기, 체, 밀폐용기

1-3　　달걀노른자를 먼저 잘 풀어 주고, 설탕을 넣은 후 거품기로 힘차게 섞어 주세요. 노른자가 뽀얗고 부드러운 크림처럼 될 때까지 휘핑해 주세요.

4-6　　박력분을 체에 치면서 넣어 주세요. 거품기로 가루 덩어리가 생기지 않도록 잘 섞어 주세요.

7-8      바닐라빈을 반으로 가르고 칼끝으로 씨를 긁어서 분리해 둔 후 냄비에 우유, 생크림, 바닐라빈을 넣고 80℃까지 데워요.

9-11    데운 우유를 노른자 반죽에 조금씩 쪼르르 따라 주는 동시에 거품기로 섞어 주세요. 우유를 모두 부은 후 꼼꼼하고 균일하게 섞어 준 뒤 다시 냄비에 부어 주세요. 이때 필요하다면 체에 걸러서 바닐라빈과 있을 수 있는 덩어리를 제거해 주세요.

12-13   중불로 끓이면서 거품기로 계속 힘차게 저어 주세요. 시간이 지나 점점 스프 같은 질감으로 변하고 중간중간 덩어리가 생길 때 약불로 줄인 다음, 냄비를 열원으로부터 올렸다 내렸다 하면서 열을 조절하고 바닥에 눌어붙지 않고 몽글몽글한 덩어리가 뭉치지 않도록 계속 저어 주세요.

**14-16** 스프 질감이던 것이 점점 더 걸쭉해지면 젓는 것을 잠시 멈추고 기포가 폭폭 올라오는지 보세요. 이 시점부터 30~60초 정도 더 저어 주면 완성돼요.

> **Tip** 박력분의 호화가 덜 되면 파티시에 크림에서 밀가루 맛이 나요. 기포가 올라 오는 시점부터 좀 더 익혀 주어야 전분의 호화가 완성돼요.

**17** 크림을 고운체에 내려 남아 있을 수 있는 전분이나 노른자 덩어리를 걸러 주세요.

**18** 넓은 그릇에 담아 크림을 펼쳐 주고 크림 표면에 랩을 밀착하여 씌워 주세요. 냉장고에서 4일 동안 보관할 수 있어요.

> **Tip** 크림을 넓은 용기에 펼쳐서 담으면 빨리 식어요. 랩을 밀착하여 덮어 주는 이유는 파티시에 크림이 식으면 표면에 얇은 필름막이 생기는데 이로 인해 크림 질감에 영향을 미치므로 이를 막아 주기 위해서예요. 밀착하지 않고 씌울 경우 식는 동안 이슬이 맺혀 크림에 떨어지기 때문이기도 하고요.

## Crème Diplomat

# 크렘 디플로마

- **크렘 파티시에:** 달걀노른자 40g, 설탕 49g, 박력분 18g, 우유 182g, 바닐라빈 2/3개, 얼음물
  **크렘 디플로마:** 크렘 파티시에 전량(약 220g), 큐브 모양으로 자른 버터 18g, 젤라틴 3g, 생크림 140g, 설탕 11g
- 핸드믹서, 쿠킹 랩, 주걱

1     크렘 디플로마에 들어갈 젤라틴을 얼음물에 10분간 불려 주세요.

2     주어진 재료로 크렘 파티시에*를 만들어요.   * p.211 '크렘 파티시에' 참고

3     불에서 방금 내려 따뜻한 상태인 크림에 버터를 넣고 잘 섞어 주세요.

4     불린 젤라틴의 물기를 꼭 짠 후 넣어서 완전히 섞어 주세요.

> **Tip**   디플로마 크림에는 젤라틴을 넣기도 하고 그렇지 않기도 해요. 사용할 디저트의 목표 질감에 따라 달라져요.

5     크림을 고운체에 내려 남아 있을 수 있는 전분이나 노른자 덩어리를 걸러 주세요.

6     넓은 그릇에 크림을 담아 펼쳐 주고 크림 표면에 쿠킹 랩을 밀착하여 씌운 후 냉장고에 넣어 차갑게 식혀 주세요.

7-8    4℃로 차게 식은 크림을 핸드믹서로 부드럽게 풀어 주세요.

9-10    4℃의 차가운 생크림에 설탕을 넣고 95~100%까지 단단하게 휘핑해 주세요.

> **Tip** 생크림은 냉장고에서 바로 꺼내 차가운 상태로 휘핑해 주세요. 파티시에 크림과 생크림의 온도는 같거나 비슷한 것이 좋아요. 더운 날씨라면 단단히 휘핑할 때 생크림이 버글거릴 수 있으니 얼음볼을 아래에 받치고 휘핑해 주세요.

11-12    파티시에 크림에 휘핑한 생크림을 1/3만 넣고 거품기로 섞어 주세요.

13-15    나머지 생크림을 모두 넣고 거품기로 크림을 떠 올리는 동작으로 골고루 섞어 주다가 마지막에 주걱으로 한 번 더 섞어 정리해 주세요.

# Crème Mousseline
# 크렘 무슬린

- **크렘 파티시에 :** 달걀노른자 54g, 설탕 70g, 박력분 25g, 우유 254g, 바닐라빈 1개
  **크렘 디플로마 :** 큐브 모양으로 자른 버터 160g, 크렘 파티시에 320g

- 핸드믹서, 주걱

1      2      3

4      5      6

**만들기**

1      주어진 재료로 크렘 파티시에<sup>*</sup>를 만들고 상온에서 식혀 주세요.    * p.211 '크렘 파티시에' 참고

2-4      버터를 상온에 두어 22°~23℃ 정도로 준비하세요. 파티시에 크림에 뭉친 덩어리가 있다면 핸드믹서나 손거품기로 가볍게 풀어주세요.

> **Tip** 파티시에 크림과 버터의 온도는 될 수 있으면 같거나 비슷하게 준비해야 해요. 대략 22°~23℃ 사이가 좋아요. 그래야 버터는 잘 풀어지지만 지나치게 부드럽지 않고 파티시에 크림과 잘 섞일 수 있어요. 버터가 너무 차가우면 크림화가 잘 안 돼서 분리되는 경우가 있어요.

5-6      버터를 핸드믹서 중속으로 색이 밝아지고 가벼운 질감으로 변할 때인 약 3분까지 휘핑해 주세요. 주걱으로 볼 주변 크림을 훑어서 깨끗이 모아 정리해 주세요.

7-8 '3'에 풀어둔 파티시에 크림을 1/4~1/5 정도 덜어 넣고 휘핑해요.

9-10 비슷한 양의 파티시에 크림을 조금씩 넣고 모두 추가할 때까지 섞으면서 휘핑해 주세요. 마지막 추가 후 1분간 충분히 휘핑해 주세요.

> **Tip** 파티시에 크림을 한 번에 조금씩 4~5차례에 걸쳐 넣으세요. 넣을 때마다 1분 정도 충분히 휘핑해 주세요. 한 번에 많이 넣으면 버터크림의 유수분이 분리되니 주의하세요.

11-12 핸드믹서를 저속으로 내리고 3분 동안 천천히 움직이면서 큰 기포를 정리해 주세요.

> **Tip** 저속으로 충분히 휘핑하면 처음에 생겼던 큰 기포가 없어지면서 질감이 더 가볍고 부드럽게 변하면서 버터크림의 느끼함이 생기지 않고 풍부한 맛의 크림이 돼요. 하지만 너무 오래 휘핑하면 파티시에 크림의 질감이 묽어지기 때문에 버터크림도 힘없이 퍼져요. 이 점 주의하세요.

> **More** 완성한 크림은 쿠킹 랩을 윗면에 밀착하여 씌우면 하루 동안 냉장보관이나 냉동보관도 가능해요. 냉동한 크림을 사용할 때는 냉장실에서 해동하고 다시 상온에 꺼내 두어 부드럽게 되돌리세요. 핸드믹서를 저속에 두고 풀어준 후 주걱으로 몇 번 저어 마무리해 주면 됩니다.

# Pâte à Bombe
# 파타 봄브

• 달걀노른자 60g, 설탕 70g, 물 28g
• 냄비, 핸드믹서, 온도계

**1–3**   먼저 달걀노른자를 휘핑해요. 뽀얗게 고운 거품이 형성될 때까지 고속으로 휘핑하세요.

> **Tip** 달걀노른자는 반드시 상온에서 준비하세요. 노른자가 차가우면 시럽을 부을 때 결정이 생겨 버리기 때문에 주의해야 해요.

**4–5**   냄비에 설탕과 물을 넣고 끓여 주세요.

> **Tip** 중간에 시럽을 저어 주면 안 돼요. 만일 설탕과 물이 골고루 섞이지 않는다면 냄비를 돌리거나 기울여 균일하게 섞이도록 하는 정도만 하세요. 주의할 점은 너무 강불에서 또는 오래 끓이면 설탕 시럽이 되기 전에 캐러멜이 만들어질 수 있어요.

**6**   심부 온도계로 시럽 온도를 재 보세요. 116°~118℃에 도달하면 바로 불을 끄세요.

7　핸드믹서를 중속에 두고 노른자 휘핑을 다시 시작해요. 동시에 뜨거운 시럽을 천천히 조금씩 흘려 넣으세요. 시럽을 다 넣을 때까지 계속 휘핑해 주세요.

> **More 1**　시럽이 116℃~118℃ 정도에 도달하면 바로 불에서 내려요. 그 이상의 온도까지 끓일 필요는 없어요. 시럽이 너무 끈적해질 수 있어요. 시럽이 끓으면 바로 노른자에 넣어야 해요. 지체하게 되면 시럽이 금새 식으면서 굳기 때문에 사용하기 어려워져요.

> **More 2**　시럽을 노른자에 넣을 때는 거품날에 닿지 않도록 볼 가장자리 주변에 부어 주세요. 거품날에 닿은 시럽은 사방으로 마구 튀기도 하지만 차가운 금속 때문에 바로 굳어 버려요. 시럽이 부족해지기도 하고 굳어 버린 시럽이 들어가면 다시 되돌릴 수 없어요. 또 시럽을 조금씩 흘려 넣어 주세요. 한 번에 많이 부으면 바닥에 가라앉아 덜 섞일 수 있어요.

8　시럽을 다 붓고 나면 다시 핸드믹서를 고속에 두고 크림의 부피가 거의 2배가 되어 반죽이 미지근하게 식을 때까지 휘핑해요.

9　반죽을 떠서 흘려 보았을 때 리본 상태가 되었다면 광택이 나면서 연한 노란색의 공기를 충분히 포집한 크림이 완성이에요.

> **Tip**　손으로 볼 아래쪽을 만져 보았을 때 온기가 거의 없어질 때까지 휘핑하세요. 완성한 노른자 거품은 떠서 흘려 보면 리본처럼 착착 접히는 상태가 돼요. 윤기가 돌고 쫀쫀하면서 크리미한 질감을 가지면 잘 된 거예요.

완성한 크림은 바로 사용하는 것이 일반적이에요. 하지만 쿠킹 랩으로 표면을 밀착해 덜어 두면 하루 동안 냉장보관도 가능해요. 사용할 때는 상온에 꺼내 두어 부드러워지면 한 번 더 핸드믹서로 휘핑한 뒤 질감을 되돌려 사용할 수 있어요.

## 재료 & 도구

• 달걀노른자 30g, 설탕 35g, 물 6g

• 냄비, 중탕 냄비, 핸드믹서, 온도계

## 만들기

1–2    먼저 달걀노른자를 부드럽게 풀어 주세요. 여기에 물과 설탕을 넣어서 잘 섞어 주세요.

3–4    '1'을 중탕 냄비에 올려 거품기로 계속 저어 주면서 70°~80℃까지 데워 주세요.

5–6    데운 반죽이 미지근하게 식을 때까지 핸드믹서를 고속에 두고 휘핑해 주세요. 리본 상태가 되면 완성이에요.

> **Tip**   손으로 볼 아래쪽을 만져 보았을 때 온기가 거의 없어질 때까지 휘핑하세요. 완성된 노른자 거품은 떠서 흘려 리본처럼 착착 접히는 상태가 되면 완성이에요.

Joconde's Baking

# Joconde
## Cakery

# 기본 생크림

'케이크' 하면 흰 생크림 케이크가 떠오르죠? 생크림은 케이크 아이싱뿐만 아니라 데코레이션, 필링과 크림 등 베이킹의 가장 기본이 되는 재료죠. 이런 기본 생크림은 주로 믹서기나 거품기로 생크림을 폭신폭신해질 때까지 휘핑하여 만듭니다. 대체로 설탕과 바닐라로 맛을 내서 크렘 샹티(Creme Chantilly)라고 하고, 케이크의 프로스팅, 팬케이크, 와플, 스콘이나 핫초콜릿, 커피 등 달콤한 음료의 토핑으로 사용하는 등 다양한 음식과 음료에 풍미를 더하죠. 참고로 설탕을 넣지 않고 생크림을 휘핑하면 크렘 푸에테(Creme Fouettee)라고 부르는데 무스 크림을 만들 때나 다른 크림과 섞을 때 주로 사용해요.

## 생크림이란

생크림은 우유에서 분리한 지방만으로 만들어진 100% 유크림이에요. 나라마다 생크림을 구분하는 이름이 다 다르지만 대체로 유지방 함량에 따라 라이트 크림, 생크림, 더블 크림, 동물성 휘핑크림, 식물성 휘핑크림으로 구분하죠. 휘핑할 때 불안정성이 있는 동물성 크림의 단점을 보완하고 맛을 유사하게 흉내 낸 식물성분으로 만든 생크림도 있어요.

### 라이트 크림(Light Cream)

유지방 함량이 18~30%로 묽은 편이라 휘핑은 가능하지만 생크림만큼 걸쭉해지지 않아요. 가볍게 휘핑되며 모양이 오래 유지되지 않아서 음료나 와플 등 가벼운 토핑용으로 사용해요.

### 생크림(Heavy Cream)

유지방 함량이 35%~38%인 크림으로 일반적인 생크림 케이크용으로 가장 많이 사용해요. 휘핑하면 걸쭉해지고 부피도 많이 커져요. 휘핑한 후에도 모양이 비교적 오래 유지돼요.

### 더블크림 (Double Cream)

유지방 함량이 45~50%로 지방 함량이 높은 편이에요. 휘핑하면 더 풍부하고 묵직한 그리고 단단한 크림이 만들어지지만 자칫하면 지방과 수분으로 분리되기 쉬워져요.

### 동물성 휘핑크림(Whipping Cream)

동물성 유크림 99%에 카라기난 같은 소량의 안정제가 들어 있어서, 풍미가 있고 맛있지만 휘핑할 때 다루기 어려운 동물성 생크림의 단점을 보완한 것이죠. 유크림 100%인 생크림에 비해 휘핑이 빨리 되고 좀 더 묵직해지는 특징이 있습니다. 생크림의 경우 '유지방 38%' 이런 식으로 쓰여 있지만, 휘핑크림은 보통 '조지방 35%' 이렇게 표기되어 있는데, 조지방이란 100% 유지방은 아니라는 말이에요.

### 식물성 휘핑크림(Vegetable Whipping Cream)

유제품을 사용하지 않고 마치 유제품 크림인 것처럼 만든 것이죠. 기본적으로 식물성 크림에 유화제 같은 소량의 첨가물을 넣어 휘핑 시 결합력이 우수하다는 장점이 있어요. 동물성 크림보다 풍미가 살짝 떨어지지만 휘핑을 만들 때 매우 안정적이고 크림이 더 오래 유지됩니다. 가격도 저렴한 편이며 냉동보관이 가능해 매우 경제적이죠. 브랜드에 따라 유제품이 소량 섞인 것도 있고, 동물성 크림과 식물성 크림을 반반 섞어서 '컴파운드 크림(Compound Cream)'이라고 판매하기도 해요.

## | 안정적인 생크림

베이킹을 할 때는 동물성 생크림만으로도 완성할 수 있어요. 아주아주 차가운 생크림을 얼음볼 위에 올리고 휘핑하면 매우 좋은 결과를 얻을 수 있거든요. 혹시 생크림 휘핑도 잘하고 아이싱도 신중하게 했는데 '아차' 하는 순간 케이크 표면은 이미 버글거리고 있지 않았나요? 아무래도 아이싱이 능숙하지 않은 경우, 스페출러를 여러 번 대고 크림을 오래 만지작거리기 때문이에요. 그래서 결국 휘핑도 잘되면서 끝까지 매끄러운 식물성 크림에 손을 대기 시작하죠. 요즘에는 식물성 휘핑크림이 정말 맛있게 잘 나오긴 해요. 하지만 동물성 크림의 고급진 크림맛과 폭신한 식감과는 차이가 느껴져요. 그래서 저도 동물성 생크림의 이 매력에서 벗어나지 못하는 것 같아요.

그럼 우리는 계속 이렇게 까다로운 아이를 보내지 못해서 "난 동물성 생크림만 쓰는 사람이야"라고 혼자 만족하면서 고생해야 할까요? 실제로 많은 케이크 가게에서는 식물성 크림을 주로 사용하거나 동물성 생크림과 식물성 생크림을 반반 섞어서 사용한다고 하죠. 처음부터 두 가지 크림을 섞은 제품도 있고요. 그렇지만 우리는 홈베이커니까 이왕이면 맛을 최우선으로 할 수밖에 없으니 동물성 생크림을 주로 쓰면서 안정적으로 만들면 아주 좋겠죠.

**More** 저는 수많은 테스트를 해 보았어요. 그리고 약간 다른 재료를 첨가하는 것 만으로도 만족스런 결과를 준 다음과 같은 레시피를 찾았습니다. 주로 동물성 생크림을 사용하지만 쉽게 안정적인 휘핑을 할 수 있는 몇 가지 방법들이에요.
– 생크림 레시피들의 재료는 1호 케이크 시트(지름 15cm) 3장을 아이싱할 때 필요한 양에 맞추었어요.
– 2호 케이크 시트(지름 18cm) 3장일 경우에는 '1호 아이싱 생크림 양×1.44'

**\* 생크림만 바를 때**
시트 각 단에 샌딩 크림이 60~80g씩, 애벌 아이싱 40~60g, 마무리 아이싱 130~150g 정도 필요해요. 범위가 있는 이유는 가벼운 생크림도 있고 무거운 생크림도 있기 때문이에요.

**\* 과일이나 다른 필링이 같이 있을 때**
시트 각 단에 샌딩 크림이 90~110g 정도 필요하고, 애벌 아이싱이나 마무리 아이싱에 필요한 양은 같아요.

### 슈가파우더 생크림
**재료:** 동물성 생크림 330g, 슈가파우더 36g(11%)

생크림에 슈가파우더를 넣으면 크림이 안정적으로 만들어지는 것은 잘 알려진 방법이에요. 슈가파우더에는 고운 입자가 뭉쳐서 단단해지지 않도록 전분이 첨가되어 있는데 이 전분이 휘핑된 생크림 구조가 무너지지 않도록 잘 잡아 줄 수 있어요. 또 슈가파우더는 같은 양일 때 일반 설탕보다 덜 달게 느껴져요. 그래서 비율을 높게 잡아야 해요.

### 전분 생크림
**재료:** 동물성 생크림 330g, 설탕 33g(10%), 옥수수 전분 1.5g(설탕 양의 5%)

슈가파우더가 없다면 설탕과 함께 옥수수 전분을 소량 추가하면 돼요. 휘핑을 끝내도 생크림에서 전분 맛은 거의 느껴지지 않으니 안심하고 사용하세요. 만일 맛에 민감하다면 바닐라 익스트랙을 넣어 주세요. 혹시 모를 전분 맛을 감춰 준답니다.

## 마스카포네 치즈 생크림

**재료:** 동물성 생크림 300g,
마스카포네 치즈 45g(생크림의 약 15%),
설탕 28g(총 크림 양의 약 8%)

마스카포네 치즈는 신선한 유크림을 가열하면서 산성 재료를 소량 첨가하고 계속 휘저어서 만드는 크림치즈예요. 덩어리진 크림을 거르면 수분이 빠지는데 남은 치즈는 유지방 함량이 60% 이상에 달해서 크림 맛이 진하고 부드러우며 꾸덕한 생크림을 먹는 것 같은 질감이죠. 소량의 마스카포네 치즈를 차가운 생크림과 섞으면 맛이 더 진하게 업그레이드돼요. 때문에 케이크에 자주 활용되는 방법이기도 해요. 또한 지방 함량이 높아서 생크림이 안정적으로 휘핑되는 데 도움을 주죠. 마스카포네 비율을 높일수록 풍부한 유크림 맛을 느낄 수는 있는 반면에 오히려 쉽게 거칠어질 수도 있어요.

## 식물성 크림 혼합

**재료:** 동물성 생크림 315g, 식물성 휘핑크림 25g(8%),
설탕 27g(총 크림 양의 8%)

총 크림 양의 8% 정도만 식물성 휘핑크림(무가당)으로 대체해 보세요. 식물성 크림에 들어 있는 유화제 덕분에 생크림은 매우 안정적으로 변해요. 제가 사용했을 땐 식물성 크림의 양이 8%만 되어도 아주 작업하기 좋아졌어요. 또한 맛과 질감이 순수 생크림의 모습을 지니기 때문에 만족스러운 결과를 주죠. 단, 휘핑 시간이 조금 더 걸리지만 여러 가지 안정적인 생크림 레시피 중 가장 쉽고 경제적인 방법이라고 생각해요. 식물성 휘핑크림은 보관기간도 길기 때문에 냉동하면 1년 가까이 사용할 수 있어요. 1L 제품을 구매해서 작은 플라스틱병에 100ml 정도씩 소분한 후 냉동실에 보관하다가 필요할 때마다 하나씩 해동해서 사용할 수 있어요.

## 젤라틴 생크림

**재료:** 동물성 생크림 335g, 젤라틴 3g(0.8~1%),
설탕 33g(생크림의 약 10%), 바닐라 익스트랙 4g

생크림에 녹인 젤라틴을 섞어서 휘핑하는 방법도 종종 사용하는 방법이에요. 젤라틴이 크림의 보형성을 유지시켜 주기 때문에 휘핑을 90%까지 올리지 않아도 모양이 잘 유지되고 아이싱할 때 거칠어지는 것도 막아 주죠. 또한 케이크 시트 사이에 무게감 있는 과일 등이 많이 샌딩될 때 단단하게 잡아 줄 수 있어서 좋아요. 특히 여름철이나 더운 실내에서도 안정적인 크림 상태를 유지할 수 있어요. 생크림에서 젤라틴 맛이 느껴지지는 않지만 미각이 예민한 분이라면 바닐라 익스트랙이나 리큐르를 추가해 주세요. 또 젤라틴이 들어 가면 설탕 양을 평소보다 1~2% 늘려서 당도를 맞춰야 해요.

## 화이트 초콜릿 가나슈 생크림

**재료:** 동물성 생크림 310g,
화이트 커버춰 초콜릿 67g(약 22%)

이 크림은 제가 오래전부터 정말 애용하는 방법인데요, '가나슈 몽테(Ganache Montee)'라고도 부르는 크림이에요. 화이트 초콜릿 가나슈를 생크림과 섞어서 숙성시킨 후 휘핑하여 사용하는데 경우에 따라 젤라틴을 넣기도 해요.
화이트 초콜릿은 고급스런 단맛과 안정적인 생크림을 만드는 데 최고의 재료예요. 우유의 맛이 좀 더 진해지고 휘핑 후 매우 안정적이라 아이싱할 때도 부담이 적습니다. 화이트 초콜릿 뿐 아니라 다크 초콜릿, 밀크 초콜릿으로도 가나슈 생크림*을 만들어요.

* p.252 '가나슈 몽테' 참조

# | 생크림 휘핑

## 1 볼은 좁고 깊은 것으로 3개 준비하세요.

휘핑을 할 때 휘핑 볼의 사이즈나 모양이 크게 문제되는 것은 절대 아니지만 볼이 넓으면 핸드믹서가 크게 움직여야 하고 아무래도 마찰 면적도 더 늘어 나요. 볼 바닥이나 주변에 날이 더 많이 부딪히게 되어 소음도 심하고요. 더 많이 휘젓게 됨에도 불구하고 덜 휘핑된 부분이 더 생기고 생크림은 쉽게 거 칠어져요. 좁고 깊은 볼은 거품날이 대부분 크림에 잠긴 채로 휘핑하기 때문 에 천천히, 우아하게 움직여도 빠르게 휘핑할 수 있죠. 생크림을 끝까지 부 드럽고 매끈하게 만들수 있어요.

1호 크기 제누와즈 시트 3장을 사용하는 케이크에 필요한 생크림 양은 최소 280~300g 정도예요. 제누와즈 시트 4장을 사용하거나 시트 3장에 딸기 같 은 과일을 2단 정도 샌딩한다면 350~400g 정도 필요할 거예요. 여기에 깍 지를 이용해 생크림 파이핑까지 한다면 450~470g 정도 필요해요. 제가 해 본 바로는 이 정도 양의 크림을 휘핑할 때 적당한 볼의 크기는 지름 약 18cm, 높이 10cm 정도면 아주 좋더라고요. 위 사진처럼 강화 유리 그릇도 좋고 스테인리 스 볼도 좋아요. 쉽게 찾을 수 있는 같은 사이즈의 볼을 3개 준비하세요. 하나는 생크림 휘핑볼, 두 번째는 얼음볼, 세 번째는 마무리 아이싱용 크림을 미리 덜어 두는 용도로요.

## 2 볼에 생크림을 계량하고 랩을 씌워 냉동실에 넣어 두세요.

다음은 냉장고에 보관했던 생크림양이 360~380g 정도일 때 기준이에요. 생크림 둘레에 5~7mm 정도의 살얼음 띠가 생길 때까지 냉동실에 넣어 두 세요. 저희 집 냉동실은 −19℃를 유지하는데요. 유리볼 사용 시 대략 35~40분 정도, 스테인리스 볼은 25분 정도면 충분해요. 당연히 생크림 양 이 달라지면 시간도 조절해야겠지요. 또한 오버프리징되지 않도록 시간이 다 되기 전에 종종 상태를 확인해야 합니다.

"뭘 또 얼리기까지?"라고 생각하시나요? 제가 수없이 많은 생크림 휘핑을 해 보았지만 이 방법이 가장 쉽게 안정적인 크림을 만들 수 있었어요. 앞에 서도 말했지만 동물성 크림은 맛이 좋은 대신 소중히 다뤄야 합니다. 동물성 생크림 안의 지방은 항상 차갑게 유지해야 휘핑 후 무너지지 않고 끝까지 형 태를 유지할 수 있어요. 만일 더운 상태에서 오래 둔다면 지방과 수분이 분리되기 시작하지요. 이렇게 분리된 생크림은 처음처럼 매끄럽고 안정적인 상태로 되돌리기가 어려워요.

대부분의 레시피에서 '생크림을 차갑게 준비하세요'라고 말해요. 그러나 홈베이커는 생크림을 차갑게 준비한다고 해도 좋은 결과를 내기 쉽지 않지요. 왜냐하면 계절마다 또는 집의 냉난방 여부에 따라, 낮과 밤의 실내 온도가 달라지기 때 문이죠. 그래서 가을, 겨울엔 정말 만족스러운 아이싱을 했지만 더운 날에는 생각만큼 쉽지 않았을 거예요. 그래서 제가 선택한 방법이 계량한 볼 그대로 냉동실에 넣어서 생크림 주변에 얇은 살얼음이 낄만큼 차갑게 만드는 거예요. 대신 이 때 너무 많이 얼리면 크림이 맹맹하게 맛이 없어져요. 그러니 5~7mm 정도의 살얼음 띠가 생길 정도면 딱 좋아요. 이 렇게 준비하면 웬만한 불리한 조건은 극복할 수 있어요.

## 3 휘핑 5분 전 다른 볼에 얼음물을 준비하세요.

휘핑볼과 같은 크기의 볼이면 좋아요. 볼 바닥에만 얼음을 깔고 찬물을 부어 주세요. 얼음만 사용하는 것보다 얼음물을 써야 생크림을 차갑게 유지하기 좋았어요. 물 양은 생크림 볼을 넣었을 때 바닥 부분이 살짝 잠기는 정도인데 휘핑하기 5~10분 전쯤 이렇게 준비해 두고 사용 전까지 냉장고에 넣어 두세요. 여름에는 얼음이 빨리 녹아요. 그럴 때는 볼의 1/4 정도까지 물을 채워 그대로 얼려서 여기에 찬물을 붓고 사용하길 추천해요.

## 4 얼음볼을 생크림볼 아래에 받치세요.

생크림과 얼음물 둘 다 준비되면 사진처럼 생크림이 담긴 볼 바닥이 얼음물에 살짝 잠기도록 받쳐 주세요. 만일 아이싱 준비가 덜 되었다면 이 상태로 그냥 냉장실에 넣어도 돼요. 아이싱하는 동안 스패츌러의 마찰로 금세 거칠어질 수 있어요. 아이싱을 하는 동안에도 이 상태를 유지하세요.
자, 이제 정말 아름답게 아이싱할 준비가 되셨죠!

## 5 마지막으로 휘핑 전 실내 온도를 확인하세요.

물론 실내 온도가 일정치 않기 때문에 이렇게 생크림도 살짝 얼리고 얼음볼도 받치라고 말했지요. 그럼에도 솔직히 말해서 궁극적으로 작업하는 장소의 온도는 베이킹에 참 많은 영향을 준답니다. 특히 더운 날에는 에어컨을 켜는 것이 좋습니다. 찡긋!

l 재료

0~4℃의 매우 차가운 생크림 300g, 설탕 24~30g(생크림 양의 8~10%)*

* 전 생크림 양 대비 8% 정도의 설탕을 사용해요.

1  먼저 볼에 생크림과 설탕을 넣고 휘핑을 시작해요. 앞에서 제안한 방법대로 생크림 휘핑볼을 준비한 후 처음부터 생크림에 설탕을 넣어주세요. 매우 차가운 상태의 생크림이기 때문에 설탕을 완전히 녹이기 위해서는 처음부터 넣어 주어야 해요.

2  핸드믹서에 물기나 기름기가 없는 깨끗한 거품날을 끼우고 중속으로 휘핑을 시작해요. 핸드믹서에 따라 힘이 모두 다릅니다.

   **Tip**  전 전력 소비량 300w인 제품을 사용했어요. 200~300w 사이라면 중속에서 휘핑하면 적당하죠. 핸드믹서의 거품날을 수직으로 세우고 볼 바닥에 살짝 닿을락 말락할 때까지 넣은 후 볼 주변을 따라 원을 그리면서 천천히 움직이죠. 사진처럼 약간 좁고 깊은 볼을 사용했다면 날을 많이 움직이지 않아도 골고루 휘핑을 할 수가 있어요.

3  볼을 약간 기울이고 휘핑해도 좋아요.

   **Tip**  볼을 약간만 기울여 보세요. 휘핑하는 동안 묽은 부분의 생크림이 낮은 곳으로 계속 모이게 되어 크림이 위에서 아래로 자연스럽게 순환해요. 거품날이 아래쪽에 위치하면서 많이 움직이지 않고도 골고루 휘핑할 수 있어요. 이렇게 하면 생크림이 쉽게 거칠어지는 것을 줄여줘요.

4 표면에 약한 주름이 생기고 부피가 조금씩 증가해요. 생크림이 보송보송해지면서 부피는 증가하고 거품날 자국이 나타나 주름이 보이기 시작해요. 아직은 묽은 단계이지만 단백질과 지방막이 둘러싼 기포가 쌓이고 있는 중이에요.

5 사진과 같은 정도가 50% 휘핑한 상태예요.

Tip 약간 보송보송한 느낌이 나고 생크림을 거품날로 뜨면 속에 남지 않고 주르륵 흘러내려요. 생크림 위에 가볍게 쌓이는 듯 보이지만 빠르게 사라져요. 이 상태의 생크림은 무스 케이크나 바바로아 크림에 사용하죠.

6 60% 휘핑한 상태예요.

Tip 생크림이 50% 휘핑 상태일 때보다 부피감이 더 생기고 표면에 광택이 줄어 들어요. 아직도 거품기로 떠 보면 남지 않고 흘러내려요. 하지만 '주르륵' 보다는 '후두둑' 떨어져요. 흘러내린 생크림은 쌓이면서 어느 정도 유지되다가 사라져요. 아직 전체적으로 묽어요.

7 생크림을 70% 휘핑한 상태에서는 거품날 안에 생크림이 갇히기 시작해요. 거품날로 크림을 떠 올려 보면 조금 갇혀 있는 걸 볼 수 있어요. 하지만 이내 저절로 또는 약간 흔들기만 해도 툭툭 떨어지죠.

**여기서 잠깐!**

휘핑을 하다가 휘핑 상태가 60% 정도 진행되었을 때 전체 크림을 아이싱용과 샌딩용으로 나누어 주세요.

1호 사이즈에 필요한 아이싱용 생크림은 대략 130~150g 정도예요. 이 양을 다른 볼에 덜고 랩을 씌워서 사용 전까지 냉장고에 넣어 두세요. 크림을 나누는 이유는 샌딩용과 아이싱용의 휘핑 정도가 달라야 하기 때문이에요. 샌딩에 들어가는 생크림은 90~95%까지 휘핑해서 비교적 단단해요. 케이크 레이어가 견고하게 유지되고 과일 등을 샌딩할 때 잘 잡아 줄 수 있기 때문이에요. 마무리 아이싱용의 경우 휘핑을 90% 이상 단단하게 하면 아이싱하는 동안 스패출러 마찰이 발생하기 때문에 생크림이 쉽게 거칠어 질 수 있어요.

물론 아이싱 과정이 매우 능숙하여 최소한의 터치로 완성한다면 문제없어요. 그래서 휘핑이 60% 정도 진행되었을 때 생크림을 덜어 두었다가 아이싱* 직전에 80~85% 정도만 휘핑해서 사용하세요.

\* 아이싱 크림의 휘핑 정도는 9~12번 과정 참고

8   생크림이 70% 휘핑한 상태일 때는 부드러운 크림에 힘이 생기기 시작해요. 볼 안의 크림은 몸통이 솟아 오르지만 충분히 서지 못하고 뿔 부분은 부드럽게 축 쳐져요. 표면은 윤기가 있고 가벼워 보여요.

9   생크림이 70% 이상 휘핑한 상태에서는 핸드믹서의 속도를 줄여 주세요.

> **Tip**   생크림이 70% 휘핑한 상태 이후부터는 핸드믹서의 속도를 줄이면서 눈으로 상태를 꼼꼼하게 관찰해야 해요. 빠르게 휘핑하다 보면 딱 좋은 시점을 놓칠 수 있어요. 표면에 윤기가 사라지고 보송보송하게 가벼워지는 느낌이 들면서 크림에 굵은 주름이 보여요.

여기서 잠깐!

생크림이 70% 휘핑한 상태부터는 손거품기로 휘핑해 보세요. 휘핑기가 너무 빨라서 딱 좋은 상태를 지나칠 수가 있어요. 그렇다면 70%부터는 손으로 휘핑하면서 천천히 확인하는 것도 좋아요. 85% 휘핑한 상태가 되면 거품기로 떠 올려 보았을 때 크림이 부드럽게 매달리고 거품기 안에 크림이 갇혀서 흘러내리지 않아요.

10 생크림이 80~85% 휘핑한 상태일 때는 거품날에 크림이 갇혀서 안 떨어져요.

> **Tip** 저속으로 휘핑하면서 중간중간 거품날을 들어 올려서 확인해 보세요. 거품날에 크림이 좀 더 많이 갇혀 있어요. 줄줄 흐르지 않고 안정감 있게 들어앉아 있죠.

11 생크림을 80~85% 휘핑하면 크림이 딸려 올라오다가 끊겨요.

> **Tip** 딸려 올라오던 몸통이 두툼하게 형성되면서 뿔이 생기는데 솟은 크림 끝을 보면 뾰족하게 서 있지요. 부드럽지만 축 처지지 않고 매우 천천히 가라앉아요. 그리고 크림 표면 윤기도 줄어들어요.

12 사진과 같은 상태가 바로 아이싱하기 딱 좋을 때죠. 볼 주변의 덜 섞인 크림이 있을지 모르니 주걱으로 긁어서 몇 회 가볍게 섞어 주세요. 주걱으로 크림을 끌어 올렸다가 놓아 보세요. 뿔이 힘없이 처지지 않고 산뜻하고 부드럽게 서 있어요. 끝만 살짝 휘었고 몸통은 천천히 가라앉아요. 크림의 광택이 살짝 매트한 느낌이지만 질감은 아주 곱고 부드러워요. 이때가 아이싱하기 딱 좋을 때!

13 샌딩용 크림을 만들기 위해서는 사진의 생크림 상태보다 더 휘핑하세요. 역시 저속으로 휘핑을 계속해야 해요. 크림이 묵직해지고 날이 지나가는 자국도 덩어리처럼 만들어져요.

14 생크림을 90~95% 정도 휘핑하면 크림에 무게감이 생기면서 휘핑 자국이 선명한 굵은 주름으로 나타나요. 크림 자체에 아직 부드러움은 남아 있지만 광택은 사라지고 표면이 아주 매트해져요.

15 생크림을 90~95% 정도 휘핑하면 거품날에 생크림이 단단하게 붙어 있어요. 크림이 푸석해지기 직전이죠. 지금보다 더 휘핑하면 거칠어져요.

16 사진의 생크림이 샌딩하기 딱 좋은 상태예요.

Tip 주걱으로 볼 주변을 훑어서 섞어 보세요. 샌딩하기 좋은 상태는 살짝 저항감이 느껴지지만 많이 뻑뻑하지는 않고 부피도 더 커져요. 주걱으로 크림을 퍼서 끌어 올리다가 놓아 보세요. 뿔이 바짝 설 거예요. 크림의 몸통은 힘 있게 서 있어요. 표면이 보드랍게 보이지만 매트한 광택이 있어요. 이 상태의 크림을 샌딩하면 시트 바깥으로 크림이 삐져 나오지 않아요. 과일을 올렸을 때도 잘 잡아 줄 수 있어요. 대신 스패출러로 너무 오래 만지면 금세 거칠어질 수 있어요.

17 생크림을 100% 휘핑한 상태가 되면 생크림은 더 단단하고 거칠어져요. 지금보다 더 휘핑을 하면 이제 슬슬 지방이 분리되는 거예요. 이때는 고급스런 깊은 우유맛이 사라지고 크림에서 느끼함이 살아나기 시작하죠. 휘핑이 90~95% 상태에 도달하면 빨리 멈춰야 해요. 거칠어지면 보기에도 예쁘지 않고 맛도 떨어져요.

> **Tip** 크림이 오버휘핑되었을 때 생크림을 약간 추가하여 다시 휘핑하면 매끄러워지긴 해요. 하지만 일단 분리되기 시작한 크림은 수분이 빠져나간 상태라 완전히 회복되지는 않아요. 처음엔 매끄러워진 듯 보이지만 아이싱을 다 마치고 나서 시간이 지나면 수분이 줄줄 흘러내릴 수 있어요.

# 인퓨징 생크림

인퓨징이란 찻잎이나 원두, 카카오닙스 등을 생크림에 넣어 향이 우러나오도록 만드는 방법이에요. 하얀 생크림에서 커피 향과 초콜릿 향이 진하게 나거나 헤이즐넛 향이 나는 생크림은 생각만 해도 재미있지 않나요? 또 레몬이나 오렌지 주스를 넣지 않아도 충분한 시트러스 향을 느낄 수 있어요.

## | 인퓨징 방법

저는 인퓨징 방법을 너무 좋아해요. 아직 다 시도해 보지는 않았지만 우리를 더 놀라게 할 허브나 열매가 있을지 너무 궁금할 정도예요.

인퓨징 방법에는 생크림을 뜨겁게 하여 우리거나 (Hot Infusion), 차가운 크림에 냉침(Cold Infusion) 하는 방법이 있어요. 커피 원두나 카카오닙스, 너트 류는 핫 인퓨전으로 재료의 맛과 향이 진하게 우러나오도록 하지요. 찻잎과 시트러스 계열은 두 가지 방법 모두 적용할 수 있어요. 결과는 약간 다르지만 두 방법 모두 좋은 향을 얻을 수 있답니다. 많은 재료들이 콜드 인퓨전에서 가벼우면서 깨끗한 맛을 내므로 시도해 보시길 추천드려요. 하지만 찻잎의 경우는 뜨겁게 추출하든 차게 추출하든 풍미 성분이 과도하거나 너무 오래 추출하면 신선함 대신 불쾌한 풍미, 쓴 탄닌과 산미 또는 쓴맛이 날 수 있어요. 만일 인퓨전에서 충분한 풍미를 얻지 못했다면 향을 우러나게 할 시간을 길게 하는 것보다 재료의 양을 늘리는 것이 좋은 방법입니다. 다음의 레시피들은 꽤 성공적인 맛을 보장해요. 이를 기반으로 여러분만의 인퓨징 재료를 한번 찾아 보시길 바라요.

## | 인퓨징 주의점

인퓨징 크림은 대부분 데운 생크림이 들어가기 때문에 크림을 만들고 바로 휘핑하면 크림이 금방 거칠어져요. 그래서 낮은 온도에서 숙성하는 과정이 반드시 필요해요. 만일 숙성시간이 짧다면 적어도 냉동실에 넣어 살얼음이 낄 때 꺼내 휘핑하는 방법을 추천해요. 그렇게 하면 아이싱하는 동안도 내내 좋은 질감을 유지할 수 있어요.

재료는 지름 15cm인 1호 케이크 시트 3~4장을 아이싱할 때 필요한 양으로 맞추었어요. 과일이나 다른 필링이 들어갈 때는 레시피 양에서 조절해야 한다는 점, 참고하세요.

# 카카오닙스 생크림 Cacao Nibs Whipped Cream

• 카카오닙스 50g, 생크림A 170g, 생크림B 220g, 바닐라빈 페이스트 2g, 설탕 33g

## 만들기

1   중간 볼에 카카오닙스를 넣어요. 카카오닙스 큰 조각은 잘게 부셔서 넣으세요.

2   생크림A를 끓기 직전인 80℃까지 데워서 카카오닙스에 부어 주세요. 생크림을 끓이지는 마세요. 70°~80℃도 충분해요.

3   볼에 쿠킹 랩을 씌우고 식을 때까지 놓아 두었다가 다 식으면 냉장고에 넣어서 12시간 숙성하세요.

4   숙성한 카카오닙스 크림을 체에 걸러 주세요.

5   카카오닙스를 주걱으로 눌러 가면서 크림을 최대한 빼 주세요. 제 경우에는 카카오닙스 크림을 110g 정도 얻었어요.

6   '5'의 크림에 차가운 생크림B를 섞어 주세요.

7    바닐라빈 페이스트를 넣어 주세요.

8    모두 잘 섞어 주세요.

9    랩을 씌워서 크림 테두리에 얇은 살얼음이 낄 때까지 냉동실에 넣어 두세요. 이 레시피 양 기준으로 35~40분 정도 걸렸어요.(선택사항)

10   설탕을 넣어 주세요. 카카오닙스는 쌉쌀한 맛이 있으므로 설탕이 좀 더 필요할 수 있어요.

11   휘핑해서 사용하세요.

# 하얀 커피 생크림 White Coffee Whipped Cream

## 재료

• 커피 원두 52g, 생크림A 150g, 생크림B 250g, 설탕 28g

1   2   3

4   5   6

## 만들기

1-3   볼에 커피 원두를 담고 80℃로 데운 생크림A를 부어 주세요. 랩을 씌우고 완전히 식으면 냉장실에서 12시간 숙성시키세요.

4-5   숙성한 생크림을 체에 걸러 주세요. 걸러 낸 커피크림 약 100~105g에 생크림B를 추가해요.

6   랩을 씌워 냉동실에 30~40분간 넣어 두는데 테두리에 살얼음이 낄 때 꺼내 설탕을 넣고 휘핑하세요.

# 바나나 생크림 Banana Whipped Cream

• 잘 익은 바나나 중간 크기 2개, 바닐라빈 2개, 생크림 360g, 설탕 28g

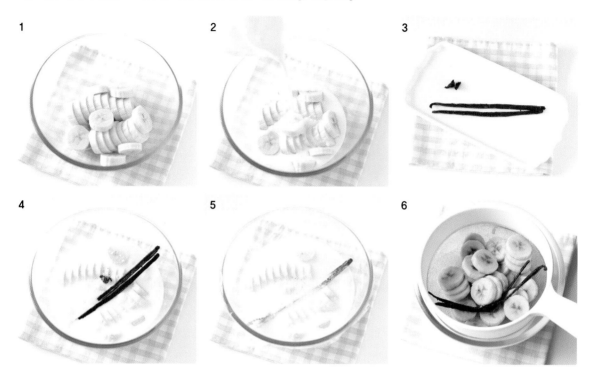

1     2     3

4     5     6

1     볼에 잘 익은 바나나를 8mm 두께로 잘라서 넣어주세요.

2     여기에 차가운 생크림을 모두 부어주세요.

3     바닐라빈를 반을 갈라 씨를 발라내 주세요.

4-5   바닐라 씨를 발라낸 것과 껍질을 모두 넣어주세요. 그리고 랩을 씌워 12시간 냉장 숙성시켜 주세요.

6     바나나와 바닐라빈 껍질을 체에 걸러 숙성된 생크림만 얻은 후, 랩을 씌워 냉동실에 30~40분간 넣어두세요.
      테두리에 살얼음이 낄 때 꺼내 설탕을 넣고 휘핑하세요.

## 인퓨징 생크림 응용

### ❖ 얼그레이 생크림 ❖

**재료:** 얼그레이 찻잎 8g, 생크림A 100g,
생크림B 230g, 자몽 제스트 6g,
설탕 25g

\* 오렌지 제스트로 변경 시 레몬 6g 또는 라임 3g 추가
하세요.

1. 볼에 얼그레이 찻잎을 넣고 끓어오르기 직전까지 데운(80℃) 생크림A를 부어 줘요.
2. 랩을 씌우고 20~30분간 우려 냅니다. 얼그레이는 오래 우리면 떫은 맛이 나므로 주의하세요
3. 얼그레이 찻잎을 체에 거르는데 이때 주걱으로 얼그레이를 꾹꾹 눌러서 크림을 최대한 빼 줍니다.
4. '3'에 차가운 생크림B와 자몽 제스트를 추가한 후 랩을 씌워 냉장실에서 12시간 숙성하세요
5. '4'를 체에 내려 제스트를 걸러 낸 뒤 설탕을 넣어 휘핑하세요

\* 자몽 제스트는 너무 많이 넣으면 쓴맛이 날 수 있으니 주의하세요

### ❖ 헤이즐넛 생크림 ❖

**재료:** 생크림A 100g, 생크림B 265g,
헤이즐넛 68g, 설탕 28g

1. 헤이즐넛을 160℃로 예열한 오븐에 8분 정도 구워 준 후 약 3~4mm로 작게 다지세요. 껍질이 남아 있다면 껍질을 벗긴 후 다져 주세요.
2. 볼에 다진 헤이즐넛을 넣고 끓어오르기 직전까지 데운(80℃) 생크림A를 넣습니다.
3. 랩을 씌운 후 냉장실에 넣어 12시간 숙성하세요.
4. 숙성한 크림을 체에 내려 헤이즐넛을 짜듯이 걸러 내고 얻은 크림 약 80g에 차가운 생크림B를 추가합니다.
5. 설탕을 넣어 휘핑하세요.

### ❖ 라임 생크림 ❖

**재료:** 생크림A 80g, 라임 제스트 5g,
생크림B 265g, 설탕 28g

\* 라임 제스트 대체 가능 시트러스: 오렌지필 30g,
레몬 제스트 6g

1. 생크림A에 라임 제스트를 넣어 끓어오르기 직전까지 데운(80℃) 후 뚜껑을 덮어 상온에 1시간 동안 놓아 둡니다.
2. '1'을 체에 내려 라임 제스트를 꼭 짜서 걸러 내고 얻어 낸 크림에 차가운 생크림B를 추가합니다.
3. 다시 냉장실에 넣어 12시간 숙성시킨 후 설탕을 넣어 휘핑하세요.

### ❖ 히비스커스 생크림 ❖

**재료:** 생크림A 100g, 생크림B 260g,
히비스커스 5g, 설탕 28g, 리몬첼로 4g

1. 볼에 히비스커스 차를 넣고 끓어오르기 직전까지 데운(80℃) 생크림A를 부어 줍니다.
2. 랩을 씌우고 완전히 식으면 냉장실에 넣어 12시간 숙성시키세요.
3. 숙성한 크림을 체에 내려 히비스커스를 걸러 주고 차가운 생크림B를 섞어 주세요.
4. 사용 시 리몬첼로와 설탕을 넣어 휘핑하세요.

# Joconde
## Cakery

# Coulis Whipped Cream
# 꿀리 생크림

제가 인생 처음 블루베리 소스를 넣은 크림치즈 프로스팅을 만들었던 날이었어요. 블루베리를 그닥 좋아하지는 않았는데, 크림치즈와 생크림의 조합을 먹어 보고 눈이 커지고 목이 쭉 늘어났답니다. 마치 애니메이션 라따뚜이에서 레미가 이 맛과 저 맛을 조합하면 어떤지 느껴보라는 장면에서처럼 머릿속에서 작은 불꽃놀이가 일어나고 있었죠. 과일의 맛과 향을 크림에 진하게 녹이는 것이 퓨어한 생크림에 대한 예의가 아닌가 생각이 드네요.

꿀리, 퓨레, 커드 또는 소스 어느 것이든 생크림과 어울릴 수 있어요. 하지만 이런 재료와 섞인 크림을 안정적으로 만드는 일은 비교적 까다로워요. 베리마다, 과일마다 어떤 것은 크림을 응고시키기도 하고 어떤 과일은 크림의 단백질을 흐물거리게도 만들 수 있어요. 무스 크림처럼 젤라틴 같은 응고제를 넣어 버리면 만사 걱정 없는 것과는 다르죠.

과일마다 꿀리의 점도가 다르기 때문에 꿀리별 생크림과의 비율도 달라야 합니다. 어떤 꿀리는 묽은 편이어서 크림치즈나 동물성 휘핑크림을 추가하고, 어떤 꿀리는 설탕 대신 슈가파우더를 사용하면 좋을 때도 있어요. 일부 베리는 자신이 가진 펙틴이 너무 풍부해서 크림을 묵직하게 만들기 때문에 농도를 낮추는 액체 재료가 더 필요할 수 있습니다. 어떤 꿀리는 생크림을 쉽게 분리할 수 있어서 크림을 안정화할 수 있는 식물성 생크림의 도움이 필요해요. 좀 번거롭게 들릴지 몰라도 여러 번 만들고 연습하다 보면 각 과일 꿀리의 성격이 보일 거예요. 그러면 조건에 필요한 재료를 더하거나 빼면서 맛있는 크림을 만들 수 있답니다.

Tip 생크림에 꿀리 같은 무거운 재료가 포함되면 같은 무게라도 부피는 줄어들어요. 그래서 기본 생크림 케이크보다 전체 재료의 양이 늘어납니다. 이 점 참고하세요.

# 라즈베리 꿀리 생크림 Raspberry Coulis Whipped Cream

## 재료 & 도구

• 라즈베리 꿀리 71g, 동물성 생크림 280g, 식물성 생크림 22g, 슈가파우더 11g

  * 라즈베리 꿀리는 전날 만들어 두는데 차갑게 준비하세요.(p.195 '라즈베리 꿀리' 참고)

  * 동물성 생크림과 식물성 생크림을 한 볼에서 계량하세요. 동물성 크림으로만 만들어도 괜찮아요.

• 볼, 핸드믹서, 손거품기

## 만들기

1   생크림을 계량한 볼에 라즈베리 꿀리를 넣고 크림의 일부만 넣어 주세요.

2   가라앉은 부분 없이 잘 저어 주세요.

3   나머지 생크림을 조금씩 부으면서 균일하게 섞어 줍니다. 필요하면 식용색소를 넣어 주세요

4   잘 섞은 크림을 랩을 씌우고 냉동실에 35~40분 동안 넣어 두세요.

5   크림 가장자리에 살얼음이 생기면 꺼내세요.

6   슈가파우더를 넣고 휘핑합니다.

# 블루베리 크림치즈 생크림 Blueberry Cream Cheese Whipped Cream

• 크림치즈 190g, 동물성 생크림 245g, 블루베리 꿀리 87g, 설탕 35g

  * 블루베리 꿀리는 전날 만들어서 차갑게 준비하세요. (p.196 '블루베리 꿀리' 참고)

• 볼, 손거품기, 주걱

## 만들기

1      크림치즈를 휘핑 볼에 계량해 두어 상온에 잠시 놓아 두세요.

2      주걱으로 크림치즈가 전체적으로 덩어리 없이 부드러워질 때까지 풀어 주세요.

3-4    생크림을 1/3만 붓고 거품기로 매끄럽게 섞어 주세요.

5-6    남은 크림을 앞서와 같은 방법으로 조금씩 넣으면서 매끄럽게 섞어 줍니다.

7-8      블루베리 꿀리를 넣고 바닦 부분에 덜 섞인 크림치즈나 꿀리가 없는지 확인하면서 완전히 섞어 주세요.

9          잘 섞은 크림에 랩을 씌우고 냉동실에 35~40분 동안 넣어 두세요. 크림 가장 자리에 살얼음이 생기면 꺼내 설탕을 넣고 휘핑합니다.

## 꿀리 생크림 응용

다음 레시피 자세한 과정은 앞의 '라즈베리 꿀리 생크림'을 참고해 주세요.

### ✦ 체리 생크림 ✦

**재료:** 생크림 300g,
체리 꿀리 85g,
슈가파우더 27g

* p.198 '체리 꿀리' 참고

### ✦ 살구 생크림 ✦

**재료:** 생크림 290g,
살구 꿀리 60g,
슈가파우더 30g

* p.197 '살구 꿀리' 참고

### ✦ 망고 패션 생크림 ✦

**재료:** 생크림 275g, 휘핑크림 24g,
망고 꿀리 54g,
패션프루트 꿀리 20g,
슈가파우더 12g

* p.196 '망고 꿀리' 참고
* p.197 '패션프루트 꿀리' 참고

### ✦ 크랜베리 생크림 ✦

**재료:** 생크림 266g,
크랜베리 꿀리 100g,
슈가파우더 21g

* p.198 '크렌베리 꿀리' 참고

### ✦ 블랙커런트 생크림 ✦

**재료:** 생크림 320g,
블랙커런트 꿀리 80g,
슈가파우더 20g

* p.199 '블랙커런트 꿀리' 참고

### ✦ 레드커런트 생크림 ✦

**재료:** 생크림 320g,
레드커런트 꿀리 80g,
슈가파우더 20g

* p.199 '레드커런트 꿀리' 참고

Ganache Montèe
# 가나슈 몽테

가나슈 몽테는 초콜릿 가나슈와 달리 가나슈에 생크림을 더 첨가해서 휘핑하는 크림이에요. 즉 휘핑한 가나슈, 또는 가나 슈 생크림을 만드는 것이죠. 가나슈보다 훨씬 더 가벼운 질감을 만들 수는 있지만 이 가나슈 몽테야말로 초콜릿의 깊고 풍 부한 맛을 그대로 느낄 수 있는 크림이죠. 이 크림은 무스 케이크 등에 쓰기도 하고, 에끌레어나 슈에 필링으로 사용하기 도 해요. 여기서는 생크림 비율을 높여 아이싱 크림으로 만드는 레시피를 보여드릴 거예요.

## | 가나슈

'가나슈'란 초콜릿에 데운 생크림을 넣어 초콜릿을 녹 이고 지속적으로 저어 매끄럽게 유화시킨 것을 말해요. 가나슈는 커버춰 초콜릿과 유지방 함량 35% 이상인 동 물성 생크림을 사용합니다. 초콜릿 종류별로 초콜릿의 카카오 함량 때문에 들어가는 크림의 비율이 달라져요. 아래의 일반적인 가나슈 비율을 참고하세요.

다크 초콜릿(카카오 버터 50%이상) 생크림 = 1 : 1
밀크 초콜릿(카카오 버터 20~50%) 생크림 = 2 : 1
루비 초콜릿(카카오 버터 20~50%) 생크림 = 2 : 1
화이트 초콜릿(카카오 버터 20~50%) 생크림 = 2 : 1

## | 가나슈 몽테

가나슈 몽테를 만들기 위해서는 우선 초콜릿 가나슈 를 만드는데요. 꼼꼼히 유화시키는 과정을 잊지마세 요. 여기에 너무 차갑지 않은 생크림을 조금씩 추가 하면서 균일하게 섞어야 해요. 그리고 나서 냉장고에 넣어 숙성시킨 크림을 아주 차가운 상태에서 휘핑하 여 몽테 크림을 완성하는 거예요.

## | 가나슈 몽테의 보관

휘핑하지 않은 가나슈 몽테는 냉장고에 2~3일 보관이 가능하지만 휘핑한 후에는 하루 안에 사용해야 해요.

More * 모든 레시피는 지름 15cm 제누와즈 시트 3~4 장을 사용한 케이크의 기본 아이싱 하기에 알맞은 분량으 로 만들었어요.

* 레이어 크림 190g, 애벌 아이싱 50g, 마무리 아이싱 130g 정도로 사용하면 좋아요.

* 여기서 사용한 커버춰 초콜릿의 카카오 버터 함량은 다 음과 같아요. 참고만 하세요.
– 화이트 초콜릿 커버춰 : 카카오 버터 함량 28%
– 루비 초콜릿 커버춰 : 카카오 버터 함량 34.7%
– 밀크 초콜릿 커버춰 : 카카오 버터 함량 33.6%
– 다크 초콜릿 커버춰 : 카카오 버터 함량 57.9%

* 크림 레시피에 추가한 각종 리큐르는 선택사항이에요.

# 다크 초코 가나슈 몽테 Dark Chocolate Ganache Montèe

## 재료 & 도구

- 생크림A 100g, 다크 초콜릿 커버춰 67g, 생크림B 200g(또는 생크림 176g, 식물성 생크림 24g), 베일리스 4g
- 냄비, 볼, 주걱

## 만들기

1  볼에 다크 초콜릿을 넣고 생크림A를 끓기 직전까지만 뜨겁게 데워서(80℃) 초콜릿이 잠기게 부어 주세요. 그리고 초콜릿이 부드러워지도록 잠시 놓아 두세요.

   **Tip** 생크림A는 전자레인지보다는 냄비에 데우세요. 생크림 테두리에 작은 기포가 쭉 이어지면서 크림이 끓어오르려고 들썩들썩할 때(약 80℃) 불을 끄세요. 크림에 초콜릿이 다 녹았을 때 온도는 약 40℃ 정도면 좋아요.

2  초콜릿이 부드러워지면 주걱으로 섞어 주세요.

   **Tip** 초콜릿을 지속적으로 꼼꼼히 저으면서 녹여주세요. 가나슈는 유화를 잘 시키는 것이 중요해요. 유화가 잘되었다면 아래 3번 과정은 생략해도 돼요.

3  만일 초콜릿이 완전히 녹지 않으면 블렌더로 갈아 가나슈를 완성하세요. 단, 블렌더를 조심스럽게 움직여서 필요 이상의 거품이 생기지 않도록 주의하세요.

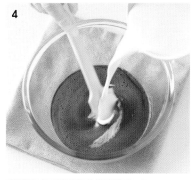

4 휘핑할 볼에 초콜릿 가나슈를 넣고 여기에 동물성 생크림B와 식물성 생크림을 섞은 것을 소량씩 부어주면서 주걱으로 빠르게 섞어 주세요.

> **More** 처음부터 휘핑볼에 가나슈를 만들지 않는 이유가 있어요. 가나슈의 온도가 높아서 휘핑볼도 따뜻해지기 때문에 추가하는 크림까지 따뜻해져요. 모든 크림이 따뜻해지면 휘핑이 잘되지 않을 수 있어요. 그래서 가나슈를 다른 볼에서 만들고 새 볼에 옮겨서 크림을 완성해요. 또한, 추가하는 크림이 너무 차갑거나 한 번에 많은 양을 부으면 가나슈가 굳어서 작은 덩어리가 생길 수 있으니 주의하세요. 그리고 볼 바닥에 가라앉은 덜 섞인 가나슈가 없는지도 꼼꼼히 확인하세요.

5 가나슈와 생크림이 균일하게 섞이면 베일리스를 넣어 주세요.
만일 베일리스가 없다면 바닐라 익스트랙으로 대신하거나 생략하세요.

6 볼에 쿠킹 랩을 씌우고 냉장실에서 12시간 숙성해 주세요.

> **Tip** 가나슈 몽테는 데운 생크림이 들어가기 때문에 만들고 바로 휘핑하면 크림이 금방 거칠어져요. 그래서 낮은 온도에서 12시간 정도 숙성하는 과정이 필요해요. 만일, 숙성 과정을 짧게하고 싶다면 전체 생크림 양의 8% 정도를 식물성 생크림으로 대체해 보세요. 원래 젤라틴을 넣어서 사용하는 레시피가 정석이지만 여기선 제외했어요.

7 안정적인 생크림을 만들기 위해 휘핑하기 전에 냉동실에 넣어 두세요. 크림의 테두리에 살얼음이 생기면(약 30~40분) 꺼내서 얼음볼을 받치고 휘핑하세요.

> **Tip** 숙성이 충분했다면 이 과정은 생략해도 좋아요. 하지만, 숙성 시간이 짧다면 꼭 냉동실에 넣어 살얼음이 낄 때 꺼내 휘핑하는 방법을 추천해요. 좀 더 매끄럽고 안정적인 휘핑을 할 수 있어요.

## 가나슈 몽테 응용

다음의 가나슈 몽테 레시피의 자세한 과정은 '다크 초콜릿 가나슈 몽테' 부분을 참고해 주세요.

### ✦ 화이트 초콜릿 가나슈 몽테 ✦

**재료:** 생크림 A 67g,
화이트 초콜릿 커버춰 67g,
생크림 B 240g, 바닐라 익스트랙 6g

1 냄비에 생크림 A를 넣고 끓기 직전까지 데워 주세요(80℃).
2 작은 볼에 화이트 초콜릿을 넣고 데운 생크림을 부어 준 다음 초콜릿을 녹여 유화시켜 주세요.
3 휘핑볼에 가나슈를 옮기고 생크림 B를 조금씩 부으면서 균일하게 섞은 후, 바닐라 익스트랙을 넣어 주세요.
4 볼에 랩을 씌워 냉장실에서 12시간 숙성해요.

### ✦ 라즈베리 루비 가나슈 몽테 ✦

**재료:** 생크림 A 27g, 라즈베리 퓨레 40g,
루비 초콜릿 67g, 생크림 B 245g,
키르쉬 5g

1 라즈베리를 갈아 씨를 걸러 낸 퓨레 40g과 생크림 A를 끓기 직전까지 데워 주세요(80℃).
2 작은 볼에 루비 초콜릿을 넣고, '1'을 부어 초콜릿을 녹이고 유화시켜 주세요.
3 휘핑볼에 라즈베리 루비 가나슈를 옮기고 생크림 B를 조금씩 넣으면서 균일하게 섞은 후, 키르쉬를 넣어 주세요.
4 볼에 랩을 씌워 냉장실에서 12시간 숙성해요.

### ✦ 커피 가나슈 몽테 ✦

**재료:** 생크림 A 70g, 인스턴트커피 5g,
설탕 8g, 다크 초콜릿 58g,
생크림 B 240g, 깔루아 5g

1 냄비에 생크림 A를 넣고 끓어오르면 불을 꺼주세요(100℃).
2 작은볼에 '1'을 넣고 인스턴트커피와 설탕을 넣어 녹여 주세요.
3 '2'에 다크 초콜릿을 넣고 녹여 유화시켜 주세요.
4 휘핑볼에 커피 가나슈를 옮기고 생크림 B를 조금씩 부으면서 균일하게 섞은 후, 깔루아를 넣어 주세요.
5 볼에 랩을 씌워 냉장실에서 12시간 숙성해요.

### ✦ 말차 가나슈 몽테 ✦

**재료:** 생크림 A 70g, 말차 가루 7g, 설탕 7g,
화이트 초콜릿 67g, 생크림 B 240g

1 냄비에 생크림 A를 넣고 끓어오르면 불을 꺼 주세요(100℃).
2 작은 볼에 말차와 설탕을 넣고 데운 생크림 중 일부를 섞어 페이스트로 만들어 주세요.
3 '2'에 화이트 초콜릿과 남은 데운 생크림을 모두 붓고, 초콜릿을 녹여 유화시켜 주세요.
4 휘핑 볼에 말차 가나슈를 옮기고 생크림 B를 조금씩 넣으면서 균일하게 섞어 주세요.
5 볼에 랩을 씌워 냉장실에서 12시간 숙성해요.

## ❖ 홍차 가나슈 몽테 ❖

**재료:** 생크림A 78g, 얼그레이 잎 8g,
　　　 설탕 7g, 화이트 초콜릿 67g,
　　　 생크림B 240g

1 냄비에 생크림A와 얼그레이를 넣고 끓기
　 직전까지만 데워 주세요(80℃).
2 뚜껑을 덮어 20~30분 놓아 두었다가 체
　 에 얼그레이 잎을 꼭 짜서 걸러 내세요.
3 작은 볼에 화이트 초콜릿을 넣고, 얼그레
　 이 생크림을 다시 80℃까지 데워서 부은
　 뒤 초콜릿을 녹여 유화시켜요.
4 휘핑볼에 얼그레이 가나슈를 옮기고 생
　 크림B를 조금씩 넣으면서 균일하게 섞어
　 주세요.
5 볼에 랩을 씌워 냉장실에서 12시간 숙성
　 해요.

## ❖ 레몬 가나슈 몽테 ❖

**재료:** 생크림A 78g, 레몬 제스트 9g,
　　　 화이트 초콜릿 67g, 생크림B 240g,
　　　 리몬첼로 5g

1 냄비에 생크림A와 레몬 제스트를 넣고
　 끓기 직전까지만 데워 주세요(80℃).
2 뚜껑을 덮어 1시간 놓아 두었다가 체에
　 내려 레몬 제스트는 꼭 짜서 걸러 내세요.
3 작은 볼에 화이트 초콜릿을 넣고, 레몬
　 생크림을 다시 80℃까지 데워서 부은 뒤
　 초콜릿을 녹여 유화시켜요.
4 휘핑볼에 레몬 가나슈를 옮기고 생크림B
　 를 조금씩 넣으면서 균일하게 섞은 후,
　 리몬첼로를 넣어 주세요.
5 볼에 랩을 씌워 냉장실에서 12시간 숙성
　 해요.

## ❖ 유자청 가나슈 몽테 ❖

**재료:** 생크림A 40g, 유자청 40g,
　　　 밀크 초콜릿 58g, 생크림B 260g

1 냄비에 생크림A와 다진 유자청을 넣고
　 끓기 직전까지만 데워 주세요(80℃).
2 뚜껑을 덮어 20~30분 놓아 두었다가 체
　 에 내려 유자껍질 등을 꼭 짜서 걸러 내
　 세요.
3 작은 볼에 화이트 초콜릿을 넣고, 유자청
　 생크림을 다시 80℃까지 데워서 부은 뒤
　 초콜릿을 녹여 유화시켜요.
4 휘핑볼에 얼그레이 가나슈를 옮기고 생
　 크림B를 조금씩 넣으면서 균일하게 섞어
　 주세요.
5 볼에 랩을 씌워 냉장실에서 12시간 숙성
　 해요.

## ❖ 망고 가나슈 몽테 ❖

**재료:** 망고 퓨레 60g, 화이트 초콜릿 67g,
　　　 생크림 230g, 리몬첼로 5g,
　　　 마스카포네 치즈 27g

1 냄비에 망고를 갈아 만든 퓨레를 넣고 끓
　 기 직전까지 데워 주세요(80℃). 망고펄
　 프 없는 것을 사용하세요.
2 작은 볼에 화이트 초콜릿을 넣고, '1'을
　 부어 초콜릿을 녹이고 유화시켜 주세요.
3 휘핑볼에 망고 가나슈를 옮기고 생크림B
　 를 조금씩 넣으면서 균일하게 섞은 뒤,
　 리몬첼로를 넣어 주세요.
4 볼에 랩을 씌워 냉장실에서 12시간 숙성
　 해요.
5 휘핑 전에 마스카포네 치즈를 넣고 휘핑
　 하세요.

# 가루 생크림

달고나를 가루내어 생크림에 넣어 본 적 있으신가요? 그 맛은 가히 환상적이랍니다. 캐러멜, 그것은 달고나 앞에서 약간 물러나 있어야 할 정도입니다. 초콜릿 제누와즈에 박하사탕을 갈아 넣은 생크림을 올려 보세요. 민초는 절레절레하던 사람도 이 케이크와 사랑에 빠진답니다. 이 모든 것은 가루 생크림으로 부터 시작하게 됩니다.

여러가지 가루 재료를 추가하는 것은 생크림에 다양한 맛을 추가하는 가장 쉬운 방법 중에 하나라고 생각해요. 퓨레나 꿀리 또는 잼을 넣는 것에 비해 가루를 사용하면 생크림의 농도에 영향을 덜 주는 편이에요. 다루기에 별로 까다롭지는 않지만 생크림에 섞으면 저마다 다른 질감을 구현해 낸답니다. 그래서 가루가 지닌 맛이나 성질에 따라 양을 조절하고 다른 종류의 크림을 추가해 주기도 합니다. 적절한 재료의 비율을 찾으면 정말 만족할 만한 크림이 되는 거지

요. 클래식한 생크림의 한정된 맛에서 벗어나 색다른 맛을 찾기 위해 노력해 보면 좋을 것 같아요.

Tip 가루 생크림의 경우 생크림에 가루만 넣어서 휘핑하면 돼요. 간단하기 때문에 앞으로 소개할 레시피에는 과정 사진을 제외하고 황금 레시피로만 정리했어요.

* 안정적인 생크림을 원한다면 만들어진 크림은 냉장실(1시간 이상) 또는 냉동실에 35~40분 넣어 두었다가 휘핑하기를 추천합니다.

# 가루 생크림 응용

## ✧ 초코 생크림 ✧

**재료:** 생크림 310g,
코코아 가루 31g(생크림 양의 10%),
설탕 34g(생크림 양의 11%)

1  설탕과 코코아 가루를 섞어 두세요.
2  차가운 생크림에 '1'을 넣고 휘핑하세요.

* 코코아 가루를 설탕과 섞으면 뭉치지 않고 잘 풀립니다.

## ✧ 말차 생크림 ✧

**재료:** 생크림 335g,
말차 가루 7g(생크림 양의 약2%),
설탕 33g(생크림 양의 10%)

1  설탕과 말차 가루를 섞어 두세요.
2  차가운 생크림에 '1'을 넣고 휘핑하세요.

## ✧ 쑥가루 생크림 ✧

**재료:** 동물성 생크림 290g,
동물성 휘핑크림 20g, 연유 31g,
쑥 가루 11g, 설탕 15g

1  휘핑 볼에 생크림, 휘핑크림, 연유를 잘
섞은 후 차갑게 준비하세요.
2  쑥 가루와 설탕을 섞어 두세요.
3  '1'에 '2'를 넣고 휘핑하세요.

## ✧ 라즈베리 파우더 생크림 ✧

**재료:** 생크림 328g,
라즈베리 가루(동결건조) 20g
(생크림 양의 6%),
설탕 27g(생크림 양의 약 9%)

1  라즈베리 가루와 설탕을 섞으세요.
2  생크림에 '1'을 넣어 휘핑하세요.

* 라즈베리 가루는 설탕과 섞은 후 생크림에 넣어야 뭉
치지 않고 잘 풀립니다.

## ✧ 딸기 파우더 생크림 ✧

**재료:** 생크림 293g, 우유 42g,
딸기 가루(동결건조) 13g(생크림 양의 4%),
설탕 26g

1  휘핑 볼에 딸기 가루와 설탕을 섞으세요.
2  '1'에 우유를 넣어 페이스트를 만드세요.
3  생크림을 조금씩 넣어 주면서 고르게 섞
은 후 휘핑하세요.

* 딸기 가루는 설탕과 섞은 후 생크림에 넣어야 뭉치지
않고 잘 풀립니다.

## ⚜ 달고나 가루 생크림 ⚜

**재료:** 생크림 333g,
   달고나 가루 42g(생크림 양의 12.6%),
   달고나 가루(달고나 52g, 옥수수 전분
   또는 박력분 1–4 티스푼)

1  블렌더에 달고나 가루와 옥수수 전분을
   넣고 곱게 갈아 주세요.
2  '1'을 체에 쳐 고운 가루만 42g 사용하세요.
3  차가운 생크림에 달고나 가루를 넣고 휘
   핑한다.

* 달고나 만들기는 p.66을 참고하세요.


## ⚜ 박하사탕 생크림 ⚜

**재료:** 박하사탕 가루, 박하사탕 52g,
   옥수수 전분 또는 박력분 1/4 티스푼,
   박하사탕 생크림(생크림 333g,
   박하사탕 가루 42g(생크림 양의 12.6%))

1  블렌더에 박하사탕과 옥수수 전분을 넣
   고 곱게 갈아 주세요.
2  '1'을 체에 쳐 고운 가루만 42g 사용하세요.
4  차가운 생크림에 박하사탕 가루를 넣고
   휘핑하세요.


## ⚜ 오레오 가루 생크림 ⚜

**재료:** 생크림 310g, 오레오 가루 31g
   (생크림 양의 10%),
   설탕 27g(생크림 양의 약 9%)

1  블렌더에 오레오 쿠키를 넣어 곱게 갈아
   준비하세요.
2  생크림에 간 쿠키와 설탕을 넣고 휘핑하
   세요.

* 오레오 쿠키를 굵게 갈아서 사용할 수 있지만 오레오
   쿠키는 크림을 만나는 순간 매우 부드러워지기 때문
   에 크런치한 느낌을 가지지는 못한답니다.


## ⚜ 로투스 가루 생크림 ⚜

**재료:** 생크림 260g, 연유 50g,
   로투스 가루 34g
   (연유와 생크림 양의 10%), 설탕 9g

1  휘핑 볼에 생크림과 연유를 섞어서 차갑
   게 준비하세요.
2  블렌더에 로투스를 넣고 곱게 갈아 준비
   하세요.
3  '1'에 곱게 간 로투스 가루와 설탕을 넣고
   휘핑하세요.


## ⚜ 커피 가루 생크림 ⚜

**재료:** 생크림A 70g, 인스턴트커피 가루 7g
   (생크림 양의 2%), 생크림B 270g,
   설탕 30g(생크림 양의 9%), 깔루아 4g

1  생크림A를 끓이고 커피 가루를 넣어 녹
   인 다음 완전히 식히세요.
2  '1'에 생크림B를 섞은 다음 냉장실에 넣
   어 숙성하세요.
3  설탕과 깔루아를 넣고 휘핑하세요.

# 4

케이크
데코레이션

Cake
Decoration

# Chocolate Tempering
# 초콜릿 템퍼링

템퍼링(Tempering)이란 초콜릿을 가공할 때 중요한 과정 중 하나로, 초콜릿 성분 중 카카오 버터 결정을 조절한다는 의미예요. 이 작업은 일정한 온도 범위에서 초콜릿을 녹이고, 신속하게 냉각시키고, 다시 온도를 높이는 과정을 거치게 되는데 이런 미세한 온도 변화는 초콜릿 결정의 상태를 바르게 조정하는 과정이죠. 그럼 지금부터 달콤쌉쌀한 초콜릿이 템퍼링을 거쳐 이렇게 아름다운 초콜릿 장식이 되는지 지켜볼까요?

## | 초콜릿에 대하여

이 책에서 사용하는 초콜릿은 다크 초콜릿, 밀크 초콜릿, 화이트 초콜릿이 있어요. 이 초콜릿은 커버춰 초콜릿이라고도 하는데 카카오 매스, 카카오버터를 기본으로 설탕이나 밀크를 적절히 블렌딩하여 만들었답니다.

다크 초콜릿은 카카오 함량이 높은 초콜릿으로, 산미와 깊은 풍미가 특징이에요. 설탕 함량이 적고, 카카오 함량이 50~70% 이상인 경우가 많아요. 진한 맛과 풍부한 아로마를 가지고 있어요.

밀크 초콜릿은 우유를 추가하여 부드럽고 크림 같은 맛을 내는 초콜릿이랍니다. 다크 초콜릿에 비해 카카오 함량이 낮고, 설탕과 우유 함량이 높아요. 비교적 부드러운 맛을 가지고 있어요.

화이트 초콜릿은 카카오버터, 설탕, 우유, 바닐라 등으로 만드는 초콜릿입니다. 카카오 매스는 전혀 포함되지 않았고, 주로 카카오버터를 사용합니다. 우윳빛 초콜릿으로, 카카오 특유의 쓴맛이 거의 없고 부드럽고 달콤하지요.

커버춰 초콜릿은 디저트의 크림이나 시트에 넣을 뿐 아니라 디저트를 장식하기 위해 사용해요. 이 초콜릿은 더 높은 품질의 초콜릿으로, 보다 정교한 장식을

발로나
이보아르 35%

깔리바우트
밀크 35.9%

깔리바우트
화이트 28%

깔리바우트
컴파운드 다크

바로나
지바라 40%

깔리바우트
다크 57.9%

깔리바우트
컴파운드 화이트

만들 수 있도록 만들어진 거예요. 단, 커버춰 초콜릿으로 좀 더 좋은 결과를 내려면 반드시 템퍼링을 거친 후 사용해야 해요. 다음 순서에 템퍼링 과정을 자세히 설명했으니 참고하세요.

다음은 코팅 초콜릿이 있는데요. 컴파운드 초콜릿이라고도 불려요. 주로 과자나 디저트의 표면을 덮는 데 사용되는 초콜릿이에요. 이 초콜릿은 일반적으로 템퍼링 없이 쉽게 녹이고 굳혀서 코팅할 수 있도록 특별히 제조된 거예요. 값비싼 카카오버터 대신 팜유 같은 식물성 유지 등으로 대체되었기 때문에 맛은 커버춰 초콜릿에 비해 떨어지는 면이 있답니다. 하지만 비교적 쉽게 제품을 코팅을 할 수 있어 작업성이 좋으며, 단단하고 윤택한 빛을 만들어 준답니다. 사진은 제가 주로 사용하는 초콜릿 제품들이에요. 참고하세요.

## 템퍼링을 하는 이유

적절한 템퍼링은 초콜릿에 광택감과 단단함을 선사해요. 더불어 초콜릿을 안정적인 구조로 만들어 녹지 않는 온도 범위에서 장기간 보관할 수 있게 해 주죠. 또한 템퍼링은 초콜릿으로 다양한 모양과 패턴을 만들기 쉽게 하여, 장식하거나 고급스러운 디자인을 구현할 수 있죠. 게다가 템퍼링이 잘된 초콜릿을 먹어보면 씹을 때 바삭한 질감과 입안에서 부드럽게 녹으며 풍부한 초콜릿 향과 맛을 느낄 수 있어요.

반면 템퍼링을 제대로 하지 않으면 초콜릿의 녹는 점이 낮아져서, 낮은 온도에서도 구조가 유지되지 않을 수 있어요. 템퍼링이 제대로 이루어지지 않으면 초콜릿의 결정 구조가 제대로 잡히지 않을 수 있어요. 이렇게 되면 초콜릿이 쉽게 부서지거나 잘 굳지 않고 표면에는 광택감이 떨어져요. 즉, 초콜릿이 굳고 나면 대부분 얼룩지는 경우가 많아져요. 그런 이유로 템퍼링은 꼭 필요해요.

## 템퍼링 시 주의점

어떤 초콜릿으로 템퍼링하는가에 따라 작업 시 템퍼링 온도를 달리해야 해요. 다시 말해 녹이는 온도, 식히는 온도, 또다시 안정적인 결합만 남도록 초콜릿의 온도를 살짝 올려주는 과정이 필요하죠. 초콜릿들은 각각 카카오 버터의 함량이 달라서 필요한 온도도 미세하게 달라져요.

해당 온도는 커버춰 초콜릿*을 판매하는 브랜드에서 보통 포장지에 적어 템퍼링을 위해 제시해 줘요. 각 템퍼링 과정에 필요한 온도가 1°~2℃ 밖에 차이나지 않지만 정확히 지키려고 노력해야 해요. 특히 마지막에 안정화시키는 과정에서 각 초콜릿에 필요한 최고 온도를 넘으면 템퍼링은 실패하게 되는데 이때는 같은 과정을 처음부터 다시 해야 해요.

또 한 가지 더! 초콜릿 템퍼링을 할 때 중요한 조건이 바로 실내 온도예요. 적절한 실내 온도는 대략 20°~22℃(68°~72℉) 사이로 이 범위의 온도는 초콜릿을 안정적으로 녹이고 냉각시키는 데 도움이 되죠.

너무 낮은 온도에서 템퍼링을 하면 초콜릿이 느리게 녹고 템퍼링 과정에서 온도가 안정적으로 유지되지 않을 수 있어요. 너무 더운 곳이라면 초콜릿이 과열될 수 있고 템퍼링 냉각 단계에서 원하는 결과를 얻기 어려울 수 있어요. 따라서 초콜릿 템퍼링을 하기 전에 실내 온도를 측정하고 조절해 주세요. 적절한 실내 온도에서 초콜릿을 템퍼링하면 원하는 결과를 얻을 확률이 높아지니까 중요하겠죠!

> **Tip** 템퍼링은 카카오버터 함량이 높은 초콜릿에 필요한 작업이기 때문에 식물성 지방으로 유사하게 만든 코팅초콜릿 등은 이 작업이 필요 없어요.

* 커버춰 초콜릿(Couverture Chocolate): 카카오버터가 30% 이상 포함된 고급 초콜릿을 말해요.

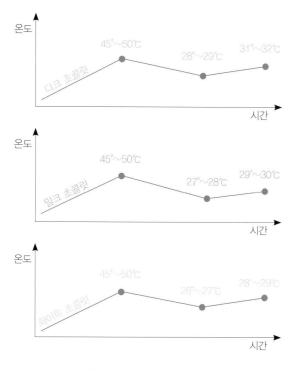

- 다크 초콜릿은 45°~50℃까지 녹이고, 28°~29℃까지 식혔다가 다시 31°~32℃까지 높여 주세요.
- 밀크 초콜릿은 45°~50℃까지 녹이고, 27°~28℃까지 식혔다가 다시 29°~30℃까지 높입니다.
- 화이트 초콜릿은 45°~50℃까지 녹이고, 26°~27℃까지 식혔다가 다시 28°~29℃까지 높여 줘요.

## | 수냉법 (Cold Water Method)

초콜릿을 중탕 냄비에서 결정을 풀어 주는 온도까지 녹인 후, 찬물에 옮겨 신속하게 결정화가 되도록 만들고, 다시 온도를 높여 다루기 알맞은 온도로 맞추는 방법이에요. 방법이 비교적 쉽고 적은 양의 초콜릿을 템퍼링할 때 좋아요. 단, 중탕 냄비에 초콜릿을 올리기 때문에 수증기나 뜨거운 물이 초콜릿 안에 들어가지 않도록 주의해야 하죠.

초콜릿은 수분과의 접촉에 민감하기 때문에 물이 섞이면 덩어리가 생길 수 있어요. 또 끈적이는 덩어리는 초콜릿이 원활하게 녹는 것을 방해하고 특유의 매끄럽고 광택감 있는 표면을 잃을 수도 있어요.

### 재료 & 도구

- 초콜릿 200g
- 스테인리스 볼, 중탕 냄비 또는 볼, 찬물 담은 볼, 실리콘 주걱, 베이킹 온도계

1  물을 끓인 냄비에 볼을 올려 초콜릿을 녹여 주세요. 초콜릿양이 많을 경우에는 물을 담은 냄비를 약불에서 계속 가열하면서 중탕해야 할 수도 있어요. 뜨거운 물이나 수증기가 초콜릿에 닿으면 매끄럽게 녹지 않고 덩어리질 수 있으니 사진처럼 중탕 냄비는 초콜릿을 담은 볼보다 입구가 좁은 것을 선택하세요.

   **Tip**  수냉법을 할 때는 열전도가 잘되는 스테인리스 볼을 사용하세요. 어떤 방법이든 템퍼링할 때는 초콜릿 크기가 작을수록 좋아요. 가지고 있는 초콜릿 조각이 크다면 잘게 다져서 사용하세요.

2  온도가 균일하게 퍼질 수 있도록 초콜릿을 녹이면서 주걱으로 계속 저어 주세요.

3  볼의 바닥 부분까지 잘 섞어 주면서 중간중간 온도계로 체크를 해 주어야 해요. 만일 초콜릿이 다 녹지 않았는데 부분적으로 온도가 높아졌다면 바로 중탕을 멈추고 볼을 꺼내서 계속 녹여 주세요.

다 녹은 다크 초콜릿의 온도는 45°~50℃ 사이가 되면 작업을 멈춰 주세요. 이제부터는 불규칙했던 초콜릿 결정을 부드럽게 풀어 주면 되거든요.

4 볼을 15°~18℃ 찬물을 담은 그릇에 옮겨, 녹인 초콜릿의 온도를 떨어뜨려야 해요. 초콜릿의 재결정화를 시작하는 거죠. 냉각 과정을 정확하게 할수록 녹는점이 높고 광택감 있는 초콜릿이 탄생해요.

5 온도를 떨어뜨리면서 주걱으로 초콜릿을 계속 저어 주어야 해요. 초콜릿 온도가 부분부분 달라지지 않고 균일하게 유지되도록 해야 초콜릿의 얼룩짐, 즉 블룸 현상을 예방해 줘요.
다크 초콜릿이 27°~28℃ 사이로 온도가 떨어지면 냉각을 멈춰 주세요.

6 온도가 떨어진 초콜릿을 다시 중탕 냄비 위에 올려 31°~32℃로 온도를 높여 주세요. 이때 온도는 금방 올라가니 볼을 중탕 냄비 위에서 내렸다, 올렸다 하면서 온도 체크를 수시로 해 주세요. 이때도 역시 주걱으로 계속 저어서 온도의 평형을 맞추려고 노력해야 해요.

7 원하는 온도에 도달하면 바로 중탕을 멈춰요. 만일 온도가 32℃ 이상으로 조금이라도 올라갔다면, 템퍼링 과정을 처음부터 다시 해야 하거든요.

8 템퍼링이 잘되었는지 확인하기 위해 깨끗한 스푼으로 적은 양의 초콜릿을 떠서 실내 온도가 20°~22℃인 상온에 놓아 두세요.

9 3분쯤 뒤 초콜릿이 잘 굳으면 완성이에요.

Tip 제대로 템퍼링된 초콜릿은 일관된 색상을 가지며 색상 변화나 반점이 없어요. 손으로 만져도 쉽게 녹지 않고 수저나 스패출러 끝으로 확인했을 때는 매트한 광택이 있어요. 하지만 몰드에 넣어서 굳힌 경우는 표면이 반짝반짝하고 부러뜨려 보면 경쾌한 '딱' 소리가 나며 부서져요. 만약 표면에 얼룩이나 줄무늬가 보인다면 블룸이 생긴 거예요. 이때는 초콜릿을 처음부터 다시 템퍼링해야 하지만 힘내세요!

## 대리석법 (Table Top Method)

대리석법이란 초콜릿 온도를 조절하고 안정된 결정을 만들기 위해 대리석 판 위에서 하는 작업으로, 이 방법은 많은 양의 초콜릿을 템퍼링할 때 쓰여요. 녹은 초콜릿을 대리석 또는 화강석 같은 차가운 표면에 붓고 스패출러로 앞뒤를 밀어 펴고 모으기를 반복하면서 식히는 동작을 반복하는데, 이는 안정적인 결정 형성을 촉진시키는 과정이에요. 일반 가정에서는 대리석 테이블을 갖추기 어려워 멀게만 느껴지겠지만, 대리석법은 템퍼링이 가장 잘되는 방법이면서도 가장 대표적인 방법이므로 알려드리려 해요.
사실 '대리석법'이라고 부르기는 하지만 천연 대리석을 사용하지는 않아요. 가격도 비싸지만 초콜릿을 밀어 펴고 모으고 하는 작업을 하다 보면 대리석에 얼룩이 스며요. 그래서 템퍼링을 할 때는 대리석이 적합하지 않고 대부분 어두운색의 화강석을 사용하는

데 작은 사이즈의 화강석 판은 인터넷에서도 구입이 가능합니다. 한편, 비교적 적은 양의 초콜릿을 다룬다면 인조 대리석 상판을 사용하여도 효과는 있어요. 인터넷 쇼핑몰에 찾아 보면 가정용 인조 대리석 작업대를 구할 수 있어요. 단, 인조 대리석은 표면에 잔 스크래치가 잘 나기 때문에 많은 작업을 할 때는 무리가 있답니다.

## 재료 & 도구

• 초콜릿

• L 자 스패출러, 스크래퍼, 내열 플라스틱 볼, 실리콘 주걱, 베이킹 온도계

1 시작하기 전에 깨끗한 대리석 판을 준비하고 물에 헹구어 짠 타월로 닦아요. 살짝 물기가 있는 상태의 대리석 위에 작업 반경보다 넓고 얇은 OPP 필름을 깔아 주세요. 그리고 마른 타월로 필름 위를 쓸어 주어 기포를 밀어내면서 비닐을 대리석에 바짝 붙여 주세요. 비닐 표면에는 물기가 전혀 없어야 해요.

> **Tip** 대리석 판 위에 비닐 등을 깔아 두고 초콜릿 작업을 하면 대리석 청소도 쉽고 남은 초콜릿 등을 모으는 것도 쉬워져요. 대리석 판 위에 랩을 깔고 하는 셰프님도 있는데 랩은 잘 찢어질 수 있으니 주의하세요.
>
> 물론 아무것도 깔지 않고 하는 것이 전통적인 방법이에요. 그럴 때는 알코올을 대리석에 스프레이하고 마른 타월로 깨끗이 닦아 내고 작업하세요. 또 대리석 표면 온도도 한번 체크해 보세요. 보통은 26℃ 정도가 가장 좋아요. 온도가 너무 낮으면 드라이기로 높여 주시고, 너무 높으면 찬물이나 얼음물로 닦아 주세요.

2 전자레인지용 내열 플라스틱 볼에 초콜릿을 담아 초콜릿을 전자레인지로 녹여 줄게요.

> **More** 내열 플라스틱 볼을 사용하는 이유는 플라스틱 그릇은 금속이나 유리 그릇에 비해 열전도율이 낮아서 초콜릿이 빨리 과열되거나 식는 것을 방지하여 온도를 더 잘 제어할 수 있기 때문이에요. 전자레인지를 이용해 초콜릿을 녹일 때도 알맞고요. 볼은 조리용을 사용해야 하고, 흠집이나 균열이 없는지 잘 확인해야 해요. 이런 베이킹용 내열 플라스틱 볼은 제과 도구 파는 곳에서 쉽게 구할 수 있어요.

3 초콜릿 담은 볼을 전자레인지에 넣고 30초~1분 돌린 후 꺼내서 저어 주고 다시 녹이는 과정을 몇 회 반복해요. 한 번에 오랫동안 돌리면 초콜릿이 부분적으로만 탈 수 있어요. 사진은 3회 정도 돌렸을 때 모습이에요. 중간중간 온도의 평형을 맞추도록 잠시 섞어주면서 몇 번 더 반복해서 녹여 줄게요.

4 초콜릿이 덜 녹은 곳 없이 매끄럽게 녹았어요. 이때 주걱으로 계속 저어 주어 온도의 평형을 맞추어야 해요. 저어서 섞어 주는 작업은 템퍼링에서 매우 중요해요.

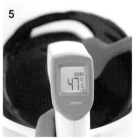

5 온도를 체크해요. 다크 초콜릿은 45°~50℃ 사이가 될 때까지 온도를 높여 주어야 해요. 47.5℃로 템퍼링에 필요한 첫 번째 온도가 달성되었어요.

6 준비한 대리석 위에 녹인 초콜릿의 2/3, 약 70%만 부어 주세요. 1/3, 약 30%는 볼에 남겨 두세요. 남긴

초콜릿은 나중에 온도를 다시 높일 때를 위한 거예요.

7 'L'자 오프셋 스패출러를 이용해서 초콜릿을 대리석 바닥에 쭈욱 펴 주세요. 좌우 또는 앞뒤로 왔다 갔다 하면서 밀어 펼치는 거예요. 대리석과 닿는 면적이 커지면서 초콜릿 온도는 빨리 떨어져요.

8 스크래퍼를 이용해 펼친 초콜릿을 다시 모아야 해요. 밖에서 안쪽으로 끌어 모으고, 스크래퍼를 세워서 대리석 상판에 딱 붙이고 긁어 모은 후 온도 체크를 해 주세요.

9 다크 초콜릿 냉각 시 도달해야 하는 온도는 28°~ 29℃예요. 이 온도보다 조금 더 내려가면 괜찮지만 온도가 덜 떨어졌다면 밀어 펴고 모으는 과정을 또 반복해야 해요. 사진에서는 28.4℃로 알맞은 온도가 되었네요.

10 적정 온도에 도달했다면 신속하게 볼에 담아 남아 있던 초콜릿에 섞어 주세요. 대리석 모서리 아래에 볼을 대고 초콜릿을 끌어 모아 주세요.

11 재빨리 저어서 온도가 다른 두 초콜릿을 꼼꼼하게 섞

어 주세요.

12 충분히 섞었다면 온도를 체크하세요. 실내 온도가 너무 낮거나 높지 않다면 이 과정에서 대부분 적정 온도가 나오게 될 거예요. 다크 초콜릿 템퍼링의 마지막 온도는 31°~32℃입니다. 사진에서는 31.5℃로 적정 온도가 되었어요. 이대로 데코레이션이든 봉봉이든 이어지는 작업을 바로 하면 된답니다.

13 템퍼링이 잘 되었는지 테스트해 봐요. 스푼이나 스패출러에 초콜릿을 묻힌 후 상온에 놓아 두세요. 3분 정도 지나면 초콜릿이 굳는데 손으로 만져 보았을 때 묻어나지 않으며 표면이 매끄럽고 얼룩이 없다면 템퍼링이 잘된 것이에요.

# 초콜릿 볼

• 초콜릿
• 폴리카보네이트 초콜릿 몰드, 짤주머니, 벤치 스크래퍼, 표면이 매끄러운 팬

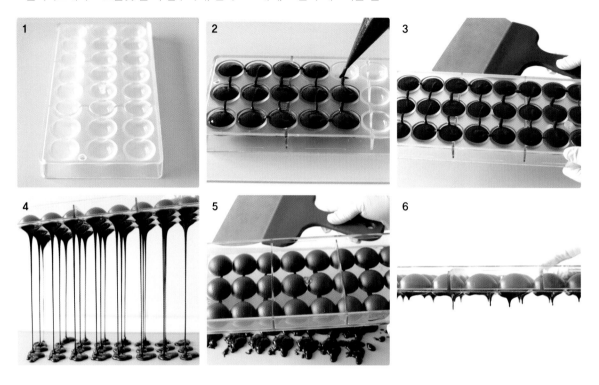

1   지름 3cm 반구를 만드는 폴리카보네이트 몰드를 준비했어요.

2   녹인 초콜릿*을 각 구마다, 홈의 가장자리 끝까지 채워 주세요.
    * p.265 '초콜릿 템퍼링' 참고

3   몰드를 기울이거나 바닥에 살살 내려쳐서 초콜릿이 채워지게 해 주세요. 일단 채워지면 스크래퍼 등으로 몰드
    를 탁탁탁 부드럽게 쳐 줍니다. 이 동작은 갇힌 기포를 떠오르게 해서 터트리고 매끄러운 표면을 만들어요. 초
    콜릿을 가득 담은 채로 몰드 홈 안에 밀착 코팅될 수 있도록 잠시 기다려서 코팅될 시간을 꼭 주어야 해요.

    Tip   실내 온도가 너무 높거나, 너무 낮아도 초콜릿이 코팅되는 두께에 영향을 미치기 때문에 20°~22℃ 사이인지
    확인하세요. 또한 몰드를 너무 빨리 뒤집어 빼면 코팅 두께가 얇아져서 굳어도 잘 빠지지 않죠. 반대로 너무 늦으면
    코팅이 두꺼워지고 초콜릿이 굳어서 여분의 초콜릿을 깔끔하게 긁어내기 어려워요. 적절한 타이밍은 여러 번의 경험
    을 통해 알게 됩니다.

4   초콜릿이 코팅될 때까지 기다린 후, 몰드를 가능한 빠르게 뒤집고 수평이 되도록 들어서 여분의 초콜릿을 쏟아
    내요. 아래에는 쏟아진 초콜릿을 수거하기 쉽도록 테이블에 실리콘 매트나 필름을 미리 깔아 두세요.

5   팔레트 나이프로 몰드의 옆면을 가볍게 두드리면 초콜릿이 쉽게 떨어져요.

6   초콜릿이 뚝뚝 떨어지는 것을 거의 멈출 때까지 뒤집은 채로 기다려요.

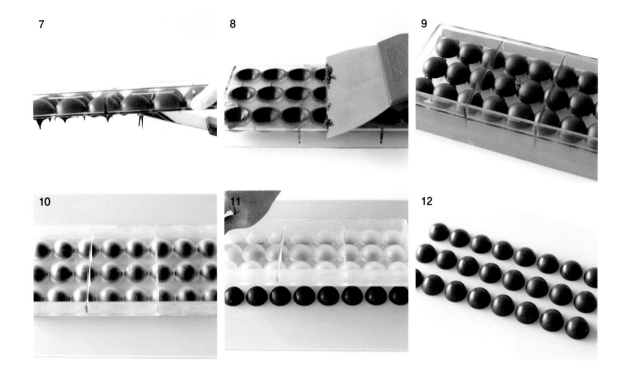

7   초콜릿이 더 이상 줄줄 흐르지 않을 때 몰드와 폭이 같은 크기의 스크래퍼로 여분의 초콜릿을 긁어 내 몰드 가
    장자리를 깨끗하게 만들어요.

8   몰드를 내려 놓고 한 번 더 긁어서 주변을 깔끔하게 해 주세요.

9   막대를 양쪽에 대고 걸쳐서 수평이 되게 뒤집어 서늘한 곳이나 냉장실에 놓고 10분 정도 굳게 놓아 두세요. 초
    콜릿이 굳는 시간은 실내 온도나 코팅된 초콜릿의 두께에 따라 달라질 수 있어요. 냉동실에 넣어도 되지만 냉동
    실에 오래 두면 꺼냈을 때 수분 응결이 일어나기 때문에 10분 이상은 넣어 두지 마세요.

10  초콜릿이 잘 굳으면 수축하는데 이때 뒷면을 보면 초콜릿이 몰드 표면에서 분리되어서 더 이상 붙어 있지 않는
    것을 확인할 수 있어요.

11  몰드를 바닥에 탁하고 엎어서 충격을 준 뒤 몰드만 들어 올려 보세요. 초콜릿이 잘 빠져나와요.

12  반짝반짝 빛나는 초콜릿 반구가 완성되었어요.

13　반구 모양의 초콜릿으로 이제 볼을 만들게요.

14　평평한 팬을 약불로 잠깐 가열한 후 불을 꺼 줘요. 팬은 초콜릿이 녹을 만큼 따뜻한 정도면 됩니다. 여기에 초콜
　　릿 볼을 살짝만 대고 1∼2바퀴 굴려 주세요.

15　절대 힘을 주어 굴려 줄 필요 없이 가볍게 문지르면 돼요.

16　초콜릿 테두리가 녹았을 때 또 다른 초콜릿 하나를 집어서 테두리를 맞춰 붙여 주세요.

17　내려 놓아도 떨어지지 않고 붙을 때까지 가볍게 눌러 주세요.

18　완성! 붙은 곳끼리 완전히 굳을 때까지 놓아 두면 돼요.

# Colored Chocolate Balls
# 컬러 초콜릿 볼

- 화이트 코팅 초콜릿
- 실리콘 아이스 트레이, 리퀴드 젤 식용색소 조금, 식물성 오일 1~2g, 작은 나이프

1   화이트 코팅 초콜릿과 리퀴드 젤 식용색소, 1~2g의 식물성 오일을 준비해요.

2   색소에 오일을 넣고 잘 섞어 유화시켜 주세요. 약간 겉도는 것이 정상이에요.

3   전자레인지로 녹인 코팅 초콜릿에 오일을 넣어 꼼꼼하게 섞어 주세요.

4   균일한 색감이 돌도록 계속 저어 주세요. 이 단계에서는 잘 유화시키는 것이 중요해요.

5   초콜릿을 실리콘 아이스 트레이에 1구마다 가득 채워 주세요. 초콜릿이 고르게 채워지고 몰드 안쪽에 잘 코팅
    이 되도록 탁탁탁 쳐 주면서 잠시 놓아 두세요.

6   실리콘 아이스 트레이를 재빨리 뒤집어 여분의 초콜릿을 쏟아 주세요.

7   초콜릿이 더 이상 흐르지 않을 때 엎어 놓은 상태에서 굳을 때까지 놓아 두세요. 냉장고에 넣어 두어도 좋아요.

8   초콜릿이 완전히 굳으면 표면에서 튀어나온 부분을 따뜻하게 데운 작은 나이프로 도려내세요. 코팅 초콜릿은
    굳은 뒤에 정리해 주어도 괜찮아요.

9   실리콘 아이스 트레이에서 초콜릿을 제거해 주세요.
    다크 초콜릿 볼과 마찬가지로 컬러 초콜릿 볼을 만드는 과정은 같아요.

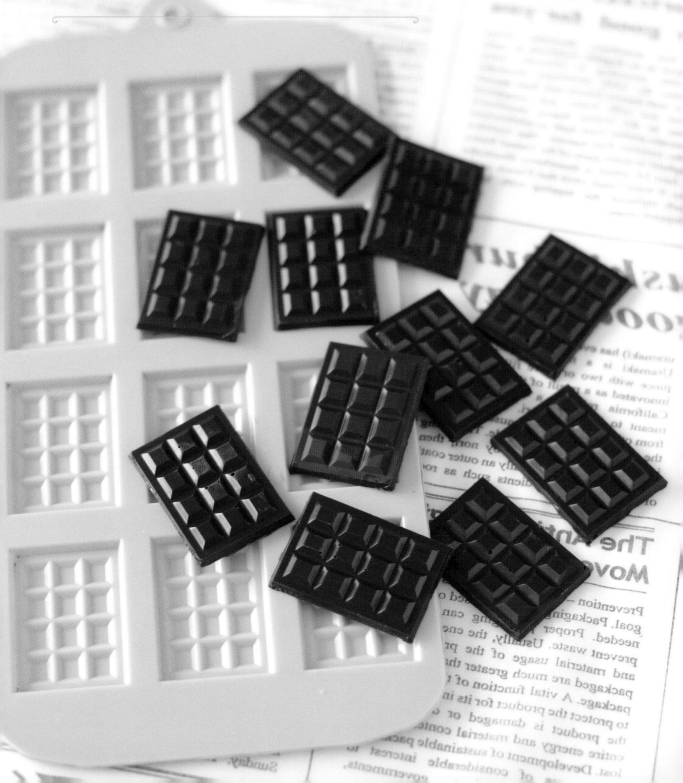

- 템퍼링한 커버춰 초콜릿이나 코팅 초콜릿
- 실리콘 초콜릿 몰드, 짤주머니

만들기

1     템퍼링한 초콜릿을 실리콘 초콜릿 몰드에 짜 넣어 주세요.

2-3   실리콘 초콜릿 몰드를 탁탁 쳐서 초콜릿이 빈 곳 없이 메꿔지도록 채운 후 완전히 굳혀 주세요.

4     실리콘 초콜릿 몰드에서 굳은 초콜릿을 떼어 내면 완성! 보관은 밀폐용기에 넣어 서늘한 곳 또는 냉장실에 보관해 주세요.

# Chocolate Stamp
## 초콜릿 스탬프

• 템퍼링한 커버춰 초콜릿이나 코팅용 초콜릿
• 메탈 소재 스탬프, 코르네, 얼음 담은 볼, 작게 자른 유산지

만들기

1　　다양한 문양의 스탬프를 준비해요. 스탬프는 반드시 금속 소재여야 해요.

2　　스탬프를 얼음볼에 넣어 두세요. 스탬프를 냉동실에 넣어 두었다가 꺼내 사용해도 좋아요.

3　　스탬프 초콜릿을 만들 양만큼 초콜릿을 넣고 크기의 유산지를 잘라 준비해 주세요.

4　　템퍼링한 초콜릿 또는 코팅용 초콜릿을 녹인 초콜릿을 코르네*에 적은 양만 담아요.　　* p.328 '미리 할 일' 참고

5　　'4'의 초콜릿을 100원 동전 크기로 유산지에 짜 주세요.

6　　냉동실 또는 얼음볼에 넣어 두었던 스탬프의 습기를 잘 닦은 후 짜 놓은 초콜릿 중앙에 올리고 천천히 지그시 눌러 주세요.

7      손을 떼고 10초 정도 기다려 주세요.

8      조심스럽게 스탬프를 떼면 완성!

Chocolate Flower
# 초콜릿 꽃

- 화이트 커버처 초콜릿 또는 화이트 초콜릿
- 비닐, 짤주머니 또는 코르네, 대리석 작업대 또는 메탈 오븐팬, 지름 6~7cm 원형 파이프, 소주잔

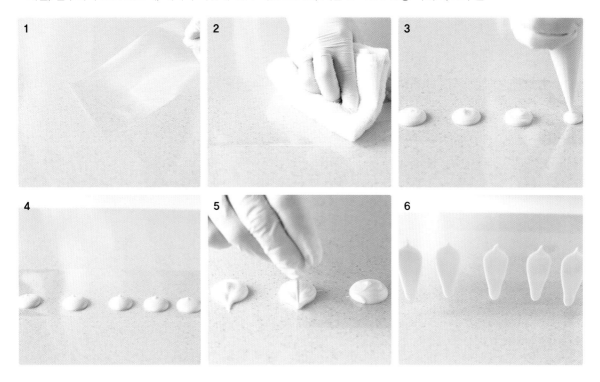

만들기

**1-2** 대리석판 또는 메탈 오븐팬을 젖은 천으로 닦은 뒤 비닐을 올려요. 비닐을 마른 천으로 눌러 닦아 밀착시켜 줍니다. 이렇게 하면 작업하는 동안 비닐이 움직이지 않을 거예요. 저는 여기서 빵 비닐을 사용했어요. 비닐의 길이는 상관없지만 폭은 최소 11cm 정도 되게 잘라서 준비하세요.

**3-5** 템퍼링한 화이트 초콜릿(또는 코팅 초콜릿)을 일정한 거리를 두고 지름 2cm 크기로 짜 줍니다. 이쑤시개로 윗부분을 조금 끌어올려 뾰족하게 만들어 주세요.

> **Tip** 꽃잎 작업을 할 때 화이트 커버춰 초콜릿은 템퍼링한 후 28°~29℃에서 사용하고 실내 온도는 20°~22℃를 유지하세요. 코팅 초콜릿은 실내 온도에 상관없이 54°~56℃에서 사용하세요.

**6** 곧바로 비닐을 떼서 수직으로 들어 올리고 초콜릿이 자연스럽게 흘러내리게 해요. 잘 안 내려오면 약하게 털어 주세요. 초콜릿이 길게 흘러내려야 하는데 너무 짧게 흘러내리거나 폭이 두꺼워지지 않도록 해요. 그런 뒤 바닥에 잠시 내려놓아 두세요.

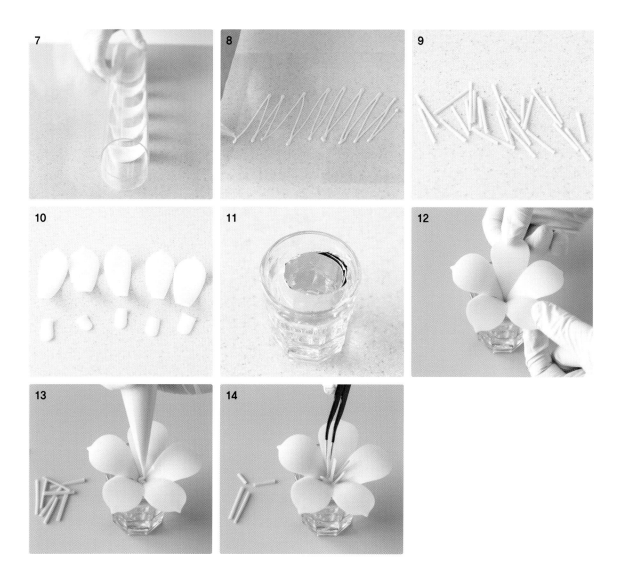

| 7 | '6'의 비닐을 지름 6~7cm 정도 되는 파이프에 넣은 후 완전히 굳을 때까지 서늘한 곳이나 냉장고에 넣어 두세요. 코팅 초콜릿은 매우 빨리 굳지만, 화이트 커버춰 초콜릿은 굳는 시간을 좀 길게 잡는 것이 좋아요. |
|---|---|
| 8-9 | 꽃술을 만들어요. 비닐 위에 노란색 초콜릿*을 가늘게 짜 줍니다. 완전히 굳으면 2~3cm 길이로 잘라 주세요. 너무 가늘면 쉽게 부러지니 주의하세요.  * p.275 '컬러 초콜릿 볼' 참고하거나 시판 컬러 코팅 초콜릿을 사용해도 좋아요. |
| 10 | 완전히 굳은 꽃잎은 비닐에서 떼어 내세요. 길이가 긴 부분은 조금 잘라 주면 좋아요. 너무 짧으면 꽃을 만들기 어려우니 서로 비슷한 길이로 만든다고 생각하세요. |
| 11 | 무게감 있는 작은 유리컵이나 소주잔에 쿠킹호일을 손가락 2개 정도 폭으로 두세 겹 말아 넣어요. |
| 12 | 초콜릿 꽃잎을 1장씩 넣어 꽃잎이 약간씩 겹치도록 꽂아 주세요. 이때 꽃잎의 넓이가 비슷한 것끼리만 끼워 주세요. 처음에는 손으로 꽃잎 두세 장을 붙들고 있어야 하지만, 마지막 꽃잎을 끼우면 스스로 구조를 유지할 거예요. |
| 13-14 | 꽃 가운데에 녹인 화이트 초콜릿을 조금만 짜 주고 잠시 기다렸다가 꽃술을 꽂아 주세요. 컵과 함께 냉장실에 넣어 두어 완전히 굳혀 주세요. |

Chocolate Leaves
## 나뭇잎 초콜릿

• 생 나뭇잎, 템퍼링한 화이트 초콜릿 또는 코팅 초콜릿

• 사각팬, 나뭇잎의 모양을 잡아줄 컵이나 도구들, 브러시

## 만들기

1-2   생 나뭇잎을 알코올로 소독합니다. 습기나 오염이 없도록 부드러운 천이나 키친타올로 잘 닦아 주세요.

   Tip   여기서 사용한 잎은 담쟁이(Ivy) 잎이에요. 담쟁이는 우리나라에서는 약으로도 쓰였다고 해요. 하지만 종류마다 독성이 있는 것도 있으니 선택을 잘 해야 해요. 이것 이외에도 장미 잎이나 단풍잎도 좋은 소재예요.

3   템퍼링*한 화이트 초콜릿을 잎맥이 뚜렷한 뒷부분에 골고루 도포해 주세요.   * p.265 '초콜릿 템퍼링' 참고

   Tip   코팅 초콜릿을 사용해도 괜찮아요. 코팅 초콜릿을 녹여서 55℃ 정도일 때 도포해 주세요.
   대신 코팅 초콜릿은 굳었을 때 잘 부러질 염려가 있으니 참고하세요.

4   골고루 도포한 나뭇잎을 둥근 컵 등에 올려 자연스러운 커브 모양을 잡아 주세요. 이 상태에서 냉장고에 넣어 완전히 굳혀 줍니다.

5   완전히 굳은 잎 위에 다시 한 번 초콜릿을 도포해 주세요.
   초콜릿 도포는 2~3회면 적당해요. 그리고 하룻 동안 완전히 굳혀 주세요.

6-7     나뭇잎을 조심스럽게 떼어 내 주세요.
          완성한 나뭇잎 초콜릿은 밀폐용기에 키친타올을 위아래로 덮은 후 보관하세요.

# Chocolate Belt
## 초콜릿 벨트

- 화이트 초콜릿

- 전사지, L자 스패츌러, 대리석 작업대 또는 메탈 오븐팬, 젖은 타올, 마른 타올, 얇은 나이프, 12×5cm 원형 무스링

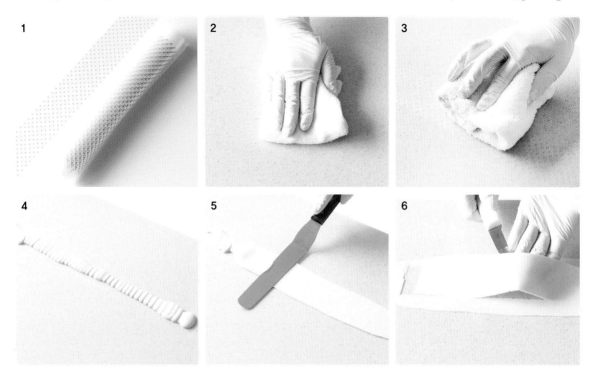

만들기

1    초콜릿용 전사지를 준비해서 원하는 크기에 맞게 재단해 주세요. 사진은 지름 12cm 케이크에 두를 수 있는 길이보다 약간 길고 높이는 같게 재단했어요.

2    작업대는 초콜릿을 작업하는 실내 온도보다 너무 차갑거나 따뜻하지 않아야 해요. 물기가 있는 천으로 작업대를 닦아 주세요. 대리석 작업대가 없다면 메탈 소재의 오븐용 케이크 팬 위에서 해도 좋아요.

3    준비한 전사지를 올리고 마른 천으로 잘 눌러 밀착시켜 붙여 주세요. 물기가 있어야 잘 붙지만, 전사지 위와 주변은 잘 닦아 물기가 없게 해 주세요. 이 과정은 작업 도중 전사지가 움직이지 않게 만들려는 작업이에요.

4    템퍼링*한 화이트 초콜릿을 전사지 위에 부어 주세요.   * p.265 '초콜릿 템퍼링' 참고

5    L자 스패츌러로 초콜릿을 좌우로 왔다 갔다 하면서 밀어 펴 주세요.
    초콜릿 두께는 깔아 놓은 전사지 무늬가 희미하게 비치는 정도가 좋아요.

6    곧바로 스패츌러나 나이프를 이용해 전사지를 조심스럽게 들어 올려요.

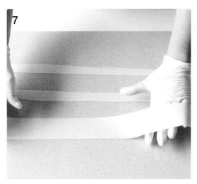

7    자른 초콜릿은 옆으로 옮겨 초콜릿을 굳혀 주세요. 표면 광택이 점점 약해지고 손으로 살짝 만져도 묻어나지 않을 때까지 기다리는데 완전히 딱딱하게 굳을 때까지 기다리는 것은 아니에요. 손에는 묻지 않지만 매우 유연하고 부드러운 상태여야 해요. 굳는 시간은 초콜릿의 두께와 실내 온도에 따라 달라질 수 있어요.

8    준비한 12×5cm 원형 무스링에 필름지가 바깥쪽을 향하도록 하여 둘러 주세요.

9    끝부분이 벌어지지 않도록 접착테이프로 붙여서 서늘한 곳 또는 냉장실에 넣어 완전히 굳을 때까지 기다려 주세요. 완성한 초콜릿 벨트를 장식할 때는 필름을 떼어 내고 완성한 케이크에 씌우듯 둘러 주세요.

Modeling Chocolate Embossed Sheet

# 모델링 초콜릿 엠보싱 원단

- 다크 초콜릿 커버춰 200g, 물엿(또는 글루코스 시럽) 100g 또는 컴파운드 초콜릿 200g, 물엿(또는 글루코스 시럽) 60g
  * 다크 초콜릿:물엿(글루코스 시럽) 비율 = 100 : 50, 컴파운드 초콜릿:물엿 비율 = 100 : 30

- 반죽볼, 주걱, 엠보싱 롤링핀,* 쿠킹 랩   * 슈거 폰던트 반죽이나 쿠키 반죽에 입체 문양을 줄 수 있는 밀대

1   전자레인지 또는 중탕을 이용해 45℃ 정도로 녹인 다크 초콜릿(커버춰)과 상온의 물엿을 2:1 비율로 섞어 주세요.

    Tip  초콜릿과 물엿의 비율은 일반적으로 2:1 정도예요. 하지만 원하는 조직감에 따라 비율을 조절해도 괜찮아요. 물엿의 비율이 높아질수록 부드러운 질감이 돼요. 여기에 바닐라나 리큐르 등 원하는 향을 추가하는 것도 가능해요. 초콜릿에 섞는 물엿은 상온 또는 조금 더 따뜻할수록 초콜릿과 잘 섞이죠.

2   초콜릿은 주걱으로 섞어 주세요. 두 재료를 섞자마자 조금씩 묵직하게 엉기기 시작해요.

3   점점 유연하면서도 탄력 있는 상태가 될 때까지 반죽해요. 너무 오래 섞지 말아야 해요.

4   작업대에 랩을 깔고 초콜릿 반죽을 부어요.

5   초콜릿 반죽을 랩으로 밀착하여 꽁꽁 감싸고 서늘한 곳이나 냉장실에서 반나절에서 하루 동안 휴지시키세요. 이 과정은 반죽이 고체로 변하면서 좀 더 다루기 쉽게 만들어 줘요.

6   휴지를 마친 반죽은 상온에 두어 부드럽게 만들어 주세요. 냉장실에 넣어 두어 많이 단단해진 반죽이라면 전자레인지에서 몇 초만 데워도 부드럽게 만들 수 있어요.

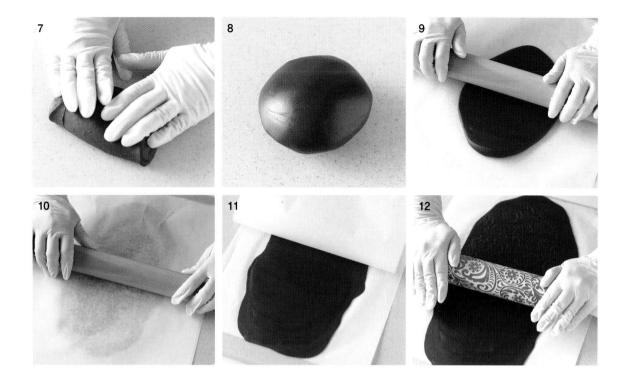

7   손의 온기를 더하면서 부드러워질 때까지 반죽합니다. 너무 온도가 높아지면 초콜릿의 지방이 빠져나올 수 있으니 주의하세요.

8   사진과 같이 만들어졌다면 매끄럽고 부드럽게 반죽된 상태예요.

9   반죽을 밀어 주세요. 전분과 슈가파우더를 작업대에 뿌리면 달라붙지 않아요. 그렇지만 다크 초콜릿에 하얀 분말은 눈에 너무 띄겠지요? 그래서 대신 반죽대 위에 유산지나 테프론시트를 깔고 모델링 초콜릿을 밀대로 밀어 펴 주세요.

10  유산지를 1장 더 덮은 후 밀어 주면 밀대에도 달라붙지 않고 깔끔하게 작업할 수 있어요. 만일 실내 온도가 낮은 경우는 모델링 초콜릿이 잘 밀리지 않을 수 있어요. 이때는 유산지를 덮은 채로 헤어 드라이기의 따뜻한 바람을 불어 주면 다시 부드러워져요. 단, 한곳에 집중적으로 뜨거운 바람이 닿지 않도록 주의해 주세요.

11  밀어 펴는 도중 유산지에 반죽이 밀착되면 더 이상 밀리지 않을 때가 있어요. 이때는 유산지를 가끔씩 반죽에서 떼었다 놓으면서 밀어 주세요.

12  반죽을 약 2~3mm 두께로 밀어 편 후, 엠보싱 밀대로 밀어 주세요.

13 반죽에 문양이 잘 나타났는지 확인해 주세요.

14 자와 나이프로 원하는 모양으로 재단하세요. 또한 원하는 모양 커터로 찍어 내도 좋겠지요.

15 자! 모델링 초콜릿 엠보싱 원단이 완성되었습니다.

**More** 다 만들어진 모델링 초콜릿 장식은 유산지나 비닐에 감싸거나 또는 밀폐용기에 넣어서 서늘하고 평평한 곳에(예를 들어 서랍이나 찬장) 보관할 수 있어요. 하지만 이 반죽의 특성상 표면이 건조해지거나 녹을 수도 있어요.
이 장식은 깨끗한 환경에서 만들었다면 먹는 데 아무 문제가 없습니다. 심지어 맛이 좋아요. 다양한 아이디어로 장식을 만들어 케이크나 디저트에 활용해 보세요.

1 화이트 모델링 초콜릿도 만드는 방법은 같아요. 단 화이트 초콜릿의 경우 좀 더 유연하기 때문에 반죽이 늘어지거나 찢어지지 않도록 주의하기만 하면 돼요.

2 케이크 옆면에 두르는 용도로 만들어 보세요. 케이크 둘레나 높이보다 더 큰 크기로 원단을 만들고, 윗면에 덮을 원단을 따로 만든 후 완성한 케이크의 사이즈에 맞추어 재단하세요.
(사용 예시 : p.514 레드벨벳 케이크)

# 모델링 초콜릿 꽃

- 화이트 초콜릿* 커버춰 또는 컴파운드 200g, 물엿 또는 글루코스시럽 50~60g, 흰색 식용색소

  * 화이트 코팅 초콜릿:물엿(또는 글루코스 시럽) = 100:20~25. 화이트 초콜릿은 코팅용 초콜릿을 사용해도 재료의 비율은 같습니다.

- 반죽볼, 실리콘 주걱, 쿠킹 랩, 여러 가지 모양의 플런저 커터, 코르네

**1**

**2**

**3**

## 만들기

1   저는 컴파운드 초콜릿을 사용했어요. 전자레인지에 화이트 초콜릿을 30초씩 돌려서 녹입니다. 초콜릿이 녹을 때까지 잘 저어 주어야 해요.

2   상온의 물엿에 흰색 식용색소를 넣어 잘 섞어 줍니다. 물엿은 따뜻할수록 초콜릿과 잘 섞입니다. 색소는 선택사항이에요. 아무래도 화이트 초콜릿이 베이지색에 가까워서 꽃 장식을 만들 때는 색소를 넣는 편이에요.

3   녹인 초콜릿에 물엿을 넣고 섞어 주세요.

4 초콜릿이 점점 진득해지기 시작해요. 이때 주걱으로 신속하게 섞어 주세요.

5 초콜릿이 점점 더 단단한 반죽이 되면 섞는 것을 멈춰 주세요.

6 위생 장갑을 끼고 초콜릿을 꾹 짜 주세요. 점점 녹은 버터 같은 지방이 흘러나올 거예요. 손으로 꾹꾹 눌러서 지
방을 최대한 짜냅니다. 만일 초콜릿이 너무 질척이고 손에 많이 달라붙는다면 잠시 작업대에 놓아 두어 온도를
떨어뜨린 후 다시 시작해 보세요.

> **Tip** 화이트 초콜릿은 코코아 버터(컴파운드의 경우 식물성 기름), 설탕, 우유 고형분 및 향료로 만들어집니다. 초콜
> 릿이 녹는 과정에서 코코아 버터가 다른 성분과 분리되어 기름진 질감이 생길 수 있어요. 손으로 눌러 흘러나온 지방
> 을 짜내고, 그래도 겉도는 지방은 화이트 초콜릿을 종이 타월이나 무명천으로 눌러 여분의 지방을 흡수시켜 주세요.
> 지방을 짜면 화이트 초콜릿의 기름기가 줄어들어 작업이 더 쉬워지고 초콜릿 모델링에 원하는 질감을 얻을 수 있지
> 요. 이 과정은 쉽게 녹지 않고 모양을 유지하는 부드럽고 유연한 모델링 초콜릿을 만드는 데 도움이 돼요.

7 모델링 초콜릿 반죽이 완성되었어요.

8 초콜릿 반죽을 랩에 밀착하여 감싼 후 상온 또는 냉장실에 두어 반나절에서 하루 동안 휴지시켜요. 이 휴지기간
동안 반죽이 단단해지고 더 유연해집니다.

9 쿠키 커터와 플런저 커터를 준비하는데 플런저 커터는 피스톤형으로 안쪽에 스프링이 있어 찍어 낸 반죽을 밀
어낼 수 있는 도구예요.

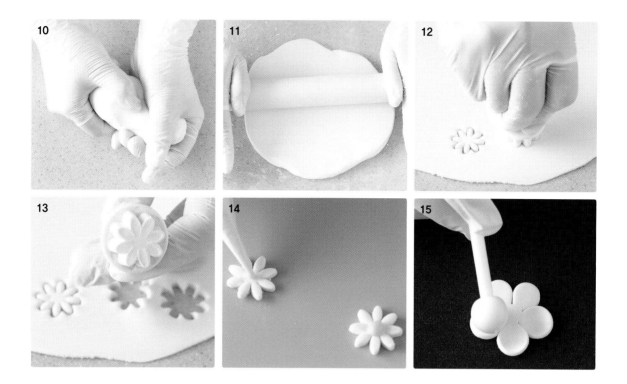

10  화이트 모델링 초콜릿을 부드러워질 때까지 반죽해 주세요. 모델링 초콜릿이 너무 부드럽거나 끈적거리는 느낌
    이 든다면 소량의 슈가파우더를 넣어 농도를 조절할 수 있습니다. 단. 너무 많이 넣으면 초콜릿이 마르고 부서
    질 수 있으니 주의하세요.

11  작업대에 슈가파우더를 뿌리고 밀대로 2mm 두께로 밀어 주세요.

12  쿠키 커터나 플런저 커터로 찍어 냅니다.

13  테두리에 잘 떨어지지 않는 반죽이 있으면 손이나 나이프로 긁어내 다듬어 준 후 플런저를 밀어 빼 주세요.

14  녹인 초콜릿을 코르네에 담아 꽃술을 짜 주세요. 노란색 코팅 초콜릿을 사용하거나 흰색 초콜릿에 색소를 섞어
    사용하세요.* * P.275 '컬러 초콜릿 볼' 참고

15  이번엔 다른 모양의 꽃을 만들어 볼게요. 탄력 있는 스펀지 위에 찍어 낸 꽃을 올리고 마지팬 조각칼 중 둥근
    볼 모양으로 꽃잎 하나하나 둥글려 주세요. 꽃잎이 조금 더 커지고 입체적으로 만들어져요.

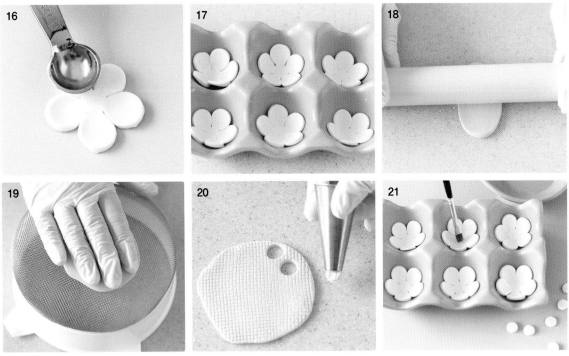

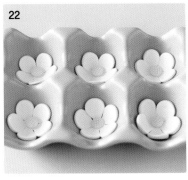

16 마지팬 도구가 없으면 실리콘 매트와 계량스푼 뒷면을 이용해도 좋아요.

17 오목한 용기에 꽃을 담아 굳혀 주세요. 저는 달걀 트레이를 사용했어요.

18 다음은 꽃술을 만들어요. 노란색 모델링 초콜릿을 얇게 밀어 펴 주세요.

19 가루체에 대고 그물 자국이 나도록 꾹 눌러 주세요. 약간 굵은체가 모양이 좋아요.

20 작은 원형으로 찍어 줘요.

21 꽃의 중앙에 붓으로 물을 약간만 바르고 꽃술을 붙여 주세요.

22 1~2일 이상 완전히 말린 후 장식으로 사용할 수 있어요.

# Modeling Chocolate Stamp
# 모델링 초콜릿 스탬프

- 레드 모델링 초콜릿
- 밀대, 원형커터, 문양이 있는 메탈 스탬프

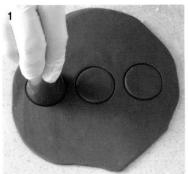  

## 만들기

1    레드 색소를 넣은 모델링 초콜릿 반죽*을 만들어 주세요. 반죽을 밀대로 밀어 편 후 스탬프보다 약간 큰 크기의 원으로 찍어 내세요.  * p.292 '모델링 초콜릿' 참고

2    반죽을 스탬프로 눌러 문양을 내 주세요.

3    1~2일 이상 완전히 말린 후 장식으로 사용할 수 있어요.

# Marzipan
## 마지팬

# 슈가파우더 마지팬 Sugar Pouder Marzipan

## 재료 & 도구

• 아몬드 가루 180g, 슈가파우더 150g, 달걀흰자 30~35g, 아몬드 익스트랙 1~2g

• 푸드 프로세서, 체, 볼

## 만들기

1    푸드 프로세서에 아몬드 가루와 슈가파우더를 넣고 갈아 주세요.

2    가루를 체에 칩니다. 이때 체에 남는 굵은 아몬드 가루는 제거해 주세요.

3    볼에 가루 재료를 옮기고 달걀흰자를 넣어 주세요. 달걀흰자는 처음에 30g을 넣고 반죽하다가 조금씩 추가하
     면서 농도를 조절해 주세요.

     **Tip** 아몬드 가루마다 지방과 수분 함량이 달라요. 반죽하면서 너무 질어지면 슈가파우더와 약간의 전분을 섞어 반
     죽 되기를 조절하세요.

4-5   손으로 반죽한 뒤 한 덩어리로 뭉쳐 주세요.

6     막대 모양으로 굴려 주세요.

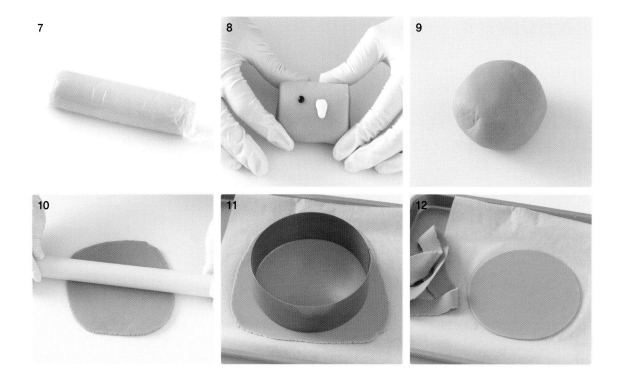

7   쿠킹 랩으로 밀착해 감싼 후 1시간 이상 휴지시켜 주세요. 사용 전 마지팬은 밀폐용기에 넣어 냉장보관*하세요.
    * 약 2~3주 보관 가능

    Tip   마지팬을 오랫동안 보관하려면 밀폐용기에 담아 보관하는 것이 좋아요. 실온에서도 보관이 가능하지만 더 오
    래 보관하려면 냉장고에서 보관하세요. 이때 마지팬이 단단해지므로 사용하기 전에 잠시 실온에 놓아 두면 조금 더
    유연하게 만들 수 있어요. 냉장보관한 반죽을 사용할 때는 상온에 놓아 두었다가 다시 손으로 반죽하면 부드러운 반
    죽으로 돌아와요.

8   마지팬 커버링을 만들어 볼 거예요. 마지팬에 색소를 넣어 반죽해 주세요.

9   원하는 색이 나올 때까지 색소를 추가하면서 반죽해 주세요.

10  반죽을 밀대로 밀어 펴 준 뒤 잠시 냉장고에 넣어 두세요. 마지팬은 차가워지면 수축하기 때문에 밀어 편 후에
    는 냉장고에서 잠시 휴지시켜 주세요.

11  휴지가 끝나면 필요한 크기로 잘라 내 주세요

12  잘라 낸 마지팬은 케이크 위에 장식합니다.

# 심플시럽 마지팬 Simple Syrup Marzipan

- **심플시럽** : 물 70g, 설탕 70g

  **시럽 마지팬** : 아몬드 가루 150g, 심플시럽 50~70g, 아몬드 익스트랙 2g

- 푸드 프로세서, 체, 볼

## 만들기

1    물과 설탕을 동량으로 섞어 시럽을 만들어요.

2    시럽을 113℃까지 끓여 주세요. 113℃가 되면 불을 끄고 시럽을 식혀 주세요.

3    푸드 프로세서에 아몬드 가루와 심플시럽, 아몬드 익스트랙을 넣어 주세요.

4    재료가 소보루 상태가 될 때까지 섞어 주세요.

5    아직 완전히 뭉쳐지지 않은 상태로 반죽할 볼에 옮겨 담아요.

6-7    손으로 반죽하면서 뭉쳐 매끄러운 반죽 덩어리를 만들어 주세요.

8      반죽을 굴려 막대 모양으로 만든 후 반죽을 랩으로 밀착하여 씌운 뒤 냉장고에서 휴지시켜 주세요.

# 초콜릿 마지팬 Chocolate Marzipan

- 아몬드 가루 150g, 슈가파우더 120g, 코코아 가루 12g, 물엿 45g, 바닐라 익스트랙 2g
- 핸드믹서 또는 푸드 프로세서, 쿠킹 랩

1

2

3

4

5

## 만들기

1  모든 가루 재료를 섞고 체에 쳐서 굵은 아몬드 가루는 걸러 내 주세요.

2  섞은 가루에 물엿과 바닐라 익스트랙을 넣어 주세요. 반죽 되기에 따라 물엿 양을 조절하세요.

3  반죽을 핸드믹서로 섞어 주세요. 물론 푸드 프로세서로 섞어도 괜찮아요.

4  재료가 소보루 또는 작은 덩어리들로 뭉쳐지면 손으로 반죽을 시작해 주세요.

5  한 덩어리로 잘 뭉쳐서 막대 모양으로 굴린 반죽을 쿠킹 랩에 밀착하여 감싼 후 냉장실에서 하루 동안 휴지시켜 주세요.

# Marzipan Carrot
## 마지팬 당근

• 마지팬 반죽, 파슬리 잎(선택)
• 식용색소, 이쑤시개

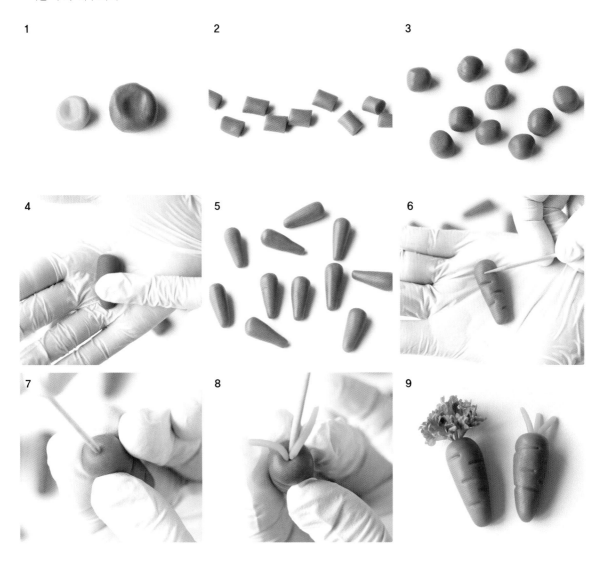

1
2
3
4
5
6
7
8
9

## 만들기

**1-3** 마지팬 반죽에 식용색소를 넣어 주황색과 초록색 반죽을 만들어요. 주황색 반죽은 4g 정도 크기로 잘라 둥글려 주세요.

**4-6** 반죽 하나씩 당근 모양으로 빚은 후 이쑤시개로 당근의 주름을 만들어 주세요.

**7-9** 이쑤시개로 윗부분에 구멍을 만들고 초록색 반죽으로 약 2cm 길이의 가느다란 잎줄기를 만들어 얹은 뒤, 가운데 부분을 눌러 구멍으로 밀어 넣어 주세요. 또는 파슬리 잎을 작게 잘라 구멍에 꽂아 보세요.

> **Tip** 파슬리를 사용할 경우 당근 윗부분에 구멍을 낸 상태로 건조시킨 후 케이크 장식하기 전에 꽂아주세요.
> 마지팬 당근은 밀폐용기에 넣어 냉장고에서 1주일 정도 보관 가능해요.

- 마지팬 반죽
- 식용색소, 롤링핀, 무스링

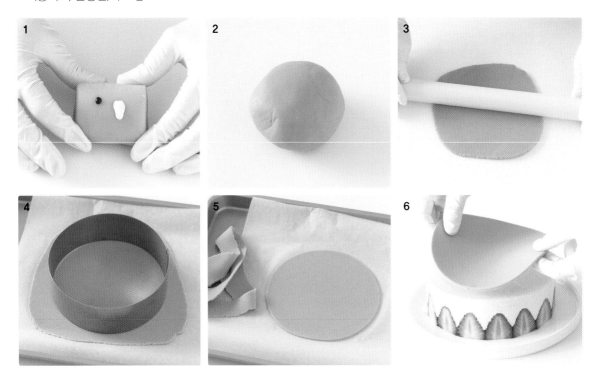

1-3   원하는 색의 식용색소를 추가하여 반죽한 후 밀대로 밀어 펴 주세요. 그리고 잠시 냉장고에 넣어 두세요.

       **Tip**   마지팬은 차가워지면 수축하기 때문에 다 밀어 편 후에 냉장고에서 잠시 휴지시켜 주세요.

4-6   휴지가 끝나면 필요한 모양으로 잘라 케이크 위에 올려 장식하세요.

Leaf Tuiles
# 나뭇잎 튀일

- 박력분 13g, 말차 가루 2g, 슈가파우더 15g, 달걀흰자 15g, 녹인 버터 15g
- 실리콘 튀일 몰드, 스푼 또는 짤주머니, 스패츌러

1   볼에 상온에 두었던 모든 재료를 넣고 잘 섞어 주세요.

2   모든 재료가 매끄럽게 잘 섞이면 완성입니다.

3   준비한 실리콘 튀일 몰드에 반죽을 올려 주세요. 짤주머니에 반죽을 넣어 튀일 크기만큼 몰드에 짜 올려 주어도
    좋아요.

4   몰드 사이사이에 반죽이 완전히 채워지도록 스패츌러로 바르듯이 넣어 주세요.

5   스패츌러로 주변의 반죽을 깨끗이 닦아 내 주세요.

6   160℃로 예열한 오븐에서 3분간 구워 주세요.

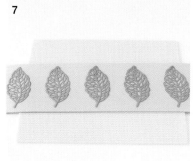

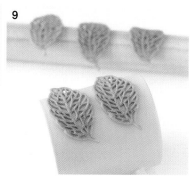

7    오븐에서 다 구워진 튀일을 꺼내세요. 꺼낼 때 실리콘이 매우 뜨거우니 조심하세요.

8    튀일을 몰드에서 조심스럽게 떼어 내 주세요.

9    튀일을 곡선으로 만들고 싶다면 적당한 도구 위에 올려 둔 채로 말려 줍니다.

    Tip  튀일은 수분에 약해서 건조한 곳에서 완전히 식히고 말린 후 사용하세요. 보관은 밀폐용기에 넣어 냉장고에서 3일간 가능합니다.

Cacao Nib Tuiles
# 카카오닙 튀일

- 설탕 38g, 물엿 12g, 무염 버터 30g, 우유 15g, 밀크 초콜릿 커버춰 5g, 카카오닙스 19g, 다진 호두 19g
- 냄비, 주걱, 유산지, 오븐팬

만들기

1  냄비에 설탕, 물엿, 버터, 우유를 넣고 끓여 주세요.

2  '1'에 밀크 초콜릿을 넣고 잘 섞으면서 녹여 주세요.

3  '2'에 다진 호두와 카카오닙스를 넣고 섞어 주세요.

4  '3'을 유산지나 테프론시트를 깐 오븐팬에 펼쳐 주세요.

5  160℃로 예열한 오븐에서 15분 동안 구워 주세요.

6  튀일이 완전히 굳기 전에는 커터로 찍어서 모양 장식에 사용할 수 있어요. 식으면 잘 부서지지만 불규칙하게 조각난 대로 장식해도 멋있어요.

7         8

7     완성한 카카오닙 튀일을 여러 다른 모양으로도 사용할 수 있어요. 저는 튀일이 식기 전에 가위로 자른 뒤 컵에 두르고 굳혀서 사용했어요.

8     p.492 카카오닙스 케이크에 장식으로 사용하였답니다.

     Tip  완성한 카카오닙 튀일은 실리카겔(방습제)을 넣은 밀폐용기에 넣어 보관해 주어야 합니다.

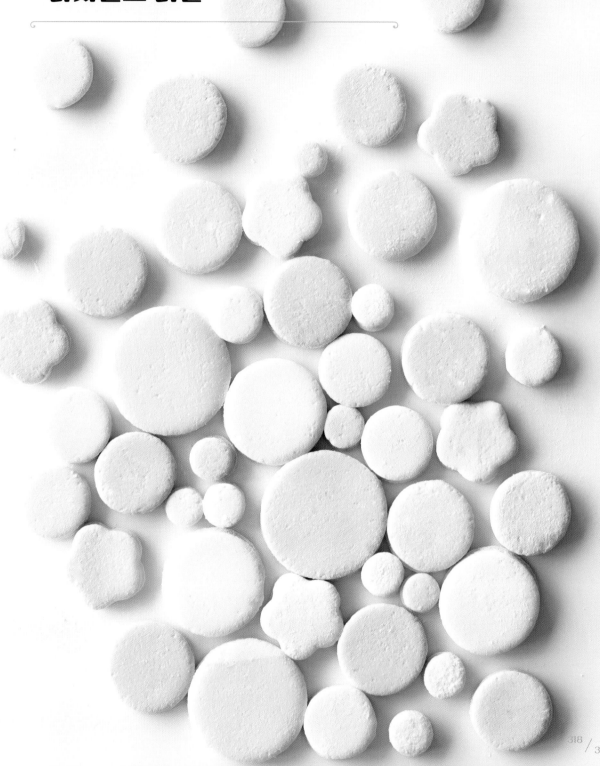

Marshmallow Button

# 마시멜로 버튼

- 가루 젤라틴 10g, 찬물 60g(젤라틴의 6배), 설탕 70g, 물엿 80g, 물 30g, 바닐라 익스트랙 2g,
  핑크·노랑·파랑 식용색소 약간, 옥수수 전분 슈가파우더 적당량
- 플라스틱 볼, 오븐 시트팬, 분당체, 핸드믹서, 손거품기, 냄비, 탐침 온도계, 실리콘 주걱, 유산지, 짤주머니,
  여러 크기의 원형 커터

1   넓은 오븐 시트팬에 유산지를 깔고 그 위에 옥수수 전분과 슈가파우더를 2:3 비율로 섞은 덧가루를 분당체를
    이용해서 표면이 고르고 평평하게 하되 넉넉히 뿌려 주세요.

2   가루 젤라틴과 그 양의 6배에 해당하는 찬물을 섞어 두세요. 슬러시처럼 변하면 10분 정도 불려 두세요.

3   불린 젤라틴을 전자레인지에 10초씩 돌려서 완전히 녹여 줍니다. 2~3회 돌리면 완전히 녹을 거예요. 이 젤라
    틴은 시럽을 넣을 때까지 따뜻하게 유지해야 합니다.

4   냄비에 설탕과 물엿 그리고 물을 넣고 센불에서 끓여 주세요.

5   끓어 오른 시럽에 꽂은 탐침 온도계가 112℃에 도달하면 바로 불을 꺼 주세요.

6   지체하지 말고 시럽을 녹인 젤라틴에 '5'를 조금씩 부어 주면서 주걱으로 잘 섞이도록 저어 주세요. 냄비에 남
    은 시럽을 긁어 모아 넣어 주세요.

7    균일하게 섞이도록 저어 주세요.

> **Tip** 이 과정에서 시럽을 넣기 전에 젤라틴의 온도가 떨어지거나 차갑거나 굳어 있다면 시럽까지 굳어 버릴 수 있어요. 꼭 녹인 젤라틴이 따뜻한 상태인지 확인하세요.
> 시럽은 너무 오래 끓여도 점도가 너무 높아져서 굳어 버릴 수 있어요. 이때만큼은 적외선 온도계보다 탐침 온도계가 더 정확할 수 있어요. 꼭 적정 온도까지 끓이도록 하세요.

8    핸드믹서는 중고속으로 휘핑해 주세요.

9    색이 하얗게 변하고 진득한 상태가 되었을 때 바닐라 익스트랙을 첨가한 후 계속 휘핑해 주세요.

10   마시멜로 반죽의 질감이 마치 끈끈한 용암 같아졌어요. 볼을 만져 보면 많이 식어서 미지근해요. 이때 휘핑기로 퍼 올리면 흐름성은 있지만 무겁게 천천히 떨어져요. 그리고 스펀지처럼 푹신해진 느낌이 들 거예요. 여기서 더 휘핑하면 유동성이 적어지고 바로 굳어 버리므로 상태를 잘 확인하세요.

11   마시멜로 반죽을 작은 볼에 나누어 담아요. 마시멜로는 만들고 나면 매우 빨리 굳어서 열전도율이 낮은 플라스틱 볼을 사용하는 것이 좋아요.

12   마시멜로 반죽에 원하는 색의 식용색소로 색을 입혀 주세요. 이 과정도 신속하게. 잊지 마세요!

13 각각 짤주머니에 '12'를 담은 후 덧가루를 뿌린 팬 위에 짜 주세요.

> **Tip** 이 레시피는 젤라틴 비율이 높아서 실온에서도 비교적 빠르게 굳어요. 능숙하게 움직이면 소분하고 색을 섞는 과정이 문제없이 진행되겠지만, 겨울철이나 추운 실내에서는 파이핑하기 전에 굳을 수 있어요. 이를 막기 위해 각 색깔별로 따로 반죽을 만들어 처음부터 색소를 섞어서 만드는 방법이 안전할 수 있어요.

14 마시멜로 위에 다시 한번 고르고 두툼하게 덧가루를 뿌려 빠짐없이 덮어 주세요.

15 '14'에 유산지를 덮은 후 냉장고에 1시간 이상 넣어 두세요.

16 마시멜로가 완전히 굳으면 꺼내서 마시멜로 위아래의 유산지를 두 손으로 한꺼번에 잡고 뒤집어 주세요. 덧가루는 쏟아지겠지만 마시멜로는 바닥쪽 유산지에 붙어 있을 거예요.

17 바닥쪽 유산지를 조심스럽게 떼어 내 주세요. 마시멜로가 끈끈하게 붙어 있지만 천천히 떼 내면 잘 떨어져요. 떼어 낸 뒷부분에는 덧가루를 다시 뿌려 주세요.

18 원하는 모양의 커터로 찍어 주세요.

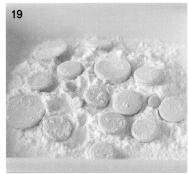 

19    찍어 낸 후 옆면도 덧가루를 묻혀야 해요. 가루에 버무리듯이 묻혀 주세요.

20    장식에 사용할 때는 가루를 털어 내면 돼요.

Marshmallow Heart

# 마시멜로 하트

- **3cm 크기의 마시멜로 하트 약 48개** : 가루 젤라틴 10g, 찬물 60g(젤라틴의 6배), 설탕 70g, 물엿 80g, 물 30g, 바닐라 익스트랙 2g, 식용색소 약간, 녹인 버터 약간, 2:3 비율로 섞은 옥수수 전분과 슈가파우더 적당량
- 하트 실리콘 몰드, 붓, 핸드믹서, 분당체, 짤주머니

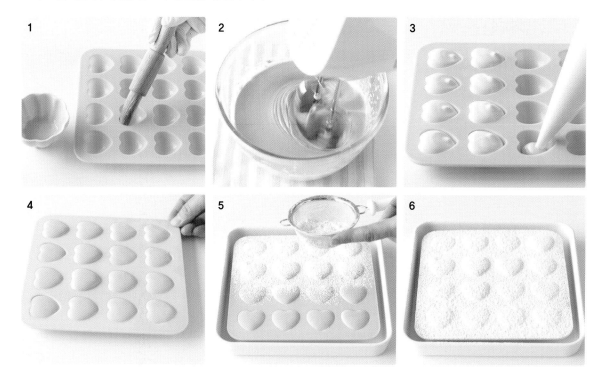

1  실리콘 몰드에 녹인 버터를 꼼꼼히 발라 주세요. 특히 굴곡 부분이나 모서리는 여러 번 확인해서 바른 후 서늘한 곳 또는 냉장실에 넣어 주세요.

2  마시멜로 만드는 방법은 'p.319의 마시멜로 버튼' 만들기와 같아요. 이때 스펀지 같은 질감이 느껴져도 여전히 흐르는 상태까지 휘핑을 해야 해요.

3  '2'를 짤주머니에 담아 몰드 끝까지 채워 주세요. 몰드에 반죽을 짤 때 남은 자국이 마치 뿔처럼 보일 수 있어요.

4  몰드를 탁탁 쳐서 뿔을 가라 앉혀요. 여전히 뿔이 보여도 큰 문제가 없으니 괜찮아요.

5  '4' 위에 분당체로 옥수수 전분과 슈가파우더를 섞은 덧가루를 뿌려 완전히 덮어 주세요.

6  '5'를 사진과 같은 상태로 서늘한 곳이나 냉장보관해 주세요. 1시간 후에 꺼내 하트가 잘 빠지는지 확인해 보고. 마시멜로가 딱 붙은 채로 늘어나기만 한다면 좀더 굳혀 주세요.

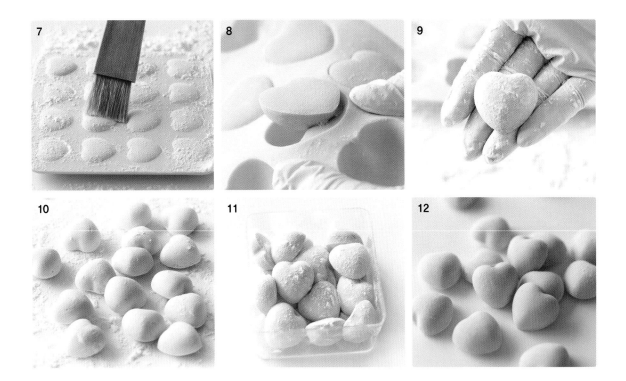

7    덮어 둔 덧가루를 털어 내세요.

8    마시멜로를 직접 꺼내지 말고 실리콘 몰드를 양옆, 위아래로 잡아당겨 보거나 뒤집듯이 밀어 주면 하트가 천천
     히 튀어나올 거예요. 초콜릿처럼 똑 떨어지지 않아요. 여전히 바닥에 달라붙어 있는 듯이 보이지만 스스로의 탄
     력으로 인해 쭈욱 떼어져요.

9    떨어져 나온 부분은 손에 잘 달라붙으니 즉시 덧가루를 묻혀 주세요.

10   전체적으로 가루를 입혀 주세요.

11   보관할 때도 덧가루를 충분히 버무려 둔 상태로 밀폐용기에 넣어 보관하세요.

12   완성한 마시멜로 하트를 사용할 때는 붓으로 덧가루를 충분히 털어 내고 장식하세요.

파스티아쥬 꽃

- **파스티아쥬** : 분당 200g, 물 20g, 레몬즙 6g, 가루 젤라틴 5g, 덧가루용 옥수수 전분 적당량
  **로얄아이싱** : 슈가파우더 50g, 달걀흰자 10g
- 유산지, 핸드믹서 또는 거품기, 밀대, 거품기, 플런저 커터, 코르네

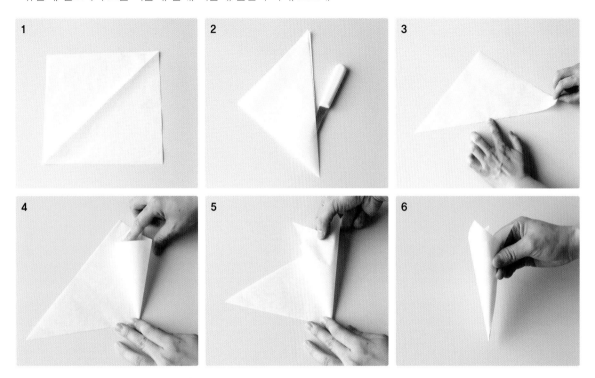

1   유산지는 23×23cm 크기의 정사각형으로 잘라요. 이 크기가 코르네를 만들어 사용하기에 가장 무난한 크기예요. 코르네는 용도에 따라 크기를 다르게 만들면 돼요.

2   유산지를 대각선으로 잘라서 직각삼각형 모양으로 만들어 주세요.

3   삼각형의 가장 긴 부분의 중앙에 손가락을 댑니다.

4   유산지 한쪽 끝을 중앙을 향해 말아 줍니다.

5   반대쪽 끝까지 계속 말아 주세요.

6   오픈된 부분에 삼각형 3개가 겹치지 않고 뾰족이 튀어나온 원뿔로 만들어 주세요.

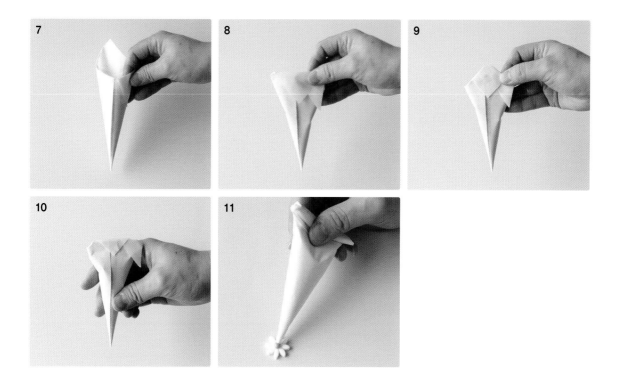

7     가운데 삼각 부분을 뺀 양쪽 끝을 접어 주는데요. 코르네 안쪽에 있는 종이는 바깥으로 접어 주고, 바깥에 있는
         부분은 안쪽으로 접어 넣어 주세요. 여기까지 접으면 손을 놓아도 코르네가 풀리지 않아요. 아래 뿔 쪽은 벌어
         진 곳 없이 닫혀 있어야 해요. 이 상태에서 로얄아이싱이나 초콜릿을 넣어 주세요. 그 후 코르네 바깥쪽 옆선이
         보이도록 잡아 보세요.

8     가운데 삼각형을 옆선이 있는 쪽으로 접어서 오픈된 부분을 막아 주세요.

9     이번에는 양쪽 귀를 뒤쪽으로 꼭꼭 눌러 접어 주세요.

10     다시 남은 위쪽 부분 귀를 접은 방향과 같은 쪽으로, 즉 옆선 있는 면의 반대 방향으로 2~3번 말아 접어 주세요.

11     반대편을 보면 사진처럼 되어 있을 거예요. 파이핑할 때는 뿔 끝을 가위로 잘라 내용물이 나오도록 하고, 엄지
         손가락으로 접힌 부분을 쥐고 사용하세요.

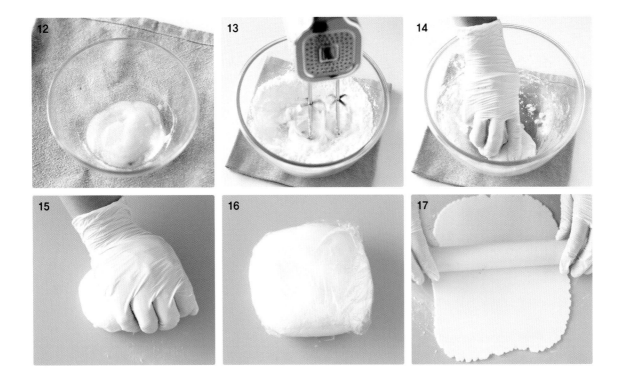

12   가루 젤라틴에 물과 레몬즙을 넣고 10분 정도 불려 주세요.

13   불린 젤라틴을 전자레인지에 10초 정도 돌려 녹인 후 슈가파우더를 넣고 핸드믹서로 섞어 주세요.

14   어느 정도 뭉쳐지면 한 덩어리가 되도록 손으로 반죽해 주세요.

15   '3'을 반죽대 위에서 여러 번 치대 주세요.

16   파스티아쥬는 반죽한 후 바로 사용할 수 있어요. 만약 반죽을 보관하려면 쿠킹 랩에 밀착하여 감싼 후 상온 또는 냉장고에 넣어 주세요.

> **Tip**   파스티아쥬에는 젤라틴이 들어 있기 때문에 상온에 오래 둘 경우 곰팡이가 필 수 있어요. 상온에서는 1~2일, 냉장보관할 경우에는 작은 크기로 분할하여 보관하세요. 사용 전에 전자레인지에서 5초씩 돌려 부드럽게 만들어 주세요. 표면이 많이 말랐다면 손에 물을 묻히고 반죽을 다시 한 번 해 주세요.

17   바닥에 전분 가루를 약간 뿌리고 반죽을 밀대로 2mm 두께로 밀어 펴 주세요. 덧가루가 너무 많으면 반죽이 건조해져 부스러질 수 있으니 주의하세요.

18  원하는 모양의 커터로 반죽을 찍어 주세요.

19  간혹 파스티아쥬 반죽이 깔끔하게 떨어지지 않는 경우가 있어요. 이때는 나이프로 깨끗하게 긁어 내면 해결!

20  꽃술을 만들기 위해 로얄아이싱을 만들어 볼게요. 슈가파우더에 달걀흰자를 넣어 주세요.

21  거품기 또는 핸드믹서로 1분 동안 휘핑해요. 반죽이 새하얗게 변할 때까지 섞어 주세요.

22  원하는 색소를 섞어 꽃술을 칠할 예쁜 색을 만들어 주세요.

23  로얄아이싱을 코르네에 넣어서 파스티아쥬 꽃 가운데에 파이핑해 주세요.

Tip  파스티아쥬 장식은 1~2일 동안 건조시켜야 해요. 바짝 말린 후 케이크에 장식으로 사용하세요. 장식을 보관하려면 밀폐용기에 넣어서 냉장보관하세요.

Jelly Veil

# 젤리 베일

- 한천 가루 3g, 젤라틴 2g, 설탕 60g, 물 200g
- 오븐 시트팬, 초콜릿, 무지 전사 비닐 1~2장, 분당체, 냄비, 38×25cm 낮은 사각팬,
  20cm 무스링 또는 원하는 크기의 커터

## 만들기

1-3    낮은 사각팬은 젖은 천으로 닦아 주세요. 약간의 물기가 있는 상태에서 비닐을 깔고 다시 마른 천으로 눌러 닦
       아 바짝 밀착시켜 주세요.

       **Tip**  비닐은 약간 도톰해야 좋고, 팬에 바짝 밀착하여 붙여 놓아야 해요. 따뜻한 젤리 물을 부었을 때 열기에 쪼그
       라들면 안 되거든요. 무지 초콜릿 전사지는 젤리 베일을 만들 가장 적당한 두께를 가지고 있어요. 이 비닐 2장을 겹
       쳐 사용해도 괜찮아요. 팬에 그냥 물로 붙이는 대신 1% 젤라틴 녹인 물을 뿌리면 더욱 좋아요.

4-6    냄비에 물, 설탕, 한천 가루를 넣어 주세요. 불에 올려 끓어 오르기 시작하면 1~2분 동안 끓인 후 불에서 내려
       요. 60℃ 정도로 한 김 식으면 얼음물에 10~15분 동안 불린 젤라틴을 물기를 꼭 짜서 넣어 녹여 주세요. 그런
       뒤 꼼꼼하게 잘 섞어 주세요.

 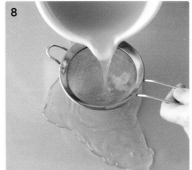 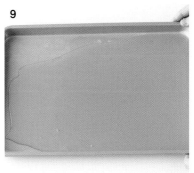

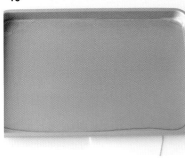

7 색소를 넣어 원하는 색을 만드는데 민트색에 노란색을 약간 섞어요. 지금 단계에서 색이 진해 보여야 베일이 완성되었을 때 색이 잘 표현돼요.

8-9 '3'이 40°~50℃ 정도 되었을 때 분당체에 거르면서 팬에 부어 주세요. 팬을 조금씩 기울여 펼쳐 주는데 두께는 2mm 정도가 좋아요.

10 젤리 두께가 일정하도록 도구를 이용해 바닥의 기울기를 잘 맞춰 주는 것이 좋아요. 처음에는 상온에서 완전히 굳혀 주세요.

> **Tip** 손으로 만져 보았을 때 탄력이 느껴지고 눌러도 움푹 들어가지 않을 때 냉장실에 넣어 두세요. 오래 굳힐수록 작업하기 좋아요.
> 젤리 물을 너무 뜨거울 때 부으면 비닐이 쪼그라들고 주름이 져요. 만일 그럴 때는 젤리 물을 얼른 따라 버리고 다시 데우세요. 그런 뒤 비닐을 다시 팬에 바짝 붙이세요. 하지만 약간의 주름이라면 그대로 진행해도 괜찮아요. 결과에 큰 영향은 없어요. 참고로 젤리 물이 40℃ 이하가 되면 한천이 빨리 굳어 버리기 때문에 젤리 물이 고르게 펴지지 않아요.

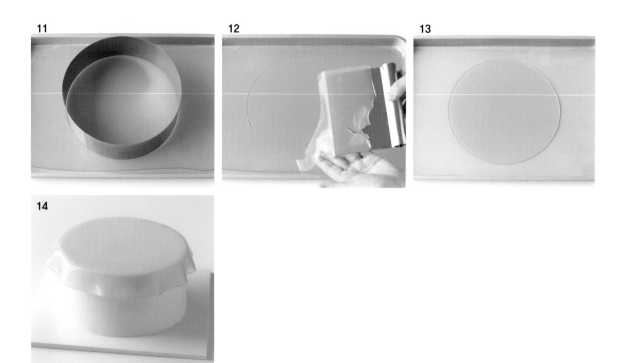

11-13   완전히 굳은 젤리를 원하는 모양의 커터로 찍어 냅니다. 그런 뒤 스크래퍼로 주변 젤리를 걷어 내 주세요. 크기
            가 커질수록 찢어질 위험이 있으니 조심해서 다뤄요.

14          완성한 젤리 베일을 용도에 따라 장식*합니다.   * p.422 '샤인 머스캣 케이크' 참고

Jelly Jewels 1

# 젤리 보석 1

- **파스티아쥬** : 가루 젤라틴 8g, 찬물 40g, 자몽즙 150g, 설탕 50g
  **로얄아이싱** : 가루 젤라틴 8g, 찬물 40g, 레몬즙 37g, 물 60g, 설탕 46g

  \* 레몬 젤리는 농축하는 과정만 제외하면 주어진 재료로 자몽 젤리와 같은 방법으로 만들어요.

- 보석 모양 실리콘 몰드

**만들기**

1     자몽즙을 중불에서 끓여 2/3가 될 때까지 졸여 주세요. 중간중간 거품은 걷어 내 주세요.

2–3     '1'에서 만들어진 자몽 농축액 95g에 가루 젤라틴을 찬물에 불린 후 전자레인지에 10초씩 돌려 녹인 것을 섞어 주세요.

4–5     '2'를 보석 모양 실리콘 몰드에 부어 주세요. 1구당 80% 정도만 채워 준 뒤 냉장고에 4시간 이상 넣어 완전히 굳혀 주세요.

6     장식 준비가 되었을 때 몰드에서 젤리 보석을 분리해서 사용하세요.

# 젤리 보석 2

• 가루 젤라틴 5g, 찬물 25g, 물 85g, 설탕 60g, 레몬즙 15g

• 12cm 정사각 유리용기

1　냄비에 물, 설탕, 레몬즙을 넣고 끓기 직전까지 데우고 설탕을 완전히 녹여 주세요.
　　* 분홍색 식용색소를 소량 사용했어요.

2　젤라틴을 찬물에 10분간 불린 후 데운 물에 넣어 완전히 녹여 주세요.*
　　* p.32 '젤라틴' 참고

　　Tip　콤포트 시럽이나 과일 주스를 사용할 때는 찬물 대신 젤라틴의 5배 양의 콤포트 시럽으로 젤라틴을 불려 주세요.

3　유리용기에 모두 붓고 냉장고에 넣어 완전히 굳혀 주세요.

4-6　굳은 젤리는 장식하기 전에 꺼내 원하는 크기로 잘라서 사용하세요.

## Glaze & Drip
# 글레이즈와 드립

# 초콜릿 글레이즈 1(다크 커버춰) Chocolate Glaze 1

- 젤라틴 6g, 물 40g, 설탕 100g, 물엿 100g, 생크림 66g, 다크 초콜릿 커버춰 100g
- 냄비, 심부 온도계, 핸드 블렌더, 주걱, 체

**만들기**

1   얼음물에 분량의 젤라틴을 넣어 10~15분간 불려 주세요.* ＊ p.32 '젤라틴' 참고

2-3  물, 설탕, 물엿을 냄비에 넣고 103°~105℃까지만 끓이세요. 너무 오래 끓이면 글레이즈 농도가 진해지니 주의 하세요. 시럽 온도를 잴 때는 심부 온도계를 사용하면 좋습니다.

4-6  다크 초콜릿과 생크림을 계량한 컵에 끓인 시럽을 부어 주고 불린 젤라틴의 물기를 꼭 짜서 넣어 주세요. 초콜릿이 부드러워질 때까지 잠시 놓아 두었다가 주걱으로 잘 섞어 초콜릿을 완전히 녹여 주세요.

7-9 초콜릿이 잘 녹는 것 같아 보여도 미세한 초콜릿 덩어리를 볼 수 있을 거예요. 그래서 핸드 블렌더를 이용해 한 번 더 유화시켜 줄 거예요.

10-11 유화가 잘 된 글레이즈를 체에 걸러 주세요. 있을 수 있는 기포와 덩어리를 제거합니다.
글레이즈 위에 랩을 밀착하여 덮어서 식혀 주세요. 30℃가 되면 케이크 위에 글레이즈하세요.

> **Tip** 랩을 밀착하여 덮는 이유는 식으면서 표면에 필름막이 생기는 것을 방지하고, 시간이 지나면서 위로 떠오른 기포를 잡아 주는 역할을 하기 때문이에요.
> 글레이즈는 하루 전에 만들어 두고 냉장실에 숙성시켜서 사용하면 글레이즈 질감이 더 좋아진다고 해요. 숙성한 글레이즈는 굳어 있을 거예요. 그러므로 사용할 때는 전자레인지에 15~20초씩 몇 차례 돌려 온도를 높여 주세요. 단, 재가열 시 글레이즈의 온도가 45℃가 넘지 않도록 해 주세요. 중간중간 조심스럽게 저어 주면서 온도의 평형을 맞추어 주고, 기포가 생기지 않도록 주의하세요.
> 사용할 때는 30℃까지 식혀서 사용합니다.
> 글레이징하는 방법은 p.492 '카카오닙스 초코 글레이즈 케이크'를 참고하세요.

> **More** 글레이즈를 유화할 때는 될 수 있으면 사진(A) 처럼 블렌더 날 주변이 많이 개방이 되어 있는 구조가 좋아요. 사진(B)의 블렌더처럼 컵 모양이거나 오목하게 들어가 개방감이 덜한 구조는 글레이즈 속에 날을 넣었을 때 기포가 많이 들어갈 수 있기 때문이에요. 그렇게 되면 블렌더 날이 기포까지 쪼개서 거품이 많이 생기게 돼요.

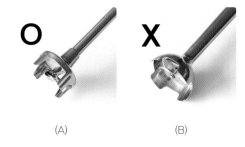

(A)                    (B)

# 초콜릿 글레이즈 2(코코아 가루) Chocolate Glaze 2

- 젤라틴 7g, 코코아 가루 46g, 설탕 88g, 물 88g, 물엿 24g, 생크림 68g
- 냄비, 심부 온도계, 핸드 블렌더, 주걱, 체

## 만들기

1-3 얼음물에 젤라틴을 넣고 10~15분간 불려 주세요.
그리고 코코아 가루와 설탕은 미리 섞어 두세요. 코코아 가루의 뭉침이 덜하게 돼요.

4-5 냄비에 물, 물엿, 생크림을 넣고 중불에서 데우기 시작합니다. 그리고 코코아 가루와 설탕 섞은 것을 넣어 주세요.

6-7     처음에는 거품기로 코코아 가루가 완전히 수분에 섞일 때까지 저어 주세요. 가루가 완전히 섞이면 주걱으로 끓을 때까지 냄비 바닥과 옆을 긁어 주면서 계속 저어 주세요.
잘 저어 주지 않으면 코코아 가루가 바닥에 붙어 탈 수 있으니 주의하세요.

8        끓어오르면 103°~105℃가 되었을 때 바로 불을 끄거나, 끓기 시작한 후 10초 후에 꺼 주세요. 글레이즈 농도가 진해질 수 있기 때문에 오래 끓이지 않아야 해요.

9-10    불에서 내린 글레이즈는 한 김 식힌 후 불린 젤라틴의 물기를 꼭 짠 뒤 넣어 주세요.
젤라틴이 녹으면서 고르게 섞이도록 꼼꼼히 저어 주세요.

11-12   고운 체에 한 번 걸러 주세요. 여전히 남아 있는 작은 코코아 가루 덩어리가 있을 거예요. 걸러 준 글레이즈는 랩을 씌우고 상온에서 식혀 주세요. 그리고 30℃에서 케이크 위에 글레이즈해 주세요.

# 화이트 초콜릿 글레이즈 White Chocolate Glaze

- 화이트 초콜릿 커버춰 75g, 젤라틴 6g, 물 38g, 물엿 75g, 설탕 75g, 연유 50g

- 냄비, 심부 온도계, 핸드 블렌더, 주걱, 체

**만들기**

1     얼음물에 분량의 젤라틴을 넣어 10~15분간 불려 주세요.*   * p.32 '젤라틴' 참고

2-3     물, 설탕, 물엿을 냄비에 넣고 103℃~105℃까지만 끓이세요. 너무 오래 끓이면 글레이즈 농도가 진해지니 주의
       하세요.

4-6 화이트 초콜릿과 생크림을 계량한 컵에 끓인 시럽을 부어 주세요.
불린 젤라틴의 물기를 꼭 짜서 넣고 초콜릿이 부드러워질 때까지 잠시 놓아 두세요.
주걱으로 잘 섞어 초콜릿을 완전히 녹여 주세요.

**Tip** 이 단계에서 화이트 또는 원하는 색 식용색소를 추가하세요.

7-9 핸드 블렌더를 이용해 한 번 더 유화시킨 후 글레이즈를 체에 걸러서, 남아 있는 기포와 덩어리를 제거해요. 글레이즈 위에 랩을 밀착하여 덮고 식혀 주세요. 34°~35℃가 될 때 케이크에 글레이즈하세요.

# 뉴트럴 글레이즈 Neutral Glaze

- 젤라틴 6g, 물 83g, 얼음물, 레몬즙 8g, 설탕 120g, 물엿 30g
- 냄비, 심부 온도계, 핸드 블렌더, 주걱, 체

만들기

| | |
|---|---|
| 1 | 얼음물에 젤라틴을 넣고 10~15분 동안 불려 주세요. |
| 2–4 | 냄비에 물, 레몬즙, 물엿, 설탕을 모두 넣고 끓이고 103℃~105℃일 때 불을 끄세요. |
| 5–6 | 불린 젤라틴을 넣고 완전히 녹인 후 주걱으로 골고루 섞어 주세요. |

7-8    체에 걸러 주세요. 그리고 28˚~29℃일 때 사용하세요.

# 캐러멜 글레이즈 Caramel Glaze

• 젤라틴 5g, 설탕 83g, 물 100g, 물엿 83g, 연유 55g, 화이트 초콜릿 83g

• 냄비, 핸드 블렌더, 주걱, 체

1

2

3

4

만들기

1   먼저 얼음물에 젤라틴을 담궈 10분 동안 불리고, 길이가 긴 컵에 연유와 화이트 초콜릿을 넣어 두세요. 그리고
    핸드 블렌더를 준비해요.

2-4 냄비에 설탕을 넣고 중불에서 서서히 가열하세요. 설탕 일부가 갈색으로 변하면서 서서히 녹기 시작하면 약불
    로 줄이세요. 작은 기포를 형성하면서 끓기 시작하고 갈색이 되면 바로 불에서 내려요.

    Tip 여기서는 캐러멜을 물 없이 가열하기 때문에 캐러멜화가 빨리 시작돼요. 불에서 내려도 계속 캐러멜화가 진행
    되기 때문에 너무 탄 갈색으로 변하기 전에 불을 끄는 타이밍을 세심하게 지켜 주세요.

5-7 　뜨거운 상태의 캐러멜에 60℃로 데운 물을 조금씩 부으면서 주걱으로 빠르게 저어 섞어 주세요.
　　　그리고 바로 물엿을 넣고 저어 준 후 다시 불에 올려 조금만(80℃ 정도) 다시 데워요.

8-10 　화이트 초콜릿과 연유를 섞어둔 컵에 캐러멜을 붓고 불린 젤라틴의 물기를 꼭 짜서 넣어 주세요.
　　　초콜릿이 부드러워질 때까지 잠시 놓아두었다가 주걱으로 잘 섞어 초콜릿을 완전히 녹여 주세요.

11-13 　핸드 블렌더를 이용해 한 번 더 유화시켜 주세요. 글레이즈를 체에 걸러준 후 랩을 밀착하여 덮어 식혀 주세요.
　　　22°～25℃가 될 때 케이크에 글레이즈하세요.

# 다크 초콜릿 가나슈 드립 Dark Chocolate Ganache Drip

재료 & 도구

- 다크 초콜릿 33g(깔리바우트 커버춰 57.9%), 생크림 30g
- 볼, 주걱

**만들기**

1  작은 볼에 다크 초콜릿을 넣고 뜨거운 생크림을 부어 줍니다(80℃). 초콜릿이 부드러워지면 주걱으로 매끄럽게 녹여 유화시켜 주세요.
   또는, 내열 그릇에 초콜릿과 생크림을 함께 계량해서 전자레인지로 10초씩 돌려 데워 주세요.

2  완전히 녹이고 계속 저어서 유화시켜 주세요.
   가나슈를 식혀서 34°~35℃가 되면 냉동실에 15분 넣어둔 차가운 케이크 위에 사용하세요.
   * p.486 '헤이즐넛 초코 주르륵 케이크'
   * p.506 '박하사탕 오레오 초코 케이크'

# 화이트 초콜릿 가나슈 드립 White Chocolate Ganache Drip

화이트 커버춰 초콜릿 20g(깔리바우트 커버춰 28%), 화이트 코팅 초콜릿 23g(깔리바우트 코팅 초콜릿), 생크림 22g,
화이트 식용색소(수성젤) 약간

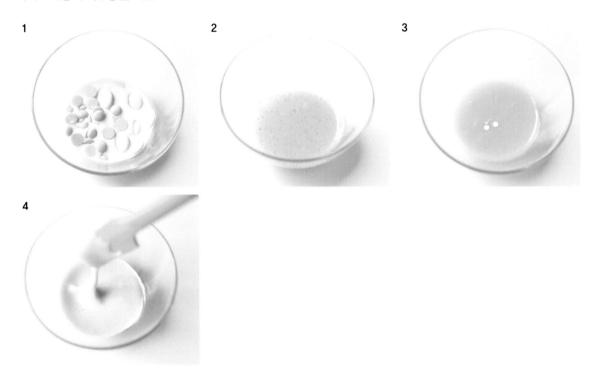

만들기

1-2     커버춰 초콜릿과 코팅 초콜릿에 뜨거운 생크림(80℃)을 부어 녹여 주세요. 초콜릿이 부드러워지면 주걱으로 매
        끄럽게 녹여 유화시켜 주세요.

         **Tip**   화이트 커버춰 초콜릿은 가나슈 상태에서도 매우 유동성이 있고 빨리 굳지 않아요.

3-4     화이트 초콜릿은 진한 아이보리색이 나기 때문에 화이트 색소를 5방울 정도 넣어주었어요. 색소 추가는 선택사
        항이에요. 잘 섞은 가나슈는 34~35℃가 되면 사용해요. (사용 예시 : p.452 '자몽 얼그레이 케이크')

         **More**   드립할 온도(34°~35℃)일 때 가나슈를 주걱으로 떠 보면 묵직한 느낌이에요. 하지만 흘려 보면 주르륵 흘러
         내릴 거예요.
         드립할 케이크는 냉동실에 15분간 넣어 두었다가 꺼내서 드립을 하세요. 냉동실에 있었지만 상온에 나오면 표면 온
         도가 0°~5℃ 정도가 된답니다.
         화이트 초콜릿 가나슈 드립은 온도와 텍스쳐를 매우 세심하게 맞추어야 해요.
         다크 초콜릿 가나슈와 달리 드립을 마친 후에도 일정 시간 계속 천천히 흐를 거예요.
         드립을 한 후 바로 냉장고에 넣어서 안정되게 해 주세요.

# Joconde
## Cakery

# 5

조꽁드
케이크

Joconde's
Cake

# Strawberry Short Cake

저에게 케이크라고 이야기 하면 머릿속에 떠오르는 이미지는 바로 딸기 쇼트 케이크입니다. 처음 '케이크를 만들어 봐야지' 하면서 만들었던 케이크도 아마 이 케이크였던 것 같아요.

딸기 쇼트 케이크는 마치 동화 속에 나올 법한 귀여운 케이크예요. 그 안에서 풍기는 딸기의 상큼함과 생크림의 고소한 맛과 풍미, 부드러움이 합쳐져서 완벽한 하모니를 이루고 있죠. 흰색의 생크림과 붉은 딸기의 색감이 어우러져서 눈에도, 입에도 즐거움을 선사해요.

딸기 쇼트 케이크는 그렇게 당신의 모든 감각을 만족시키면서 행복한 시간을 선사해 주는 케이크가 될 것입니다.

냉장보관(3일)

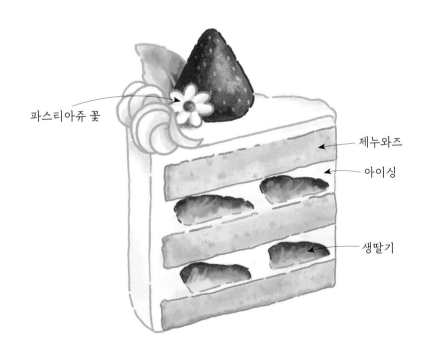

파스티아쥬 꽃

제누와즈

아이싱

생딸기

**| 시트**

기본 제누와즈(지름 15cm)*1

**| 마스카포네 생크림**

생크림 370g, 마스카포네 치즈 54g, 설탕 34g,
바닐라 익스트랙 6g

**| 샌딩 과일**

딸기 적당량

**| 파이핑 생크림**

생크림 80g, 설탕 7g

**| 시럽**

물 60g, 설탕 20g, 키르쉬(체리 리큐르) 6g

**| 데코레이션**

딸기 적당량(1개당 무게 18~20g),
파스티아쥬 꽃*2, 민트잎

**| 도구**

15cm 원형팬, 핸드믹서, 스패츌러, 실리콘 주걱, 믹싱볼,
얼음볼, 케이크 돌림판, 윌튼 1M 깍지, 저울

*1 p.50 기본 제누와즈

*2 p.327 파스티아쥬 꽃

1    휘핑볼에 마스카포네 생크림 재료 중 생크림만 계량하여 냉동실에 약 35~40분 동안 넣어 두어 테두리에 살얼음이 얇게 생기도록 하세요.

2    딸기를 1cm 두께로 자른 후, 딸기에 키친타월을 덮어서 수분을 닦아 주고 사용할 때까지 냉장실에 넣어 두세요.

3    냄비에 시럽 재료 중 물과 설탕을 넣어 끓인 후, 한김 식으면 키르쉬를 넣고 완전히 식혀 주세요.

4    제누와즈 시트를 1.5cm 두께로 슬라이스 하여 3장 준비하세요.

5    파스티아쥬 꽃을 만들어 준비하세요.

6    생크림 파이핑을 위해 윌튼 1M 깍지를 짤주머니에 끼워 준비해 둡니다.

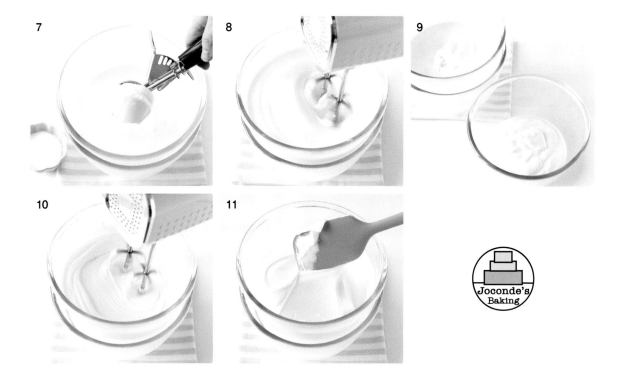

<sup>+</sup> p.232 '휘핑하기' 참고

## 마스카포네 생크림

7  휘핑볼 아래에 얼음볼을 받치고 마스카포네 치즈와 설탕, 바닐라 익스트랙을 넣어 주세요.

8  핸드믹서 중속으로 휘핑해 주세요. 약 60%까지만 휘핑<sup>+</sup>하세요.  <sup>+</sup> p.232 '휘핑하기' 참고

9  휘핑한 크림 중 아이싱용으로 150g만 덜어서 랩을 씌워 냉장실에 넣어 두세요.

10-11 나머지 크림은 계속 휘핑해서 샌딩용으로 95%까지 휘핑하세요.

12    시트 한장을 돌림판에 올리고 시럽을 적셔 주세요.

13-14  각 단에 약 115g 정도의 생크림을 올리면 적당해요. 우선 35g 정도만 먼저 올리고 펴 발라 주세요.

15    딸기를 케이크 테두리 끝에서 안쪽으로 1cm 정도 들어간 위치부터 놓고 중앙은 조금 비워 두세요.

16-17  딸기 위에 생크림 80g 정도 올리고 딸기가 다 덮히도록 펴 발라 주세요. 윗면과 옆면을 깔끔하게 다듬어 주세요.

18    두 번째 시트를 올리고 시럽을 바른 후 앞서 1단과 같은 방법으로 완성해 주세요.

19-20  세 번째 시트를 올리고 시럽을 바른 뒤 나머지 크림을 모두 올려 애벌 아이싱을 해 주세요.
       그런 뒤 냉장고에 넣어 차게 해 주세요.

21-22 아이싱용으로 덜어 두었던 생크림을 85%까지 휘핑한 후 마무리 아이싱을 해 주세요.

23 파이핑용 생크림을 85%까지 휘핑 한 후, 윌튼 1M 깍지를 끼운 짤주머니에 담아 주세요. 케이크 위에 **?**(물음표) 모양으로 짜 주세요.

24 그 다음은 앞에서 짠 생크림의 꼬리 부분에 붙여서 반대 방향으로 **ʕ**(물음표 반전) 모양을 짜 주세요.

25 돌림판을 서서히 돌리면서 반복하여 케이크 둘레에 모두 짜 주세요.

26 완성한 케이크 위에 딸기, 파스티아쥬 꽃 그리고 민트잎으로 장식해 주세요.

## Fraisier Cake

# 프레지에 케이크

# Fraisier Cake

프레지에 케이크를 보면 어떤 느낌이세요? 전 완벽한 봄의 교향곡이 떠오릅니다.

부드러운 필링과 생크림, 딸기의 완벽한 조화 위에 색다른 핑크빛 마지팬, 거기에 왕관 위 보석처럼 자리 잡은 붉은 딸기. 자연의 완벽함을 담은 모든 재료들은 생동감 넘치는 달콤함을 선사하며, 그 아래 케이크의 부드러운 맛과 조화를 이룹니다. 맞죠? 완벽한 봄의 교향곡!! 그래서 이 프레지에 케이크는 특별한 날에 특별한 사람과 특별한 시간을 보낼 때 추천하고 싶은 조꽁드 레시피입니다.

봄의 한가운데 꽃이 만발한 정원을 연상시키는 이 달콤한 작품을 여러분과 함께하고 싶어요.

🎯 ★ ★ ☆

🍽 냉장보관(3일)

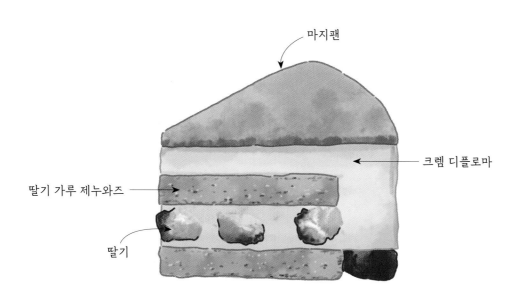

마지팬

크렘 디플로마

딸기 가루 제누와즈

딸기

## ┃ 시트

딸기 가루 제누와즈(지름 15cm)*1

## ┃ 크림

크렘 파티시에*2
달걀노른자 40g, 설탕 49g, 박력분 18g, 우유 182g,
바닐라빈 2/3개

크렘 디플로마*3
크렘 파티시에 전량, 버터 18g, 젤라틴 4g,
생크림 140g, 설탕 11g

## ┃ 시럽

물 60g, 설탕 20g, 키르쉬(체리 리큐르) 6g

## ┃ 데코레이션

마지팬 커버링
마지팬*4 100g, 핑크 식용색소,
딸기 적당량(1개당 18~20g)

## ┃ 도구

15×5cm 무스링, 12cm 무스링, 손거품기, 시럽붓,
L자 스패츌러, 짤주머니, 실리콘 주걱, 믹싱볼

*1 p.81 제누와즈 공립법 / 딸기 가루 제누와즈

*2 p.211 크렘 파티시에

*3 p.215 크렘 디플로마

*4 p.311 슈가파우더 마지팬 / 마지팬 커버링

1 마지팬에 색소를 섞어 반죽한 후, 얇게 밀어 펴고 비닐을 덮어 냉장고에 넣어 두세요.

> **Tip** 마지팬을 밀어 편 후, 시간이 지나면 약간 수축이 일어나요. 그래서 처음엔 밀어 편 상태에서 수축이 다 될 때
> 까지 냉장고에 넣어 두었다가, 장식하기 전에 원하는 크기로 잘라 쓰세요.

2 레시피에 제시된 양의 재료로 크렘 파티시에을 만들고 크렘 디플로마*까지 만들어 두세요.
  * 이 케이크에 필요한 크렘 디플로마의 양은 약 420g 정도입니다.

3 냄비에 시럽 재료 중 물과 설탕을 넣어 끓인 후, 한김 식으면 키르쉬를 넣어 시럽을 만들어 주세요.

4 프레지에 옆면에 둘러 줄 딸기는 세로로 반을 잘라 주고, 필링용 딸기는 1~2cm 크기로 깍뚝 썰어 주세요.

5-6 딸기 가루 제누와즈 시트를 1.5cm 두께로 슬라이스하여 2장을 준비하고, 12cm 무스링으로 시트의 테두리를
    잘라 주세요.

7-8　　케이크 받침 위에 무스링을 올리고, 반으로 자른 딸기를 무스링 벽에 바짝 붙여 가면서 둘러 주세요.
　　　　바닥 가운데에 제누와즈 시트 한 장을 깔고 시럽을 발라 주세요.

9-10　 짤주머니에 크렘 디플로마을 넣고 딸기 사이사이에 크림을 꼼꼼하게 짜 넣고, 시트 위에도 크림을 돌려 가며 짜
　　　　주세요.

11-12　딸기 사이에 빈공간이 생기지 않도록 주걱으로 크림을 눌러 가며 꼼꼼히 채워 주세요.
　　　　그 위에 깍뚝 썬 딸기를 올리고 평평하게 정리해 주세요.

13-14　딸기를 덮을 만큼만 크림을 채우고, L자 스패출러로 윗면을 평평하게 다듬어 주세요.

15　　　두 번째 시트를 가운데에 올리고 손으로 가볍게 눌러 주세요.

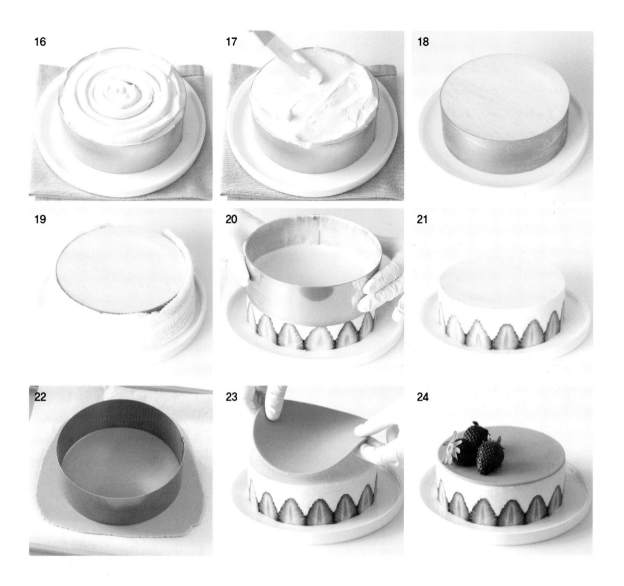

**16-18** 나머지 크림을 모두 짜 올린 후 스패출러로 윗면을 평평하게 다듬어 주세요.
       크림이 굳을 때까지 최소 6시간에서 하룻 밤 냉장고에 넣어 두세요.

**19-21** 잘 굳은 케이크를 꺼내 스팀 타월로 무스링 옆을 돌아가면서 잠시 동안 감싸 주세요.
       무스링을 위로 천천히 들어올려 케이크에서 분리하세요.

**22**   냉장고에 넣어 두어 차가운 상태의 마지팬을 꺼내 지름 15cm 무스링으로 잘라내 주세요.

**23-24** 케이크 위에 마지팬을 올린 후, 딸기로 데코하여 마무리 합니다.

Mugwort Tiramisu

# 쑥 티라미수

# Mugwort Tiramisu

티라미수는 '기운이 나게 하다' 혹은 '기분이 좋아지다'라는 뜻을 가지고 있다고 해요. 저도 여기서 쑥 티라미수를 소개했지만 보통의 티라미수 하면 코코아 가루가 올라간 것을 떠올리기 쉽죠. 그래서 전 색다르게 쑥 가루가 올라간 티라미수를 소개해 볼까 해요. 쑥의 고요하고 신선한 향기는 입안 가득 풍성한 자연의 맛을 선사하죠. 이는 마치 고요한 숲속에서 느껴지는 신선함을 도시의 카페에서 맡을 수 있는 특혜처럼 느껴져요. 과장이 아니랍니다. 한번 시도해 보세요. 선물용으로도 그만이에요!

냉장보관(3일)

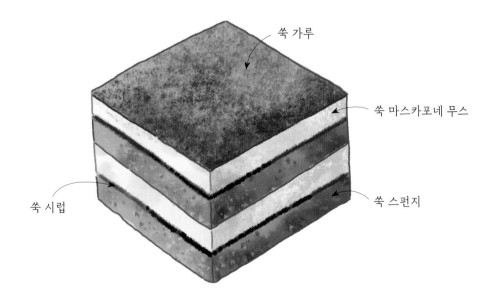

쑥 가루

쑥 마스카포네 무스

쑥 스펀지

쑥 시럽

**ㅣ시트**

정사각 쑥 스펀지*1

(15×15cm)

**ㅣ크림**

파타 봄브*2

달걀노른자 23g, 물 13g, 설탕 16g, 젤라틴 2.5g

쑥 마스카포네 무스

마스카포네 치즈 105g, 슈가파우더 9g,

파타 봄브 크림 전량,

동물성 생크림 150g, 쑥 가루 2.5g,

식물성 생크림 8g(선택사항)

**ㅣ시럽-쑥 시럽**

물 80g, 설탕 23g, 쑥 가루 6g

**ㅣ데코레이션**

쑥 가루 적당량, 데코 스노우 적당량

**ㅣ도구**

16.5cm 정사각 팬, 15cm 정사각 무스링, 믹싱볼,

핸드믹서, 실리콘 주걱, 손거품기, 시럽붓,

L자 스패출러, 분당체

*1 p.113 별립법 스펀지 / 쑥 스펀지

*2 p.224 파타 봄브 / 중탕 메소드

## 미리 할 일

1   냄비에 쑥 시럽 재료를 넣고 끓인 후 식혀 두세요.

2   15cm 정사각 쑥 스펀지를 1.5cm 두께로 슬라이스 하여 2장을 준비해요.

3   레시피에 제시된 양의 재료로 파타 봄브 크림을 만들어 주세요. * p.224 '파타 봄브/중탕 메소드' 참고

   Tip 파타 봄브 크림이 소량만 필요하므로 중탕 메소드로 만들어요.

## 쑥 마스카포네 무스

**4-5**    너무 차갑지 않은 마스카포네 치즈에 슈가파우더를 넣고 섞어 부드럽게 풀어 주세요.

**6-7**    '5'에 미지근한(약 36℃) 파타 봄브 크림을 넣어 잘 섞어 주세요.

**8-9**    생크림에 쑥 가루를 넣고 50% 정도만 휘핑해요.   * p.232 '휘핑하기' 참고

**10-12**    '7'에 휘핑한 생크림을 두 번에 나누어 넣고 섞은 후, 바닐라 익스트랙을 넣고 잘 섞어 마무리 해요.

> **Tip**  마스카포네 치즈에 생크림을 섞으면 간혹 분리현상이 생길 수 있어요. 그때는 식물성 생크림을 8g 정도 넣고 섞어 주면 회복이 됩니다.

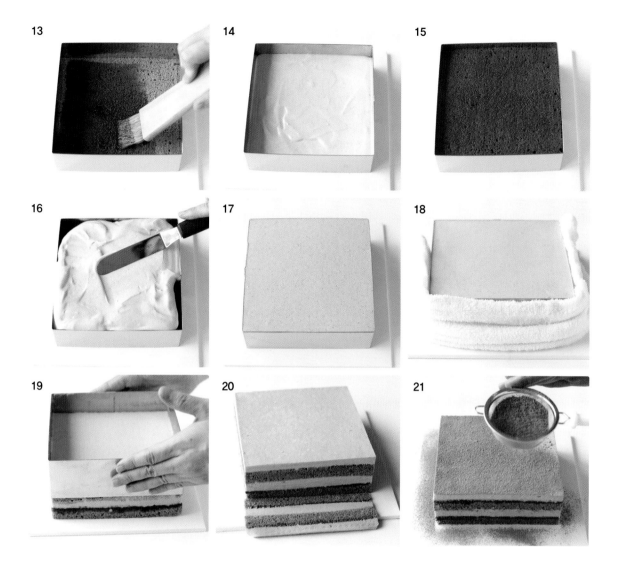

13-14  정사각 무스링에 시트 1장을 깔고 쑥 시럽의 1/2을 붓으로 적셔 주세요.
       쑥 마스카포네 무스크림의 1/2을 붓고 L자 스패츌러로 윗면을 평평하게 다듬어 주세요.

15-16  두 번째 시트를 올리고 남은 시럽을 모두 적셔 주세요.
       남은 크림을 올린 후 스패츌러로 윗면을 평평하게 정리해 주세요.

17     완성 후 냉동실에 넣어 6시간 동안 굳힌 후 냉장실로 옮겨 하룻밤 놓아 두세요.

18-19  스팀 타월로 무스링 주변을 감싸 주어 크림을 부드럽게 만든 후, 조심스럽게 무스링을 들어 올려 제거해 줍니다.

20-21  데운 칼로 케이크 주변을 깔끔하게 잘라 내고, 데코 스노우와 쑥 가루를 섞어서 분당체를 이용해 케이크 위에
       골고루 뿌려서 완성합니다.

Raspberry Matcha Cake

# 라즈베리 말차 케이크

# Raspberry Matcha Cake

조꽁드의 라즈베리 생크림 케이크에는 새콤달콤한 라즈베리 잼과 함께 고소한 크럼블을 레이어드했어요. 라즈베리 잼만 넣으면 너무 달아서 먹다 보면 물릴 수 있죠. 그래서 크럼블이 씹히면 지루하지 않은 맛을 느낄 수 있을 것 같아 함께 넣어 봤는데 역시 많이 달지 않고 정말 맛있었어요.

케이크 시트도 깔끔한 녹차 향이 매력적인 말차 시트로 만들어 보니 달콤, 새콤, 고소, 깔끔…. 이렇게 보기만 하지 마시고 직접 만들어 보세요. 이 글을 쓰면서도 그 향이 코끝을 맴도는 것 같아요. 마무리로 초콜릿 벨트 장식까지 해 주면 고급스런 선물로도 완벽하죠. 제 친구는 영원히 간직하고 싶다며 사진도 여러 장 남겼다는 후문이 있답니다.

★ ★ ★

냉장보관(3일)

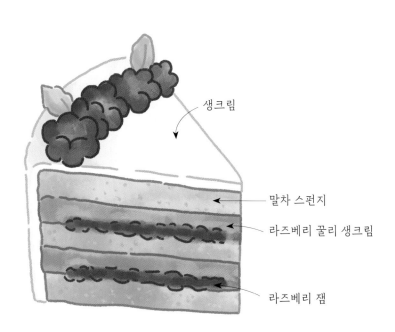

생크림

말차 스펀지

라즈베리 꿀리 생크림

라즈베리 잼

| 시트 |
말차 스펀지*1
(지름 15cm)

| 크림
라즈베리 꿀리 생크림*2
라즈베리 꿀리*3 44g, 생크림 162g,
생크림(식물성) 13g, 슈가파우더 6g

기본 생크림
생크림 75g, 설탕 6g

| 시럽
물 60g, 설탕 20g, 키르쉬 6g

| 필링
라즈베리 잼 95g(시판 제품)

| 데코레이션
초콜릿 벨트*4, 산딸기, 자스민 잎 필요량

| 도구
케이크 돌림판, 케이크 받침, 핸드믹서, 스패출러,
짤주머니, 805번 원형깍지, 지름 12cm 무스링

*1 p.98 별립법 스펀지 / 말차 스펀지

*2 p.248 라즈베리 꿀리 생크림

*3 p.195 라즈베리 꿀리

*4 p.289 초콜릿 벨트

1   하루 전날 초콜릿 벨트를 만들어 준비해요.

2   하루 전날 라즈베리 꿀리를 만들어 주세요.

3   하루 전날 라즈베리 생크림 재료 중 슈가파우더를 제외하고 라즈베리 꿀리 생크림을 만들어 냉장고에 넣어 12
    시간 숙성시켜 주세요. 휘핑 전에 약 35~40분 동안 냉동실에 넣어 두어 테두리에 살얼음이 얇게 생기도록 하
    세요.

4   냄비에 시럽 재료 중 물과 설탕을 넣어 끓인 후, 한김 식으면 키르쉬를 넣어 시럽을 만들어 주세요.

5-6 말차 스펀지를 두께 1.5cm로 슬라이스하여 3장 준비하고, 지름 12cm 크기로 잘라내 주세요.

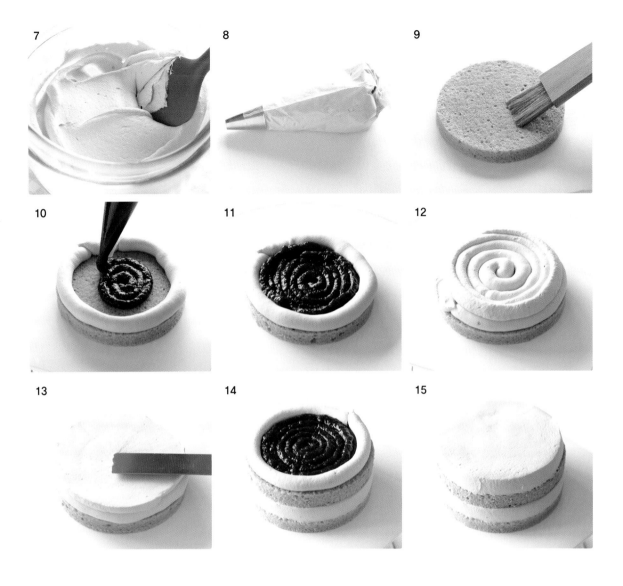

## 라즈베리 꿀리 생크림

7    냉동실에 넣어 두어 차가운 라즈베리 꿀리 생크림에 슈가파우더를 넣고 95%까지 휘핑* 해 주세요.

       * p.232 '휘핑하기' 참고

8    805호 원형깍지를 끼운 짤주머니에 담아서 준비하세요.

## 아이싱 & 데코레이션

9    케이크 돌림판에 말차 스펀지 시트 1장을 놓고 시럽을 적셔 주세요.

10-12   휘핑한 라즈베리 꿀리 생크림을 댐처럼 둘러 짠 후, 라즈베리 잼을 시트 가운데에 필링하세요.
        라즈베리 잼 위에 다시 크림을 돌려 짜서 완전히 덮어 주세요.

        * 한 단에 라즈베리 잼 47g, 라즈베리 꿀리 생크림 90g 정도가 필요해요.

13    덮은 크림을 평평하게 발라 주고, 옆면 크림도 매끄럽게 정리합니다.

14-15   두 번째 시트를 올리고 시럽을 적신 후, 1단과 같은 방법으로 2단을 완성해요.

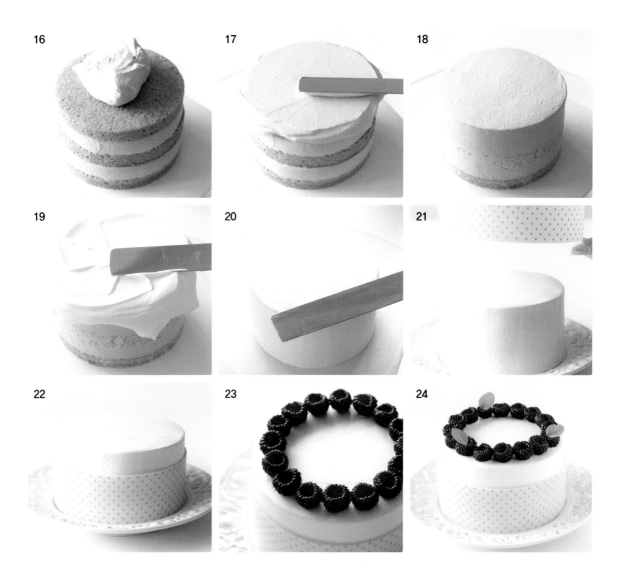

**16-18** 세 번째 시트를 올리고 시럽을 적신 후 남은 크림을 모두 올려 애벌 아이싱을 하세요. 애벌 아이싱을 마치면 냉장고에 10~15분 정도 넣어서 차게 하세요.

**19-20** 기본 생크림을 85% 정도 휘핑하여 마무리 아이싱을 해 주세요. 아이싱이 끝난 케이크는 데코하기 전 냉장실에 잠시 넣어 두세요.

**21-24** 초콜릿 벨트를 케이크에 둘러 주고, 라즈베리와 자스민 잎으로 장식해요.

> **Tip** 초콜릿 벨트의 오픈된 부분 가까이를 조심스럽게 잡고 케이크 크기보다 약간만 크게 벌려 주세요. 그런 뒤 위에서 씌우듯이 케이크에 둘러 주세요. 초콜릿 벨트는 유연하기 때문에 쉽게 부러지지는 않지만 조심스럽게 다뤄 주세요.

# Apricot Pistachio Cake

케이크 이름은 보통 사용하는 재료나 케이크 종류 등으로 만들게 되죠, 보통은요. 그래서 이 케이크 이름도 살구 피스타치오 케이크 인데요, 사진을 보시면 그렇게 부르기엔 아쉬울 만큼 '제 생각엔' 너무 예쁘고 귀여워서 자랑하고픈 그런 친구입니다. 살포시 올라 간 살구 커드 젤리와 크림이 보드라운 달걀프라이를 떠올리게 하 는데요.

살구 피스타치오 케이크는 잘라 보면 달콤한 살구 콤포트와 부드 러운 생크림이 고소한 피스타치오 시트와 어우러져 반전 매력까지 가득한 그런 케이크예요!!

따스한 봄날 티파티에 좋은 사람들과 함께할 때 좋은 그런 케이크 로, 따스한 햇살과 너무나도 닮아 있는 '달걀프라이' 케이크…가 아 닌 살구 피스타치오 케이크였습니다.

냉장보관(3일)

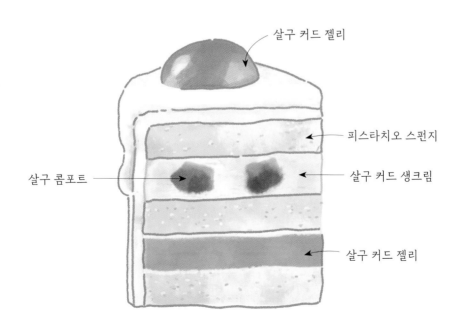

살구 커드 젤리

피스타치오 스펀지

살구 콤포트

살구 커드 생크림

살구 커드 젤리

## I 시트

피스타치오 스펀지*1
(지름 12cm)

## I 필링

살구 커드 젤리

살구 커드 220g, 젤라틴 2g,
살구 콤포트*2 적당량

## I 크림

살구 커드 생크림

생크림 235g, 살구 커드*3 55g, 슈가파우더 25g,
주황색 식용색소 약간

## I 시럽

살구 콤포트 시럽 70g

## I 생크림 드립

동물성 생크림 15g, 동물성 휘핑크림 6g, 설탕 2g

## I 데코레이션

모델링 초콜릿 꽃*4

## I 도구

지름 12cm 무스링, 실리콘 반구 몰드(1구 3cm),
쿠킹 랩, 믹싱볼, 붓, 실리콘 주걱, 핸드믹서, 스패츌러,
직각 스크래퍼, 케이크 돌림판

*1 p.113 별립법 스펀지 / 피스타치오 스펀지

*2 p.170 살구 콤포트

*3 p.190 살구 커드

*4 p.296 모델링 초콜릿 꽃

1-2     하루 전날 살구 커드와 살구 콤포트를 만들어 두세요.

3-4     키친 타월로 살구 콤포트 수분을 제거하고, 살구 콤포트의 시럽을 덜어 두세요.

5-6     살구 커드 생크림 재료 중 슈가파우더를 제외한 생크림과 살구 커드를 잘 섞어 주세요. 랩을 씌워 냉동실에 30~40분간 넣어 두어 살얼음이 얇게 생기도록 하세요.

7     피스타치오 스펀지를 1.5cm 두께로 슬라이스 한 후, 지름 12cm 크기로 잘라 놓으세요.

8     모델링 초콜릿 꽃을 만들어 준비합니다.

## 살구 커드 젤리

9-10   50℃ 정도로 따뜻하게 데운 살구 커드에 불린 젤라틴*을 넣어 잘 녹여 주세요.  * p.32 '젤라틴 불리기' 참고

11      지름 12cm 무스링 한 쪽에만 랩을 씌워 주세요.

12      '10'의 살구 커드 중 170g을 무스링에 붓고 냉장실에서 하룻밤을 굳혀 주세요

13      나머지 커드는 실리콘 반구 몰드에 부어서 냉동실에서 얼려 주세요.

## 살구 커드 생크림

14      냉동실에 넣어 둔 살구 생크림의 테두리에 살얼음이 생기면 꺼내어 슈가파우더를 넣고 60%까지 휘핑*해요.
        * p.233 '휘핑하기' 참고

15      마무리 아이싱용으로 120g만 덜어 내고 랩을 씌워 사용 전까지 냉장실에 보관해요.

16      나머지 생크림은 샌딩용으로 95%까지 휘핑*하세요.  * p.236 '휘핑하기' 참고

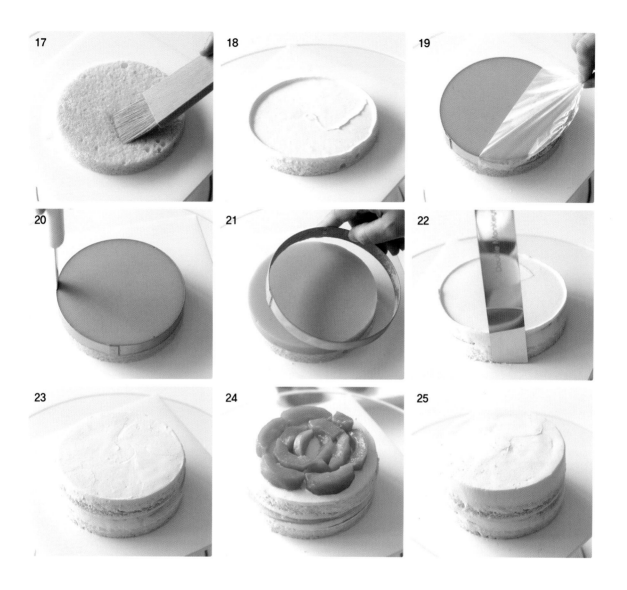

17-18 피스타치오 스펀지 시트 1장을 돌림판에 올리고 살구 콤포트 시럽을 적신 후, 휘핑한 살구 생크림의 약 20g 정도만 발라 주세요.

19 살구 커드 젤리의 랩 씌운 바닥이 위로 가게 뒤집어 크림 위에 올리고 랩을 떼어 주세요.

20-21 작은 나이프로 커드 젤리를 분리한 후, 무스링을 조심스럽게 위로 들어 올려 빼 주세요.

22 여기에 다시 약 20g 정도의 살구 크림을 올리고 젤리를 감싼다는 생각으로 발라 주세요.

23 그다음 두 번째 시트를 올린 뒤 시럽을 바르고 약 40g의 생크림을 올려 발라 주세요.

24 콤포트를 약 2cm 두께로 잘라 시트 끝에서 1cm 안쪽으로 올리고 중앙은 비워 두세요.

25 약 60g의 살구 생크림으로 살구 콤포트를 덮은 후 깔끔하게 아이싱해 주세요.

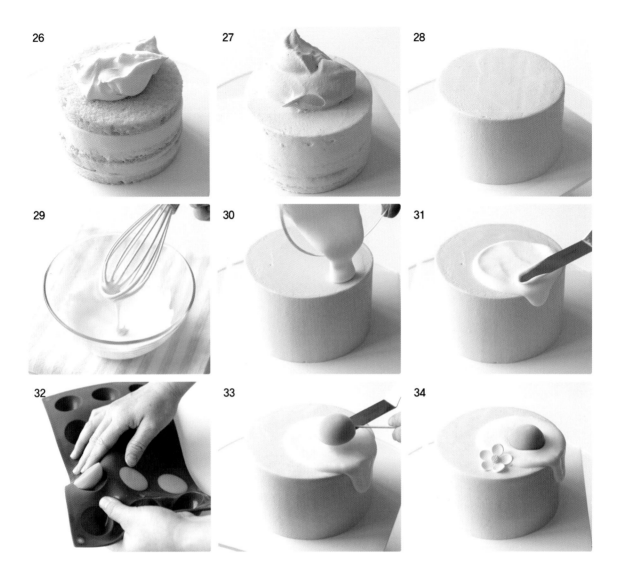

26 세 번째 시트를 올려 시럽을 적시고, 남은 생크림을 모두 올려 애벌 아이싱을 하세요. 그리고 냉장실에 10~15 분 넣어 두어 차게 유지합니다.

27-28 아이싱용으로 덜어 두었던 120g의 크림에 주황색 식용색소를 추가해 85%까지 휘핑한 후, 마무리 아이싱을 해 주세요.

29 작은 볼에 차갑게 준비한 드립용 생크림과 설탕을 모두 넣고 저속에서 휘핑하세요. 생크림이 50% 휘핑되어 부피감이 생기기 시작하면 작은 손거품기로 바꾸어 휘핑해요. 생크림을 떠서 흘려 보았을 때 점도 있게 떨어지고 크림 위에 쌓였다가 천천히 사라지는 약간 묵직한 농도로 맞춰 주세요.

30-31 케이크의 모서리 가까운 곳에 크림을 모두 부어 준 후, L자 스패츌러로 크림을 평평하게 펼치면서 케이크 모서리 아래로 밀어내리세요. 달걀흰자가 약간 흘러내리는 모습처럼 만들어 주세요.

32-33 얼려 둔 반구 모양 살구 젤리를 스패츌러 끝에 올리고 케이크 위로 가져가요. 가는 꼬치로 젤리 아랫부분을 살며시 밀어내 케이크에 올려 줍니다.

34 모델링 초콜릿 꽃을 올려 장식해 주세요.

# Redcurrant Crumble Cake
## 레드커런트 크럼블 케이크

# Redcurrant
# Crumble Cake

레드커런트는 달콤, 새콤의 대명사죠. 거기에 바삭바삭한 크럼블이 토핑으로 올라간 케이크라면 상큼하고 달콤한 맛과 고소함이 독특하게 어우러진 색다른 즐거움을 느낄 수 있겠죠. 이 케이크의 핵심 재료로 쓰이는 레드커런트는 비타민 C와 항산화물질이 많이 포함되어 있어서 아름다운 여성을 위한 선물로도 제격입니다.

전 오랜만에 친구 생일을 축하하기 위한 자리에 이 케이크를 들고 간 적이 있어요. "예쁘기도 하지만 피부에도 꿀~" 이렇게 얘기해 주니까 그 자리에 있던 친구들이 모두들 "나도 선물해 줘~"란 요청이 쇄도했던 케이크입니다. 예쁜데 몸에도 좋은 레드커런트 크럼블 케이크 자랑이었습니다~!!

★ ★ ☆

냉장보관(3일)

레드커런트

레드커런트 생크림

마스카포네 생크림

크럼블

레드커런트 꿀리

| 시트

아몬드 제누와즈*1
(지름 15cm)

| 필링

레드커런트 꿀리*2 120g

| 크림

레드커런트 꿀리 생크림*3
레드커런트 꿀리 30g, 생크림 110g, 슈가파우더10g

마스카포네 생크림
생크림 210g, 마스카포네 치즈 31g, 설탕 19g

| 크럼블

박력분 53g, 설탕 21g, 소금 1g, 차가운 버터 30g

| 시럽

물 60g, 설탕 20g

| 생크림 파이핑

생크림 60g, 설탕 5g

| 데코레이션

파스티아쥬 꽃*4, 냉동 레드커런트 송이, 자스민 허브잎

| 도구

15cm 원형팬, 저울, 믹싱볼, 브러시, 실리콘 주걱,
핸드믹서, 스패츌러, 반죽 스크래퍼, 케이크 돌림판,
806번 원형깍지, 867K번 상투깍지, 짤주머니

*1 p.80 아몬드 제누와즈

*2 p.199 레드커런트 꿀리

*3 p.251 레드커런트 생크림

*4 p.327 파스티아쥬 꽃

1    하루 전날 레드커런트 꿀리를 만들어 두세요.

2    레드커런트 꿀리 생크림 재료 중 슈가파우더를 제외하고 생크림과 레드커런트 꿀리를 잘 섞은 후 사용 전까지
     냉장실에 넣어 두세요.

3    아몬드 제누와즈를 1.5cm 두께로 3장 준비해요.

4    시럽 재료를 끓인 후, 식혀 주세요.

5    파스티아쥬 꽃을 만들어 주세요.

6    생크림 파이핑을 위해 806번 원형깍지, 869K 상투깍지를 짤주머니에 끼워 준비해 둡니다.

     **More**  레드커런트는 자체에 펙틴이 매우 풍부하여 생크림과 섞어서 냉장실에 잠시 넣어 두는 것만으로도 매우 안
     정적인 휘핑을 할 수 있어요. 휘핑을 한 생크림은 꽤 묵직해진답니다.
     레드커런트의 색 때문에 생크림은 예쁜 핑크빛이 나요. 그렇지만 저는 여기에 약간의 핑크색 식용색소를 추가했습
     니다.

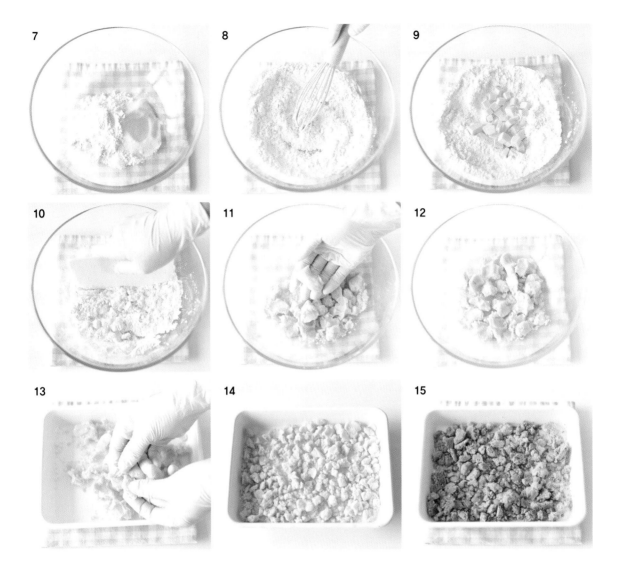

7-8    넓은 볼에 박력분, 설탕, 소금을 넣고 섞어 주세요.

9    작은 큐브 모양으로 썬 차가운 버터를 넣고 밀가루와 버무려 주세요.

10    반죽용 스크래퍼로 밀가루와 버무려진 버터를 아주 잘게 쪼개 주세요.

11-12  버터 덩어리가 굵은 모래 알갱이 정도 되었을 때 손으로 조금씩 잡고 꼭꼭 쥐어서 작은 덩어리를 만들어 주세요. 그리고 냉장고에 넣어 차게 굳혀 주세요.

13-14  차게 굳은 크럼블을 8~10mm 정도 크기로 잘게 쪼개 주세요.

15    170℃로 예열한 오븐에서 9~10분 구워 주세요. 그리고 완전히 식혀 주세요.

## 마스카포네 생크림

16-17 차가운 생크림에 마스카포네 치즈와 설탕을 넣고 될 수 있으면 중저속으로 휘핑해 주세요.

18    샌딩용으로 95%까지 휘핑해 주세요. 휘핑한 크림은 806번 원형깍지를 끼운 짤주머니에 담아 주세요.

## 아이싱 & 데코레이션

19-20 돌림판에 시트 1장을 올리고 시럽을 바른 후, 마스카포네 생크림을 댐처럼 둘러 짜 주세요.

21    가운데에 레드커런트 꿀리*를 채워 주세요.  * 한 단에 약 50~60g의 꿀리가 필요해요.

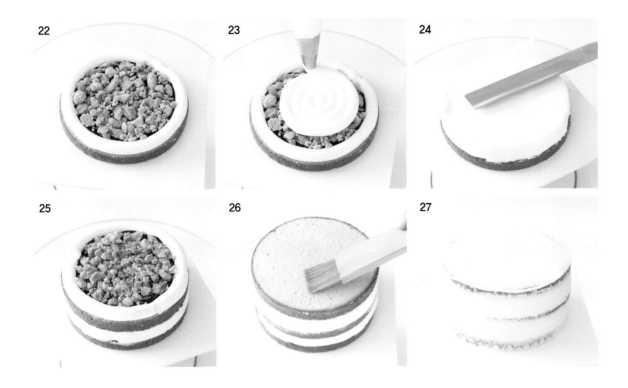

22 꿀리 위에 구워 둔 크럼블의 1/2을 올려 평평하게 펼쳐 주세요.

23 그 위에 마스카포네 생크림*을 둘러 짜서 덮어 주세요.
   * 한 단에 생크림은 약 100~105g 정도 필요해요.

24 덮은 생크림의 윗면을 평평하게 하고 옆면을 매끄럽게 정리해 주세요.

25 2단도 1단과 같은 방법으로 완성해 주세요.

26-27 세 번째 시트를 올려 시럽을 바르고 남은 크림으로 애벌 아이싱을 한 후, 냉장고에 10~15분간 넣어 두어 차게
      해 주세요.

28      냉장고에 넣어 두었던 레드커런트 꿀리 생크림에 슈가파우더를 넣고 85%까지 휘핑해 주세요.

29-30  케이크에 올려 마무리 아이싱을 완성해 주세요.

31-32  파이핑용 생크림을 85%까지 휘핑한 후 867K번 상투깍지를 끼운 짤주머니에 넣고 케이크 위에 둥글게 짜주세요.

33      레드커런트 송이, 자스민 허브잎 그리고 파스티아쥬 꽃으로 장식해 주세요.

Barley Sprouts Lime Cake

# 새싹보리 라임 케이크

# Barley Sprouts
# Lime Cake

새싹보리 가루가 익숙하지 않은 분들도 계실 거예요. 맛은 고소하고, 쌉쌀하지 않으면서 콩가루와 녹차의 중간 어디 쯤에 있어요. 섬유질과 각종 비타민도 풍부하다고 하죠. 게다가 폴리페놀과 플라보노이드가 풍부해서 염증을 줄이고 항산화제 역할도 한다고 해요. 그럼 몸에만 좋은 케이크냐고요? 아니에요. 그 풋풋하면서도 점잖은 맛에 상큼한 라임을 첨가했더니 이렇게 말간 라임색 가득한 예쁜 케이크가 탄생했답니다.

케이크 만들 때 많은 고민을 하는데요, 고민의 보답인지 너무 예쁘고 맛도 좋고 건강에도 좋은 반전매력의 '저'와 같은 케이크가 완성되었답니다. 조꽁드 케이크는 이런 과정을 거쳐 세상에 나와요. 함께 즐겨주실 거죠?

★ ★ ☆

냉장보관(3일)

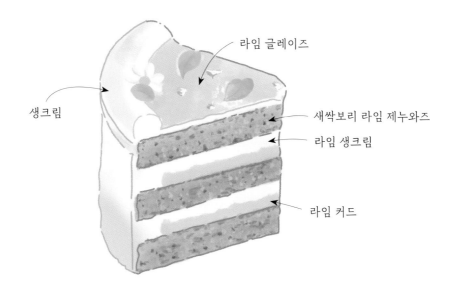

라임 글레이즈

생크림

새싹보리 라임 제누와즈

라임 생크림

라임 커드

**I 시트**

새싹보리 라임 제누와즈*1
(지름 15cm)

**I 필링**

라임 커드*2 140g

**I 크림**

라임 생크림*3

생크림A 80g, 라임 제스트 5g, 생크림B 265g,
설탕 28g

**I 라임 글레이즈**

설탕 28g, 옥수수 전분 4g,
물 70g, 라임즙 10g, 라임 제스트(1/2개 분량),
민트색 식용색소

**I 시럽**

물 60g, 설탕 20g, 리몬첼로(레몬 리큐르) 6g

**I 파이핑**

생크림 50g, 설탕 4g

**I 데코레이션**

파스티아쥬 꽃*4, 자스민 잎, 식용 금박, 라임 슬라이즈

**I 도구**

15cm 원행편, 저울, 믹싱볼, 브러시, 실리콘 주걱,
핸드믹서, 스패츌러, 케이크 돌림판, 806호 원형깍지

*1 p.81 새싹보리 라임 제누와즈

*2 p.189 라임 커드

*3 p.245 라임 생크림

*4 p.327 파스티아쥬 꽃

## 미리 할 일

1    하루 전에 라임 커드를 만들어 두세요. 차가운 상태로 사용합니다.

2    하루 전날 설탕을 제외하고 라임 생크림을 만들어 냉장고에 넣어 숙성시켜 두세요.
     케이크를 만들기 전 숙성한 라임 생크림을 냉동실에 약 35~40분 동안 넣어 두어 테두리에 살얼음이 얇게 생기도록 하세요.

3    새싹보리 라임 제누와즈를 1.5cm 두께로 슬라이스하여 3장을 준비하고 색이 진한 테두리만 얇게 잘라내 주세요.

4    시럽 재료를 끓인 후, 식혀 주세요.

5    파스티아쥬 꽃을 준비해 주세요.

6    생크림 파이핑을 위해 806번 원형깍지를 짤주머니에 끼워 준비해 둡니다.

7   준비해 둔 라임 생크림에 설탕을 넣고 60%까지만 휘핑*해 주세요.  * p.232 '휘핑하기' 참고

8   휘핑한 생크림 중 140g을 아이싱용으로 덜어 두세요. 덜어 둔 크림은 랩을 씌워 아이싱하기 전까지 냉장실에 보관합니다.

9   나머지 생크림은 샌딩용으로 95%까지 휘핑하세요.

## 아이싱 & 데코레이션

10-11 제누와즈 시트 1장을 돌림판에 올리고 시럽을 적셔요. 805번 깍지를 낀 짤주머니에 휘핑한 크림을 넣고 테두리에 한 바퀴 둘러 짜놓아요.

12  604호 깍지를 낀 짤주머니에 라임 커드*를 넣고 시트 가운데에 돌려 짜 주세요.

    * 한 단에 라임커드 70g 정도 필요해요.

13-14  그 위에 생크림*을 짜서 덮어 주세요. 덮은 생크림의 윗면을 깔끔하게 정리해 주세요.

      * 한 단에 라임생크림 90g 정도 필요해요.

15  이어서 두 번째 시트를 올려 앞서와 같은 과정을 반복합니다.

16-17  세 번째 시트를 올리고 시럽을 바른 뒤 나머지 생크림을 이용해 애벌 아이싱을 해요.
그리고 냉장실에 10~15분 동안 넣어 두어 차게 해 주세요.

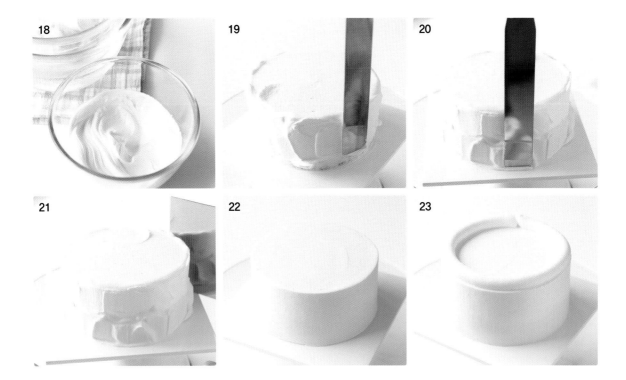

18    남겨 두었던 아이싱용 크림 중 60g을 덜어 민트색 식용색소를 넣고 85% 휘핑하세요.
      마지막 남은 크림도 휘핑합니다.

19    케이크에 먼저 하얀 크림을 올린 후, 케이크 아랫부분을 제외하고 옆면의 2/3까지 발라 줍니다.

20    나머지 공간을 민트색 크림으로 채우되, 높이는 불규칙하게 발라 주세요.

21    마지막으로 돌림판을 돌리면서 직각 스트래퍼를 대고 매끄럽게 아이싱하여 자연스러운 그라데이션을 만들어
      주세요.

22    윗면도 정리하여 아이싱을 마무리해 주세요.

23    파이핑용 생크림을 85% 휘핑한 후 806호 원형깍지로 케이크 테두리에 둥글게 짜 주세요. 글레이즈를 부었을
      때 새어 나갈 구멍이 없도록 해 주세요. 그리고 케이크를 잠시 냉장고에 넣어 차게 합니다.

24-25 먼저 설탕과 옥수수 전분을 섞어요. 나머지 재료와 모두 함께 냄비에 넣고 끓입니다. 끓기 시작하면 약불로 2분 정도 졸이면서 주걱으로 계속 저어 주세요.

26 　　사진처럼 점도가 있는 젤 상태가 되면 불을 끕니다.

27-28 글레이즈를 체에 걸러 내 주세요. 그리고 민트색 식용색소를 첨가 한 후 30℃까지 식혀 주세요.

29-30 케이크 위에 라임 글레이즈를 부어 주세요. 글레이즈가 닿지 않은 부분만 살짝 채워 주세요.

　　　**More** 라임 글레이즈는 차갑게 식어도 젤라틴을 넣은 젤리처럼 굳지 않아요. 다만, 온도가 높으면 생크림이 번지거 나 녹을 수 있으니 꼭 30℃ 정도로 식혀서 부어 주세요.

31 　　자스민 잎, 식용 금박, 파스티아쥬 꽃 그리고 라임 슬라이스로 마무리합니다.

Coconut Banana Cake
# 코코넛 바나나 케이크

# Coconut Banana Cake

몇년 전, 발리로 가족여행을 갔는데요, 그곳에서 웰컴드링크로 신선한 바나나와 코코넛밀크를 섞은 음료를 주셨어요. 새벽에 도착해서 피곤했는데 한모금 마시는 순간 입안이 바나나와 코코넛향으로 가득해졌어요. 과하지 않은 향긋한 달콤함이 아직도 제 머릿속에 행복한 여행으로 함께 기억되고 있는데요, 이런 제 추억을 이 케이크에 녹여 보았답니다.

전체적으로 바나나와 코코넛의 자연스러운 향기가 어우러져 신선하고 고소한 향, 과하지 않은 부드러운 달콤함이 조화를 이뤄서 커피나 차와도 잘 어울리고 당연히 아이들도 좋아하는 맛이에요. 생바나나를 샌딩했기 때문에 아이들 간식으로 영양만점!

뜨라마 까시 Terima Kasih!!(인도네시아어, 감사합니다)

★ ★ ★

냉장보관(3일)

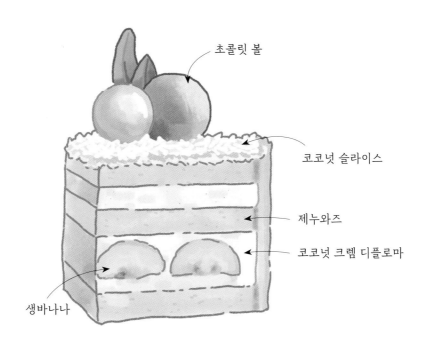

초콜릿 볼

코코넛 슬라이스

제누와즈

코코넛 크렘 디플로마

생바나나

## 준비하세요

I 시트

기본 제누와즈*1
(지름 15cm)

I 크림

바나나 생크림*2

생크림 260g, 바나나 중간 크기 1개, 바닐라빈 1개

코코넛 바나나 생크림

바나나 생크림 230g, 동물성 휘핑크림 25g,
코코넛 크림 77g, 설탕 27g, 말리부(코코넛 리큐르) 6g,
노란색 식용색소 약간

코코넛 크렘 파티시에*3

코코넛 밀크 280g, 바닐라빈 1개,
달걀노른자 54g, 설탕 60g, 박력분 25g, 버터 14g

코코넛 바나나 크렘 디플로마*4

코코넛 크렘 파티시에 200g, 젤라틴 2g,
코코넛 바나나 생크림 120g

I 시럽

물 60g, 설탕 20g, 말리부(코코넛 리큐르) 6g

I 샌딩 과일

바나나 적당량

I 데코레이션

컬러 초콜릿 볼*5, 코코넛 슬라이스 적당량,
바나나(지름 4cm 이상) 적당량, 뉴트럴 글레이즈*6

I 도구

15cm 원형팬, 저울, 믹싱볼, 붓, 실리콘 주걱, 핸드믹서,
스패출러, 케이크 돌림판, 지름 3cm 과일 스쿱,
804호 원형깍지

## 참고하세요

*1 p.48 공립법 제누와즈 / 기본 제누와즈      *4 p.215 크렘 디플로마

*2 p.243 바나나 생크림                    *5 p.275 컬러 초콜릿 볼

*3 p.211 크렘 파티시에                    *6 p.347 뉴트럴 글레이즈

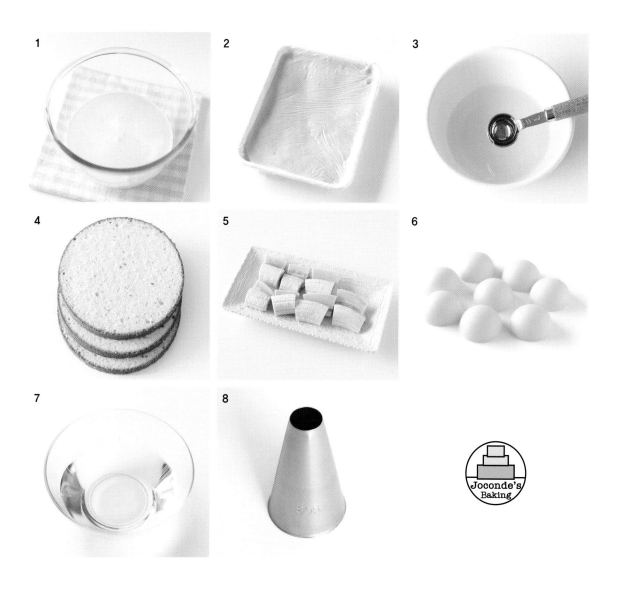

미리 할 일

1     하루 전날 바나나 생크림 230g을 만들어 숙성시키세요.

2     하루 전날 코코넛 크렘 파티시에 200g을 준비하세요.

3     냄비에 시럽 재료 중 물과 설탕을 넣어 끓인 후, 한김 식으면 말리부를 넣어 시럽을 만들어 주세요.

4     기본 제누와즈 시트는 1.5cm 두께로 슬라이스해서 3장을 준비하세요.

5     바나나는 필요한 만큼 준비해 세로로 반을 가르고 4cm 길이로 잘라서 준비해요.

> **Tip**   바나나는 껍질에 검은 반점이 있는 바나나가 맛있어요. 하지만 잘 익은 바나나일수록 잘라 두면 갈변이 빠르니 아이싱하기 바로 전에 잘라 준비하는 것이 좋아요.

6     노란색 컬러 초콜릿 볼을 준비하세요.

7     미러 글레이즈를 만들어 두세요.

8     804호 원형깍지를 짤주머니에 끼워 준비해 둡니다.

## 코코넛 바나나 생크림

9   코코넛 크림을 체에 내려 수분을 빼 주세요. 그중 77g을 준비하세요.

10  바나나 생크림과, 동물성 휘핑크림, 코코넛 크림을 섞은 후 30~40분 동안 냉동실에 넣어 두세요. 살얼음이 끼면 꺼내어 설탕과 말리부를 넣고 60% 정도 휘핑해 주세요.  * p.232 '휘핑하기' 참고

11-12 그중 아이싱용으로 160g만 덜어 내어 랩을 씌워 냉장보관합니다. 나머지 크림은 샌딩용으로 95% 정도 휘핑해 주세요.

## 코코넛 바나나 크렘 디플로마

13  젤라틴을 10~15분 동안 얼음물에 불린 후 물기를 꼭 짜서 전자레인지에 10초간 녹여 주세요.

14-15 녹인 젤라틴을 코코넛 패스트리 크림에 넣고 잘 섞어 주세요. 이때 패스트리 크림이 너무 차가우면 젤라틴이 덩어리질 수 있으니 주의하세요.

16-17 코코넛 페스트리 크림에 95% 휘핑한 샌딩용 코코넛 바나나 생크림 120g을 조금씩 나누어 넣으면서 섞어 주세요. 크렘 디플로마과 남은 생크림을 각각 804번 원형깍지를 끼운 짤주머니에 담아 두세요.

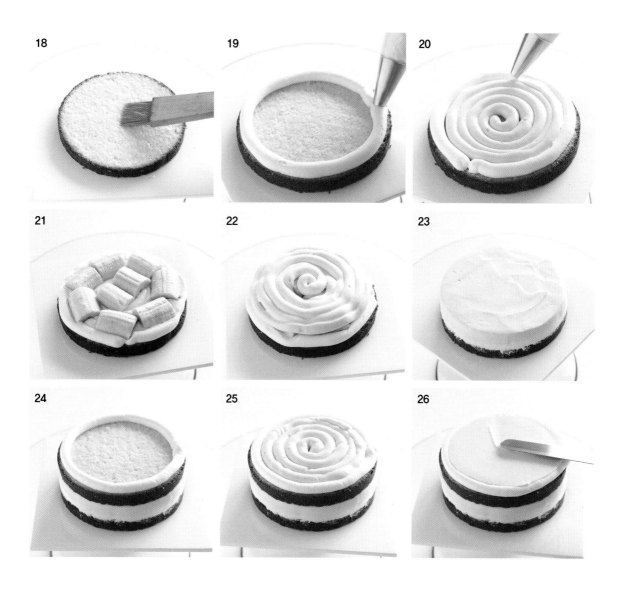

## 아이싱 & 데코레이션

18-19  돌림판에 제누와즈 시트 1장을 올리고 시럽을 적시고, 코코넛 바나나 생크림을 시트 테두리에 둘러 짜 주세요.

20     그리고 코코넛 바나나 크렘 디플로마을 가운데에 돌려 짜서 채워 주세요.

21-22  그 위에 바나나를 올리고 다시 코코넛 바나나 크렘 디플로마을 덮어 주세요.

       * 1단에 코코넛 바나나 크렘 디플로마는 200g 정도 필요해요.

23     윗면을 평평하게 정리하고 옆면을 깔끔하게 마무리해 주세요.

24     두 번째 시트를 올리고 시럽을 적신 후, 코코넛 바나나 생크림을 시트 테두리에 둘러 주세요.

25-26  중앙에 남은 코코넛 바나나 크렘 디플로마을 채우고 윗면을 매끄럽게 정리해 주세요.

27-28 세 번째 시트를 올리고 시럽을 적신 후 남은 생크림으로 애벌 아이싱을 해 주세요. 그리고 냉장실에 10~15분
간 넣어서 차게 합니다.

29 아이싱용으로 덜어 둔 160g의 생크림에 노란색 식용색소를 섞어 주세요.(선택사항)

30-31 그리고 마무리 아이싱을 해 주세요. 이때 테두리에 솟은 댐 부분은 깎아서 정리하지 말고 남겨 두세요.

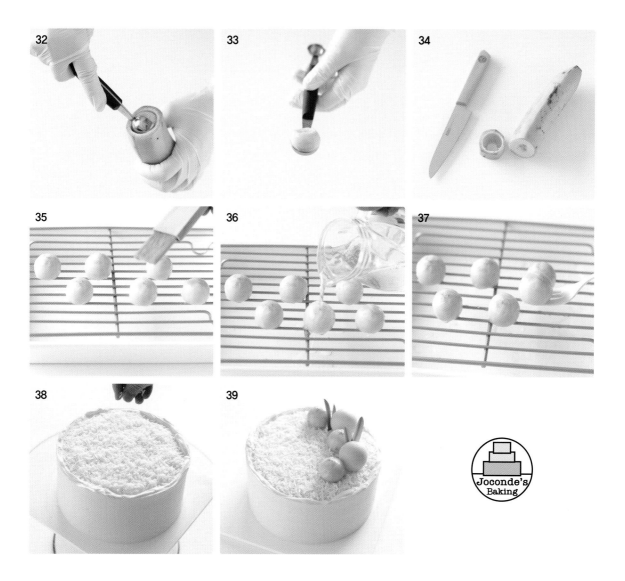

32-34 굵은 바나나를 선택하여 가로로 자른 후 과일 스쿱(지름 3cm)을 이용해 볼 모양으로 파내 주세요.
      남은 껍질 부위를 잘라 내고 또 바나나 볼을 만들어 주세요.

35    바나나에 레몬즙을 약간 발라 주세요. 갈변하는 속도를 늦춰 줄 수 있어요.

36    뉴트럴 글레이즈를 소량 부어 코팅해 주세요. 붓으로 발라도 괜찮아요.

37    장식할 때는 포크나 스패출러를 이용해 바나나를 옮겨 주세요.

38-39 아이싱한 케이크 위에 코코넛 슬라이스를 뿌려요. 그 위에 컬러 초콜릿 볼, 바나나 볼 그리고 허브로 장식해 주세요.

# 복숭아 요거트 젤리보석 케이크

# Peach Yogurt
# Jelly Jewels Cake

\# 케이크를 자를 때 마치 애니메이션을 보는 것처럼 너무 예뻐서 심
장이 조금씩 내려앉아요! 복숭아가 제철인 여름에 꼭 만들어 볼게요:)

냉장보관(3일)

\# 한국 복숭아의 분홍색은 너무 예뻐요. 여기 캐나다 복숭아보다
밝은 주황색과 빨간색으로 부드럽고 과즙이 많아서~ 언젠가 한국
가서 한국 복숭아를 맛보고 싶어요.

\# 정말 아름답고 보기만 해도 환상적이에요. 우유 과민증이 있어서
한 조각만 먹어도 통증 때문에 움직이지 못하겠지만, 솔직히… 몇
입 먹어 볼까 합니다….

\# 봄의 신부 같은 케이크 디자인이네요 너무 예쁘고 단아해요. 케
이크 맛도 상큼할 것 같고요. 무엇보다 영상이 너무 힐링되네요
ㅎㅎ…. That's Enough!!

<유튜브 구독자 댓글 중>

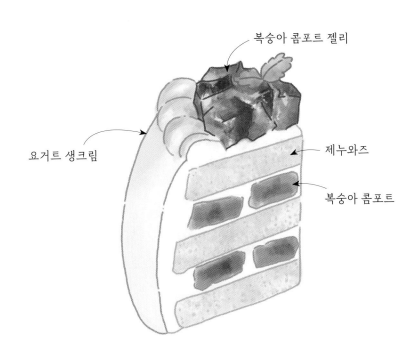

복숭아 콤포트 젤리

요거트 생크림

제누와즈

복숭아 콤포트

**l 시트**

새싹보리 라임 제누와즈*1
(지름 15cm)

**l 크림**

요거트 생크림

생크림 320g, 플레인 요거트 74g,
요거트 파우더 23g, 설탕 29g

**l 필링**

복숭아 콤포트 적당량(약 300g)

**l 시럽**

복숭아 콤포트*2 시럽 70g

**l 생크림 파이핑**

생크림 55g, 요거트 파우더 3g, 설탕 5g

**l 데코레이션**

복숭아 콤포트 젤리*3

복숭아 콤포트 시럽 165g, 설탕 10g, 젤라틴 5g,
민트잎 약간

**l 도구**

15cm 원형팬, 저울, 믹싱볼, 브러시, 실리콘 주걱,
핸드믹서, 스패출러, 케이크 돌림판,
돔 카드(길이 12.5cm), 804호 원형깍지

*1 p.50 기본 제누와즈

*2 p.168 복숭아 콤포트

*3 p.338 젤리 보석2

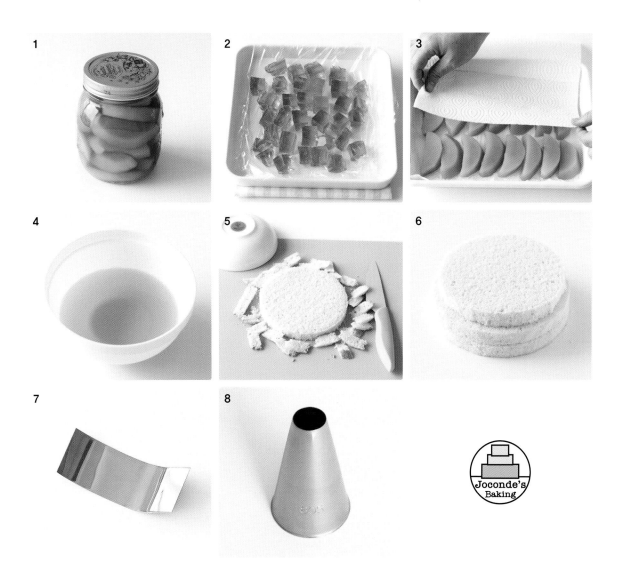

1     하루 전날 복숭아 콤포트를 만들어 주세요.

2     하루 전날 콤포트 시럽으로 젤리를 만들어 두세요.

3     복숭아 콤포트를 1.5cm 두께로 자른 후, 키친타월로 과육의 수분을 흡수시켜 주세요.

4     복숭아 콤포트 시럽을 70g 덜어 둡니다.

5-6    기본 제누와즈 시트는 1.5cm 두께로 슬라이스 해서 3장을 준비해요. 두 장은 진한 테두리만 얇게 잘라 내고, 나머지 한 장은 지름 13cm 크기로 잘라 내서 준비하세요.

7-8    돔 아이싱을 위한 돔 카드와 804호 원형깍지를 짤주머니에 끼워 준비해 둡니다.

## 요거트 생크림

9 생크림에 요거트를 넣어 섞은 후 냉동실에 35~40분 넣어 두었다가 테두리에 살얼음이 생기면 꺼냅니다.

10 요거트 파우더와 설탕을 섞어 놓으세요.

> **Tip** 요거트 파우더를 설탕에 먼저 섞은 후 사용하면 생크림에 들어갔을 때 요거트 파우더가 뭉치지 않아요.

11 '9'를 요거트 생크림에 넣고 60% 정도까지 휘핑하세요. * p.232 휘핑하기 참고

12 60%까지 휘핑한 요거트 생크림 중 180g을 아이싱용으로 덜어 두세요. 덜어 둔 크림은 랩을 씌워 아이싱하기 전까지 냉장실에 보관합니다.

> **More** 요거트 파우더가 들어 있기 때문에 비교적 빨리 크림이 묵직해질 거예요. 그러니 오버휘핑하지 않도록 주의 하세요.

13 나머지 생크림은 샌딩용으로 95%까지 휘핑하세요.

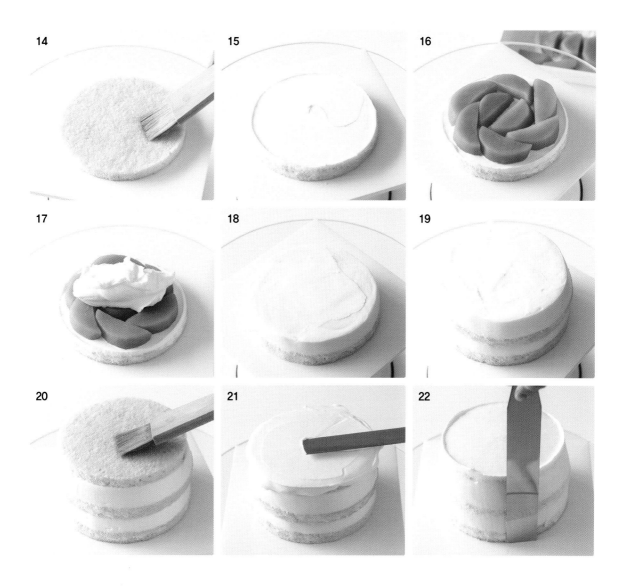

14    큰 사이즈 시트 1장을 돌림판에 올리고 복숭아 콤포트 시럽을 적셔요.

15    95% 휘핑한 요거트 생크림 중 약 35g 정도만 크림을 발라 줍니다.
      * 한 단에 100g 정도의 생크림이 필요해요.

16    복숭아 콤포트를 시트의 1cm 안쪽부터 올려 주세요. 정 가운데에는 자리를 약간 비워 두세요.

17-18 요거트 생크림을 65g 정도 올려 크림을 펼치면서 평평하게 발라 주고, 옆면도 정리합니다.

19    두 번째 큰 사이즈 시트를 올리고 앞서와 같은 과정을 반복합니다.

20    세 번째 작은 시트를 올리고 시럽을 적셔요.

21-22 나머지 생크림을 모두 바르고 돔형으로 애벌 아이싱을 마친 후, 냉장실에 넣어 차게 해 주세요.

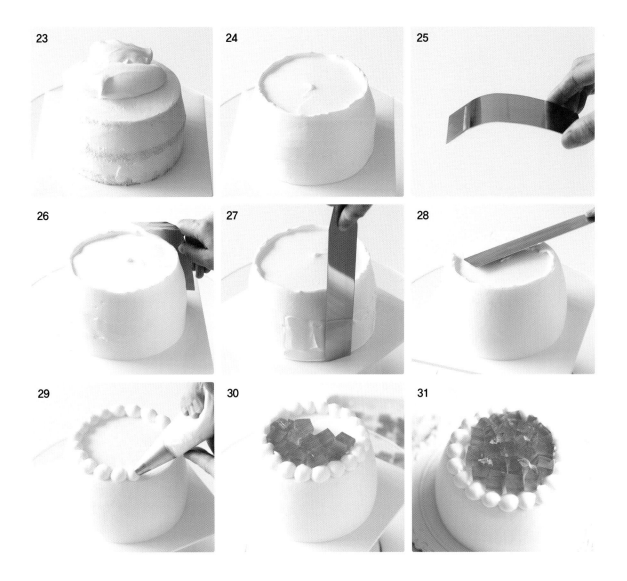

23-24 남겨 두었던 아이싱용 요거트 생크림을 85%까지 휘핑해요. 그중 1/2을 올리고 아이싱을 합니다. 처음에는 옆면에 크림을 대강 바르고, 돔 모양이 될 정도만 스패출러로 가볍게 다듬어 주세요.

25 돔 카드를 손으로 조금씩 구부리거나 펴거나 하면서 원하는 곡선으로 디자인해 주세요.

26 돔 카드의 한쪽 날 만 케이크 옆면에 살짝 닿게 한 후 손을 고정해요. 다른 손으로 돌림판을 천천히 돌려 주세요. 케이크의 곡선에 맞게 생크림을 가볍게 깎아 주세요.

27 한 번에 완전히 매끄러워지지 않고, 군데군데 크림이 덜 발린 부분이 생겨요. 그러면 다시 남아 있는 생크림으로 조금씩 채워 주고 다시 돔 카드로 정리해요. 몇 차례 반복해서 매끄럽게 만들어 주세요.

28 케이크 위쪽 둘레에 생긴 댐을 깎아 정리해 주세요.

29 데코용 생크림을 휘핑하고, 804번 원형깍지로 테두리에 진주 모양으로 둘러 짜 주세요.

30-31 복숭아 젤리와 민트로 장식해 주세요.

Shine Muscat White Ganache Cake

# 샤인 머스캣 화이트 가나슈 케이크

# Shine Muscat
# White Ganache Cake

아침에 과일가게에 갔더니 햇살같이 눈부신 샤인 머스캣이 있더라고요. 연두색 맑은 왕구슬이 너무 예뻐서 두 송이를 사 왔어요. 직업병(?)일까요? 가만히 보고 있으려니 뭔가 케이크를 만들고 싶다는 생각이 들어서 노트를 펼쳤어요. 샤샤샤~ 그렇게 순식간에 탄생한 케이크가 바로 이 아이입니다.

함께한 가나슈 몽테 크림은 진심 고급스런 부드러움과 달콤한 초콜릿향이 가득한데요, 이 크림과 샤인 머스캣은 '완벽한 하모니' 그 자체예요. 여기에 조꽁드의 섬세한 젤리 베일을 추가했더니 눈부신 초여름 햇살과도 닮은 그런 케이크가 완성되었죠. 더할나위 없는 오늘의 햇살과도 같은 샤인 머스캣 화이트 가나슈 케이크. 저와 함께 즐거운 오후 티타임, 어떠세요?

🎯 ★ ★ ★

🛎 냉장보관(3일)

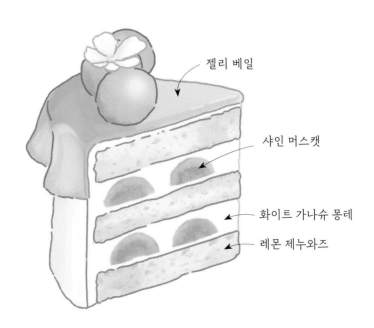

젤리 베일

샤인 머스캣

화이트 가나슈 몽테

레몬 제누와즈

**❙ 시트**

레몬 제누와즈*1
(지름 15cm)

**❙ 크림**

화이트 초콜릿 가나슈 몽테*1
생크림A 72g, 화이트 커버춰 초콜릿 72g,
생크림B 288g, 바닐라 익스트랙 6g

**❙ 필링**

샤인 머스캣 적당량

**❙ 시럽**

물 60g, 설탕 20g, 리몬첼로(레몬 리큐르) 6g

**❙ 데코레이션**

젤리 베일*1, 샤인 머스캣 적당량, 세이지 잎, 식용 꽃

**❙ 도구**

15cm 원형팬, 저울, 브러시, 실리콘 주걱, 핸드믹서,
스패츌러, 케이크 돌림판

*1 p.75 공립법 제누와즈 / 레몬 제누와즈

*2 p.256 화이트 초콜릿 가나슈 몽테

*3 p.332 젤리 베일

## 미리 할 일

1 하루 전날 케이크 지름보다 5cm 더 큰 면적의 젤리 베일을 만들어 냉장고에 넣어 두세요.

2 하루 전날 화이트 초콜릿 가나슈 몽테 크림을 만들고 12시간 숙성시켜 두세요. 케이크 만들기 전 숙성된 화이트 초콜릿 가나슈 몽테를 냉동실에 약 20~30분 동안 넣어 두어 살얼음이 얇게 생기도록 하세요.

3 샤인 머스캣은 반으로 갈라서 키친타월에 올려 겉도는 수분을 흡수시켜 주세요.

4 냄비에 물과 설탕을 끓인 후 식혀서 리몬첼로를 첨가해 시럽을 준비해 주세요.

5 레몬 제누와즈는 1.5cm 두께 3장을 준비하고 테두리에 구움색 난 부분만 가볍게 잘라 내서 준비해요.

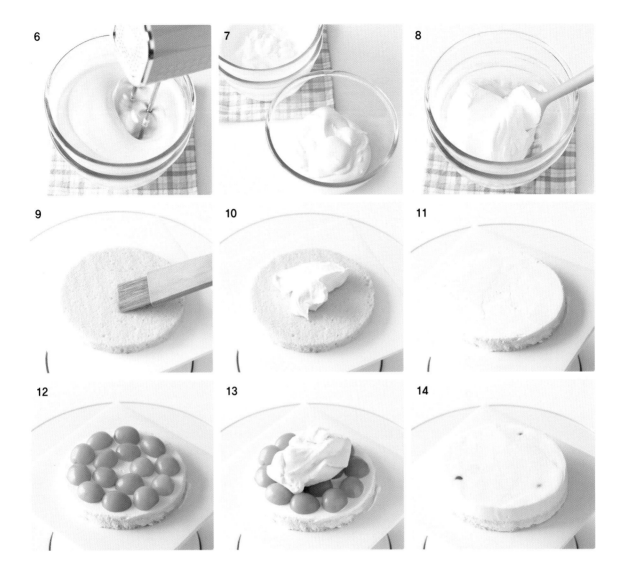

* p.232 휘핑하기 참고

## 화이트 초콜릿 가나슈 몽테

6  만들어 둔 화이트 가나슈 몽테가 테두리에 살얼음이 얇게 생기면 꺼내 60% 정도 휘핑*해요.
   * p.232 휘핑하기 참고

7-8  휘핑한 크림 중 160g을 아이싱용으로 덜어 내서 랩을 씌우고 냉장실에 보관해 주세요. 나머지 생크림은 샌딩용으로 95%까지 휘핑하세요.

## 아이싱 & 데코레이션

9-11  레몬 제누와즈 시트 1장을 돌림판에 올리고 시럽을 적신 후, 화이트 초콜릿 가나슈 몽테 크림을 약 30g 올려 발라 주세요.

12  샤인 머스캣을 케이크 가장자리에서 1cm 정도 들어간 자리부터 가지런히 놓아 주세요. 가운데는 약간 비워 두세요.

13-14  화이트 초콜릿 가나슈 몽테 크림*을 약 80g 올리고 윗면을 평평하게 발라 주고 옆면의 크림도 매끄럽게 정리해 주세요.  * 한 단에 화이트 초콜릿 가나슈 몽테 크림이 약 110g 정도 필요해요.

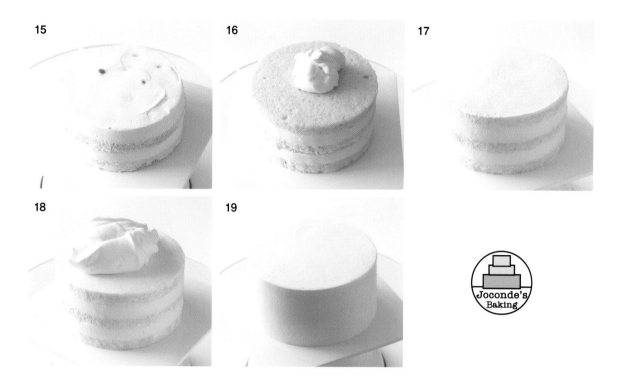

15    2단도 앞서와 같은 방법으로 완성해 주세요.

16-17  세 번째 시트를 올리고 시럽을 바르고 남은 몽테 크림으로 애벌 아이싱을 한 후, 냉장고에 10~15분간 넣어 두
      어 차게 해 주세요.

18    아이싱용으로 덜어 둔 생크림을 85%까지 휘핑한 후, 마무리 아이싱을 해 줍니다.

19    아이싱을 마친 케이크는 약 20분 동안 냉동실에 넣어 두세요.

      More  케이크를 냉동실에 넣어 두는 이유는 젤리 베일을 장식할 때 생크림이 형태를 유지할 수 있도록 하기 위함이
            에요. 단, 샤인 머스캣까지 얼면 안 되니 너무 오래 넣어 두지는 마세요.

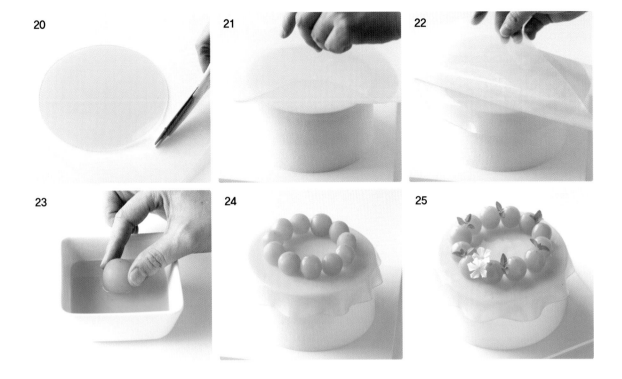

20 젤리 베일 아래의 비닐을 젤리보다 5~6cm 약간 더 큰 정도로만 잘라 주세요. 그리고 냉동실에서 차가워진 케이크를 꺼내 오세요.

21 젤리가 있는 면이 아래로 가도록 뒤집어서 들어 주세요. 비닐의 양 끝을 잡고 베일이 U자가 되게 잡아 주세요. 케이크 위로 가져가 가운데 부분부터 천천히 내려 놓으세요.

> **More** 젤리 베일을 가운데부터 내려 놓아야 케이크와 젤리 사이에 기포가 잡히지 않아요. 한 번 올린 젤리 베일은 다시 움직일 수 없으니 기포가 생기지 않도록 주의하세요.

22 그다음 비닐을 한 쪽부터 천천히 떼어 내야 해요. 마지막 끝자락을 떼어 낼 때까지 조심해 주세요.

23-24 젤리 베일을 만들고 남은 부분을 중탕으로 녹여 50℃ 정도를 유지하세요. 샤인 머스캣의 끝부분을 조금만 평평하게 잘라 낸 다음 젤리 녹인물을 소량만 찍어서 케이크 위에 올리세요.

> **More** 샤인 머스캣을 그냥 장식하면 젤리 위에서 미끄러져요. 젤리가 빨리 굳기 때문에 묻힌 후 곧바로 케이크에 올려야 해요.

25 세이지 잎과 작은 생화로 장식해 주세요.

Mango Passion Fruit Charlotte

# 망고 패션프루트 샤를로트

# Mango Passion Fruit Charlotte

샤를로트(Charlotte)는 전통적인 프랑스 케이크로, 모양이 여성 모자인 본네트풍 샤를로트와 비슷하다고 하여 붙여진 이름이에요. 그래서 이렇게 예쁘구나 싶을 정도로 정말 '예쁜' 케이크죠. 조꽁드는 여기에 망고 무스와 패션프루트 시트, 젤리 등을 활용해서 그 '예쁨'을 배가시켰다고 자랑하고 싶어요.

게다가 이 두 가지 과일 자체가 더운 지역에서 재배되어 그런지 망고 패션프루트 샤를로트는 더운 여름에 잘 어울려요. 상큼하고 달콤한 특유의 향 그리고 무스와 함께 어우러질 때 느껴지는 부드러움, 젤리의 시원함. 아이스티와 함께 즐기신다면 금상첨화겠죠.

 ★ ★ ★

냉장보관(3일)

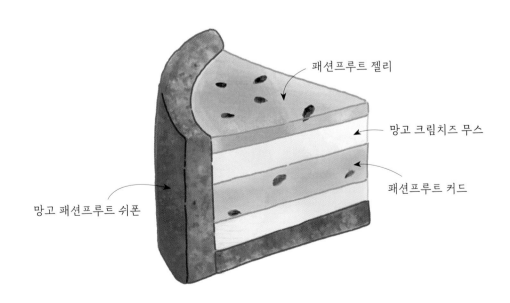

패션프루트 젤리

망고 크림치즈 무스

패션프루트 커드

망고 패션프루트 쉬폰

### I 시트

망고 패션프루트 쉬폰 시트*1
(33×22cm)
달걀노른자 40g, 설탕A 15g, 우유 6g, 포도씨 오일 17g,
패션프루트 퓨레 14g, 망고 퓨레 7g,
박력분 48g, 베이킹파우더 0.5g,
달걀흰자 79g, 설탕B 42g, 빨강&보라 식용색소

### I 망고 크림치즈 무스

크림치즈 90g, 설탕 33g,
망고 간 것 78g, 생크림 72g, 젤라틴 3g

### I 패션프루트 레이어

패션프루트 커드*2 160g, 젤라틴 1.5g

### I 패션프루트 젤리

패션프루트 퓨레 20g, 물 23g, 물엿 10g, 설탕 10g,
젤라틴 2.5g, 패션프루트 씨앗 적당량

### I 데코레이션

패션프루트 씨앗 소량, 초콜릿 꽃*3

### I 기타

휘핑한 생크림 40g

### I 도구

33×22cm 시트팬, 저울, 테프론시트, 12cm 무스링,
무스띠, 실리콘 주걱, 핸드믹서, 체

참고하세요

*1 p.131 쉬폰법 / 패션프루트 쉬폰

*2 p.186 패션프루트 커드

*3 p.283 초콜릿 꽃

## 미리 할 일

1      하루 전날 패션프루트 커드를 만들어 두세요.

2      하루 전날 초콜릿 꽃을 만들어 두세요.

3      패션프루트 쉬폰* 시트를 제시된 분량의 재료로 만들어 구워 주세요.   * p.131 '패션프루트 쉬폰' 참고

> More   p.131 패션프루트 쉬폰을 참고하되, 머랭 단계에서 빨간색, 보라색 식용색소를 추가하세요.
> 그리고 33×22cm 크기의 낮은 팬으로 구워 주세요.

4-5      시트를 뒤집어서 테프론 시트를 떼어 내고 12cm 무스링으로 원형 시트를 잘라 내고, 나머지는 부분은 6cm 폭으로 길게 잘라 줍니다.

> More   사실 시트를 미리 잘라 두면 시간이 지나면서 조금씩 수축을 합니다. 처음에는 바닥용 동그란 시트만 잘라 쓰고, 나머지는 케이크가 완성된 후 재단하는 것이 좋아요. 케이크가 완성되면 케이크 높이를 재서 그에 맞게 자르고, 길이는 케이크 둘레보다 훨씬 여유 있게 잘라 주세요.

6      지름 12cm, 높이 5cm인 무스링에 투명 무스띠(높이 6cm)를 둘러 주고, 원형의 시트를 바닥에 깔아 준비해 두세요.

## 망고 크림치즈 무스

7-9    크림치즈를 계량한 후 상온에 잠시 놓아 두세요. 크림치즈가 부드러워지면 설탕을 넣고 주걱으로 섞으면서 부
       드럽게 풀어 주세요. 그리고 망고 간 것을 넣고 잘 섞어 주세요.

10     작은 볼에 불린 젤라틴*을 녹이고, 망고 크림을 2큰술만 덜어 넣고 섞어 주세요.   * p.32 '젤라틴 사용방법' 참고

11     '10'을 망고 크림치즈 혼합물에 다시 붓고 전체적으로 꼼꼼히 섞어 주세요.

       More   녹인 젤라틴과 망고 크림치즈 혼합물은 온도와, 질감이 다르기 때문에 젤라틴에 소량의 크림만 미리 섞고 다
       시 본 크림에 혼합하는 템퍼링 과정을 지켜 주세요. 그러면 젤라틴이 크림에 들어가자 마자 굳어 덩어리가 생기거나,
       무스 크림이 상온에서 굳어 버리는 일이 없게 됩니다.

12-13  그다음 생크림을 50% 정도 휘핑하고, 망고 크림에 2번에 나누어 넣고 섞어 주세요.

14     준비한 무스링 '6'에 망고 크림치즈 무스의 1/2을 붓고 윗면을 평평하게 정리합니다.
       그리고 냉동실에 10~15분 정도 넣어 두어 윗면을 굳혀 주세요. 남은 무스 크림은 랩을 씌워 상온에 놓아 두세요.

## 패션프루트 커드 레이어

15-16    패션프루트 커드를 약 40℃로 데우고 녹인 젤라틴*을 부어서 잘 섞어 주세요.    * p.32 '젤라틴 사용방법' 참고

17    커드의 온도가 30℃가 되었을 때 윗면이 굳은 망고 크림치즈 무스 위에 부어 주세요. 그리고 냉동실에 넣어서 커드 윗면을 살짝 굳혀 주세요.

18-19    '18'에 남은 망고 무스크림을 모두 붓고 평평하게 정리합니다. 냉동실에 넣어서 최소 6시간에서 하룻밤 얼려 주세요.

## 패션프루트 젤리

20    패션프루트 과육의 씨를 걸러 내고 펄프를 최대한 제거한 퓨레를 준비하세요. 씨앗은 남겨 두세요.

21    냄비에 패션프루트 퓨레, 물, 설탕, 물엿을 모두 넣고 물엿과 설탕이 다 녹을 때까지 잘 저어 가면서 데워 주세요. 불린 젤라틴을 넣어 녹인 후, 34℃까지 식혀 주세요.

22-23    얼린 케이크를 꺼내 패션프루트 젤리물을 부어 주세요. 따로 남겨 두었던 패션프루트 씨앗을 적당히 올려 주세요. 그리고 냉장실에 넣어 젤리가 완전히 굳을 때까지 기다립니다.

24-25 젤리가 완전히 굳으면 무스링과 무스띠를 제거해 주세요.

26-27 쉬폰 시트를 붙이기 전에 케이크 옆면에 휘핑한 생크림을 얇게 도포해 주세요.

28 '5'와 같이 케이크의 높이와 둘레 길이에 맞게 재단한 쉬폰 시트 2장을 이어서 옆면에 붙여 주세요.
길이가 남는 부분은 가위로 잘라 주세요.

29 초콜릿 꽃으로 장식해 주세요.

Blueberry Crea e Cake

# 블루베리 크림치즈 케이크

# Blueberry
# Cream Cheese Cake

혹시 블루베리가 있으신가요? 블루베리 철이라 그런지 단단해 보이면서 진한 보라색을 띠는 블루베리가 아주 좋아 보여서 한 팩을 사왔어요. 저는 블루베리를 퓨레 등으로 만들어서 파이도 굽고 빵도 만드는데요, 그중에서도 이 블루베리와 크림치즈의 조합이 환상적인 블루베리 크림치즈 케이크는 으뜸입니다.

제 친구 A는 체격도 작고 여름 더위에 쉽게 지치는 그런 친구예요. 그런데 초여름 그때도 블루베리 철이 되어서 제가 이 케이크를 가지고 친구 집에 간 적이 있는데요, 그 친구는 이 케이크를 먹고 입맛을 되찾아서 그해 여름 밥도 잘 먹고 건강하게 여름을 보냈다 하더라고요. 그래서 저는 그 친구의 여름맞이 보양식으로 이 케이크를 선물하곤 한답니다.

블루베리 건강에 좋은 거 아시죠? A에겐 너무나도 좋은 건강식, 하지만 여러분에겐 너무나도 예쁘고 맛난 케이커리! 맞죠?

냉장보관(3일)

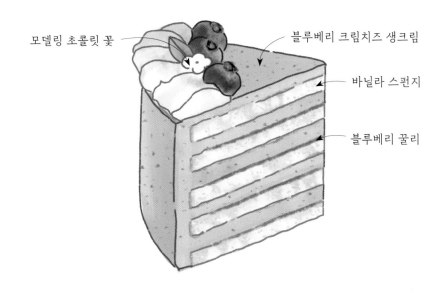

모델링 초콜릿 꽃

블루베리 크림치즈 생크림

바닐라 스펀지

블루베리 꿀리

**| 시트**

바닐라 스펀지*1

(지름 15cm)

**| 블루베리 크림치즈 생크림*2**

크림치즈 190g, 생크림 245g,
블루베리 꿀리*3 87g, 설탕 35g

**| 파이핑 용 생크림**

생크림 100g, 설탕 8g, 보라&핑크 식용색소

**| 시럽**

물 70g, 설탕 23g, 리몬첼로(레몬 리큐르) 8g

**| 필링**

블루베리 꿀리 100g

**| 데코레이션**

모델링 초콜릿 꽃*4, 자스민 잎, 블루베리 적당량

**| 도구**

15cm 원형팬, 저울, 브러시, 실리콘 주걱, 핸드믹서,
스패출러, 케이크 돌림판, 126호 장미깍지

*1 p.89 별립법 스펀지 / 바닐라 스펀지

*2 p.247 블루베리 크림치즈 생크림

*3 p.196 블루베리 꿀리

*4 p.296 모델링 초콜릿 꽃

## 미리 할 일

1   하루 전날 블루베리 꿀리를 만들어 두세요.

2   하루 전날 설탕을 제외하고 블루베리 크림치즈 생크림을 만들어 냉장고에 넣어 숙성시켜 두세요.
    숙성한 생크림을 냉동실에 약 35~40분 동안 넣어 두어 테두리에 살얼음이 얇게 생기도록 하세요.

3   냄비에 물과 설탕을 넣고 끓여서 식힌 후, 리몬첼로를 넣어 시럽을 만들어 주세요.

4   바닐라 스펀지 시트는 1cm 두께로 슬라이스하여 5장을 만들어 주세요.

5   1cm 크기의 모델링 초콜릿 꽃을 만들어 주세요.

6   126호 장미깍지를 짤주머니에 끼워 준비해 둡니다.

블루베리 크림치즈 생크림

7  냉동실에 넣어 두어 테두리에 살얼음이 얇게 생긴 블루베리 크림치즈 생크림에 설탕을 넣고 60% 정도 휘핑*해
   주세요.  * p.232 '휘핑하기' 참고

8  생크림 중 170g을 마무리 아이싱용으로 덜어 두고 랩을 씌워 냉장실에 보관하세요.

9  나머지 생크림은 샌딩용으로 95%까지 휘핑하세요.

## 아이싱 & 데코레이션

10-12  바닐라 스펀지 시트 1장을 돌림판에 올리고 시럽을 적신 후, 블루베리 꿀리를 케이크 시트 테두리에서 1.5cm
        안쪽에 바르세요. 그 위에 블루베리 생크림을 80g 올려 평평하게 바르고 옆면을 깔끔하게 마무리해요.*
        * 한 단에 블루베리 꿀리가 약 25g 정도, 블루베리 크림치즈 생크림이 80g 정도씩 필요해요.

13  같은 과정을 반복하여 4단을 쌓은 후 5번째 시트를 올리고 시럽을 발라 주세요.

14-15  남은 생크림을 이용해 애벌 아이싱을 하고, 냉장실에 10~15분 동안 넣어 두어 차게 해 주세요.

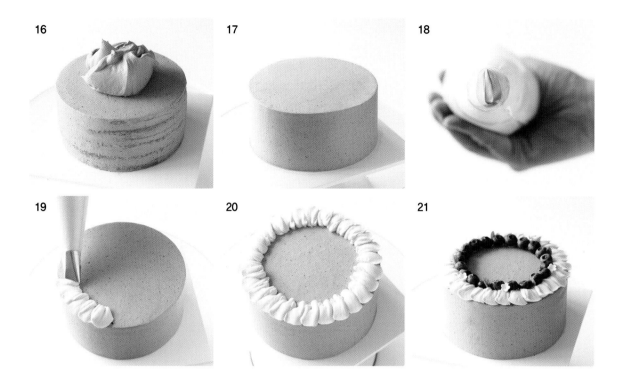

16-17 아이싱용으로 덜어 둔 생크림을 85%까지 휘핑한 후, 마무리 아이싱을 해 줍니다.

18 파이핑용 생크림 재료에 식용색소를 넣어* 85%까지 휘핑한 후, 126번 장미깍지를 끼운 짤주머니에 담고, 사진처럼 깍지 구멍의 넓은 부분이 아래로 가게 잡아 주세요. *블루베리 생크림보다 연한 색으로 만들어 주세요.

19 이제 꽃잎을 짜 줄 거예요. 내 쪽에서 보기에 케이크 상단의 10시 방향에서 시작해요. 깍지 구멍의 넓은 부분을 케이크 테두리의 2cm 안쪽에 닿을락 말락하게 위치시켜요. 크림을 짜면서 짧은 아치를 그리듯(∩) 움직여 주세요. 아치를 그리자마자 짤주머니 잡은 손에 힘을 빼서 크림이 나오지 않도록 하고 깍지를 케이크 중앙을 향해 가볍게 떼 줍니다. 우측으로 이동하면서 3~4회 정도 연속으로 짜 주세요. 짤주머니 잡은 손을 고정한 채, 케이크 돌림판을 시계 반대 방향으로 약간 이동합니다. 바로 이어서 다음 꽃잎을 또 3~4회 짜고 돌림판 돌리고, 다시 꽃잎 짜고를 반복하세요.

20 한 바퀴를 둘러 짜 주어서 러플 모양을 완성해요. 러플 끝이 케이크 테두리에서 1~2mm 더 튀어나올 정도면 좋아요.

21 그리고 블루베리, 자스민 잎, 모델링 초콜릿 꽃으로 장식하세요.

Orange Cranberry Cake

# 오렌지 크랜베리 케이크

# Orange
# Cranberry Cake

새콤과 새콤의 조합, 그 둘은 진심으로 완벽합니다. 이번에는 오렌지 스펀지에 향긋한 크랜베리 콤포트와 생크림으로 필링과 아이싱을 해요. 마트에 가면 말린 크랜베리도 많지만 전 장식을 위해서라도 필요해서 냉동 크랜베리를 사용했어요.

상큼하고 크림의 진한 크랜베리의 향이 제 코끝을 즐겁게 하는데 입안에 들어오면 크랜베리 콤포트와 함께 오렌지 시트의 달콤하고 상큼한 향이 너무나도 잘 어울려요. 가끔 이 조합의 컵케이크나 머핀, 파운드 케이크도 있더라고요. 이런 고급스런 조합을 조꽁드 레시피 대로 한번 해 보시길 바라요.

★ ☆ ☆

냉장보관(3일)

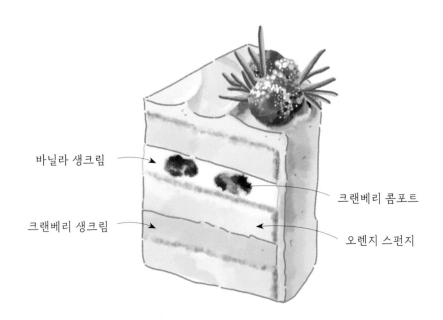

바닐라 생크림

크랜베리 콤포트

크랜베리 생크림

오렌지 스펀지

**I 시트**

오렌지 스펀지*1
(지름 15cm)

**I 크랜베리 생크림**

크랜베리 꿀리*2 70g, 생크림A 185g,
슈가파우더 15g

**I 바닐라 생크림**

생크림B 100g, 설탕 8g, 바닐라빈 페이스트 1g

**I 시럽**

크랜베리 콤포트*3 시럽 70g

**I 필링**

크랜베리 콤포트 적당량

**I 데코레이션**

냉동 크랜베리, 설탕 적당량, 핑크 식용색소,
로즈마리 잎

**I 도구**

15cm 원형팬, 저울, 믹싱볼, 붓, 체, 실리콘 주걱,
핸드믹서, 스패출러, 직각 스크래퍼, 케이크 돌림판

*1 p.113 별립법 스펀지 / 오렌지 스펀지

*2 p.198 크랜베리 꿀리

*3 p.176 크랜베리 콤포트

1    하루 전날 크랜베리 꿀리를 만들어 두세요.

2    하루 전날 크랜베리 콤포트를 만들어요. 콤포트를 체에 걸러 과육의 물기를 빼 주세요.

3    콤포트 시럽을 덜어 70g 정도 준비하세요.

4    오렌지 스펀지 시트는 1.5cm 두께로 슬라이스하여 3장을 준비해 주세요.

5    냉동 또는 생 크랜베리에 설탕을 듬뿍 버무려 냉동실에 넣어 두세요.

6-7   생크림에 크랜베리 꿀리와 슈가파우더를 넣고 중속에서 60%까지만 휘핑해요.

8     생크림 중 130g을 마무리 아이싱용으로 덜어 두고 랩을 씌워 아이싱하기 전까지 냉장실에 보관하세요.

9     나머지 크림은 샌딩용으로 95%까지 휘핑하세요.

      More   크랜베리는 펙틴이 풍부해 크림이 금방 묵직해질 거예요. 질감을 잘 확인하면서 휘핑하세요.

10-11   다른 휘핑볼에 생크림B와 설탕 그리고 바닐라빈 페이스트를 넣고 95%까지 휘핑하세요.

12  13  14
15  16  17
18  19

Joconde's
Baking

## 아이싱 & 데코레이션

12-14 돌림판에 시트 한 장을 올리고 콩포트 시럽을 바른 후 100g 정도의 크랜베리 생크림을 올려 주세요.
        윗면과 옆면을 깔끔하게 마무리해 주세요.

15      두 번째 시트를 올리고 콩포트 시럽을 적신 후 휘핑한 기본 생크림을 1/4만 펴 발라요.

16      그 위에 크랜베리 콩포트를 적당량 올려 주세요.

        More  크랜베리 콩포트는 신맛이 꽤 강해요. 취향대로 올려 주세요.

17-19 나머지 기본 생크림을 모두 바르고 윗면과 옆면을 깔끔하게 마무리해 주세요.
        세 번째 시트를 올리고 콩포트 시럽을 바른 뒤 남은 크랜베리 생크림으로 애벌 아이싱을 하세요. 그리고 냉장고
        에 10~15분간 넣어 두어 차갑게 유지하세요.

20-21 아이싱용으로 덜어 둔 크랜베리 생크림 130g을 85%까지 휘핑한 후 마무리 아이싱을 해 주세요.

22 아이싱 막바지에 직각 스크래퍼로 옆면을 정리하면서 생기는 케이크 둘레의 댐은 깎아 내지 말고 그대로 두세요.

23 케이크 윗면에 소용돌이 무늬를 만들어요. 먼저 한 손으로 돌림판을 돌려 주세요. 동시에 아이싱 스패츌러 끝의 둥근 부분을 케이크 윗면 바깥 부분에 가볍게 붙이세요. 돌림판을 계속 돌리면서 원을 그려요. 가장 바깥쪽 원이 완성될 때쯤 천천히 중심쪽으로 이동하는데, 스패츌러 폭만큼 옮겨 간다고 생각하세요. 가운데에 도착했을 때 스패츌러를 슬며시 떼 주세요.

> **Tip** 소용돌이 모양은 약간 거칠게 만드는 것이 더 예뻐요.

24 냉동실에 넣어 둔 크랜베리에 설탕을 한 번 더 버무린 후 케이크 위에 로즈마리와 함께 장식합니다.

# Grapefruit Earl Grey Torte
## 자몽 얼그레이 토르테

# Grapefruit
# Earl Grey Torte

토르테(Torte)는 스펀지 시트에 잼이나 크림을 샌드하여 만드는 과자의 한 종류예요. 15세기 후반부터 인기를 끌어서 여러분이 잘 알고 계신 자허토르테나 린처토르테 등으로 발전했어요.

전 평소에 즐기는 얼그레이 홍차를 우려 시트를 만들었어요. 무슨 필링이 어울릴까? 영상을 찍을 때처럼 원고를 쓸 때도 고민과 실험을 거듭해 선택한 것이 이 자몽 커드였어요. 과하게 달지 않은 특유의 향과 맛이 너무 잘 어우러져 만들고 나서 먹어 보고 아주 만족했답니다. 그 위에 올라 간 빠알간 구슬이 너무 예쁘죠? 잘 어울리는 자몽과 한껏 머금은 자몽젤리까지, 이 케이크를 정말 너무 자랑하고 싶었어요. 제 이런 마음, 아시겠죠?

◎ ★ ★ ☆

⌂ 냉장보관(3일)

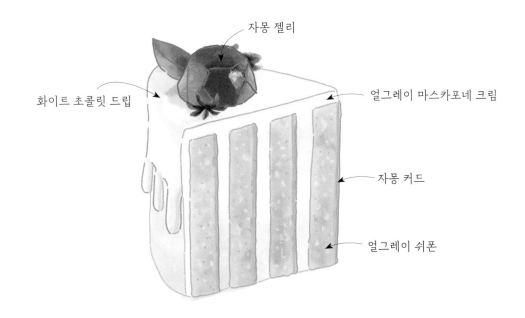

자몽 젤리

화이트 초콜릿 드립

얼그레이 마스카포네 크림

자몽 커드

얼그레이 쉬폰

l 시트

얼그레이 쉬폰*1

l 얼그레이 생크림*2

얼그레이 찻잎 8g, 생크림A 100g, 생크림B 230g,
자몽 제스트 6g, 설탕 25g

l 얼그레이 마스카포네 크림

얼그레이 생크림 전량, 마스카포네 치즈 44g,
설탕 28g

l 화이트 초콜릿 드립*3

화이트 초콜릿 커버춰 20g,
화이트 코팅 초콜릿 23g, 생크림 22g

l 시럽

물 60g, 설탕 20g, 키르쉬(체리 리큐르) 6g

l 필링

자몽 커드*4 110g

l 데코레이션

자몽 젤리 보석*5, 타임 허브, 자스민 허브

l 도구

1/2 빵팬(39×29cm), 믹싱볼, 실리콘 주걱, 블렌더,
가루체, 핸드믹서, 브러시, L자 스패출러, 투명 무스띠

참고하세요

*1 p.127 쉬폰법 / 얼그레이 쉬폰    *4 p.189 자몽 커드

*2 p.242 얼그레이 생크림    *5 p.336 젤리 보석 1

*3 p.352 화이트 초콜릿 드립

1

2

3

4

## 미리 할 일

1      하루 전날 자몽 커드를 만들어 두세요.

2      하루 전날 자몽즙으로 만든 젤리를 만들어 둡니다.

3      하루 전날 설탕을 제외하고 얼그레이 생크림을 만들어 냉장고에 넣어 숙성시켜 두세요.
        케이크를 만들기 전 숙성한 생크림을 냉동실에 약 35~40분 동안 넣어 두어 테두리에 살얼음이 얇게 생기도록
        하세요.

4      얼그레이 쉬폰 시트를 굽고 시트의 테두리를 깔끔하게 잘라 준 후 폭 7cm, 길이 34cm 크기로 3장 잘라주세요.

## 얼그레이 마스카포네 크림

5     미리 준비한 얼그레이 생크림에 마스카포네 치즈와 설탕, 바닐라 익스트랙을 넣어 주세요.

6     핸드믹서 중속으로 휘핑해 주세요. 약 60%까지만 휘핑*하세요.   * p.232 '휘핑하기' 참고

7     휘핑한 크림 중 아이싱용으로 150g만 덜어서 랩을 씌워 냉장실에 넣어 두세요.

8     나머지 크림은 샌딩용으로 95%까지 휘핑한 후 역시 냉장실에 넣어 두세요.

## 아이싱 & 데코레이션

9     얼그레이 쉬폰 시트의 구움 색이 난 부분이 위로 가게 한 다음. 자른 시트는 나란히 붙여 주세요. 그 위에 자몽 커드 110g을 고른 두께로 발라 주세요.

10    그리고 냉동실에 20분간 넣어서 굳혀 주세요.

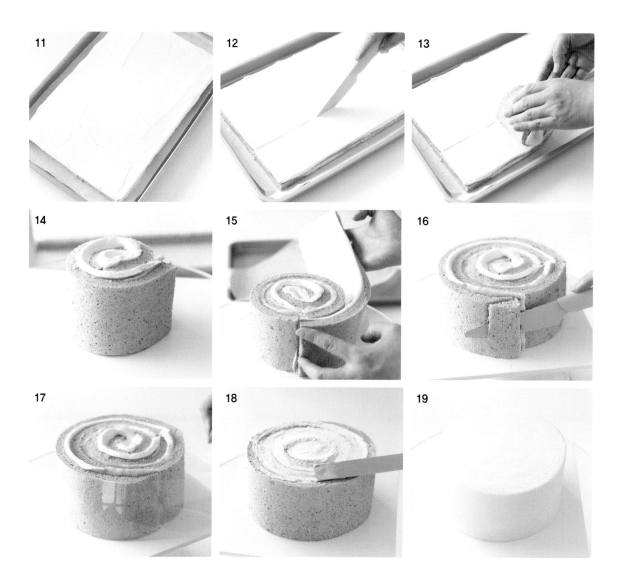

11 시트에 바른 자몽 커드가 어느 정도 굳었을 때 '8'의 얼그레이 마스카포네 크림을 펴 발라 주세요. 그리고 다시 냉동실에 잠시 넣어 두세요.

12-13 '11'를 꺼내서 크림에 가려진 경계를 나눠 준 후, 손으로 시트 한 장을 말아 줍니다. 너무 힘주어 말게 되면 크림이 빠져나올 수 있으니 주의하세요.

14-15 한 장 말아 준 것을 케이크 돌림판의 중앙에 올려 준 다음, 또 한 장을 가져와 연결하여 말아 주세요. 사이가 약간 벌어질 수 있지만 큰 문제는 없어요.

16 세 번째 시트를 연결하여 말아 준 뒤 끝부분을 톱니칼로 잘라 사선을 만들어 주세요.

17 손으로 케이크의 모양을 잡아 준 후, 투명 무스띠(폭 7cm)를 타이트하게 감아 주세요. 접착 테이프로 단단히 고정합니다. 그리고 냉장실에 넣어 모양이 유지되도록 굳혀 주세요.

18 무스띠를 뗀 후 윗면의 크림을 깔끔하게 정리하세요.

19 아이싱용으로 덜어 둔 생크림을 85% 정도 휘핑해 마무리 아이싱을 해 주고 냉동실에 15분간 넣어 두어 차게 만들어 주세요.

20 그 사이 화이트 초콜릿 커버춰와 코팅 초콜릿에 80℃로 데운 생크림을 붓고 잠시 기다렸다가 초콜릿이 부드러워지면 잘 녹여 가나슈*를 만들고 식혀 주세요. 필요시 화이트 식용색소를 사용하세요.
   * p.352 '화이트 초콜릿 가나슈 드립' 참고

21 냉동실에 있던 케이크를 꺼내 오세요. 가나슈 온도가 34°~35℃일 때 케이크 중앙에 모두 부어 주세요.

22 돌림판을 돌리면서 스패츌러로 가나슈를 케이크 가장자리 쪽으로 밀어내 펼쳐 주세요.

23 가나슈가 전체적으로 다 덮이면 스패츌러 끝을 케이크 중앙에 위치하고, 스패츌러의 날은 수평으로 유지하세요. 이때 날 앞쪽은 아주 조금 벌리고 날 뒤쪽은 가나슈 위에 살짝 얹어 주세요. 그 상태에서 반대 손으로 돌림판을 돌려주면, 스패츌러가 가나슈를 가볍게 밀어 주게 되어 케이크 아래로 흐를 거예요. 가나슈가 옆면으로 1~1.5cm 내려올 때쯤 스패츌러를 케이크 바깥쪽(돌림판이 도는 반대 방향)으로 부드럽게 이동하면서 떼 주세요. 이때 수평을 끝까지 유지해야 돼요.

24 화이트 가나슈는 빨리 굳지 않고 일정 시간 천천히 흘러내릴 거예요. 적당한 길이로 흐르면 곧장 냉장실에 넣어 굳혀 주세요. 그 후로도 완전히 굳지 않고 손에 묻어 날 수 있어요. 이점 참고하세요.

25 완성된 케이크에 자몽 젤리 보석, 타임 허브 그리고 자스민 허브잎으로 장식하여 마무리합니다.

Cinnamon Apple Cake

# 시나몬 사과 케이크

# Cinnamon Apple Cake

시나몬 사과 케이크는 상큼하면서도 여름의 끝과 가을의 시작을 알리는 과일인 청사과를 선택해 만든 너무나도 예쁜 케이크입니다.

사과 생크림 케이크는 저도 처음 접하는 것이라 어떤 맛을 낼 수 있을지 고민을 많이 했어요. 결국 청사과의 이미지에 맞게 예쁜 사과 케이크를 만들었어요. 사과 조림에 시나몬 가루를 첨가해서 그 은은한 향이 단맛을 더 기분 좋게 해 줘요. 그리고 많이들 아시겠지만 조꽁드라는 이름이 기사를 통해 소개되었던 계기가 된… 네, 맞습니다. 바로 그 유명한 케이크입니다. '그만큼 예쁘고 맛있어서 그랬겠지'라며 덕분에 만나게 된 구독자님들 생각해서 좋게 생각하기로 했어요.

뺏고 싶을만큼 예쁜 시나몬 사과 케이크!! 어렵지 않아요. 여러분도 조꽁드 레시피를 뺏어 보시죠!

냉장보관(3일)

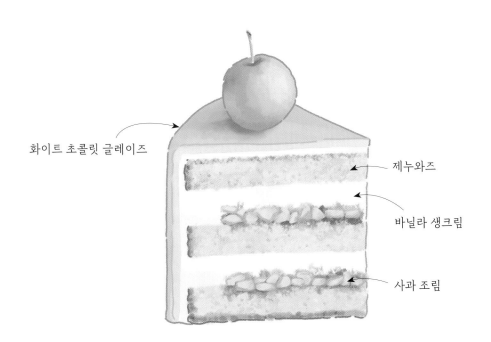

화이트 초콜릿 글레이즈

제누와즈

바닐라 생크림

사과 조림

l 시트

기본 제누와즈*1
(15cm)

l 사과 조림

깎은 사과 200g, 설탕 45g, 박력분 5g,
시나몬 가루 3g, 물 25g

l 바닐라 생크림

생크림 370g, 설탕 30g, 바닐라빈 페이스트 2g

l 시럽

물 60g, 설탕 20g, 시나몬 가루 1g

l 화이트 초콜릿 글레이즈*2

젤라틴 6g, 물 38g, 물엿 75g, 설탕 75g, 연유 50g,
화이트 초콜릿 커버춰 75g

l 데코레이션

알프스 오토메 청사과, 휘핑한 생크림 약간

l 도구

15cm 원형팬, 저울, 믹싱볼, 실리콘 주걱, 핸드믹서, 붓,
스패출러, 유산지, 미니 L자 스패출러, 805호 원형깍지,
869K호 상투깍지

*1 p.48 공립법 제누와즈 /기본 제누와즈

*2 p.345 화이트 초콜릿 글레이즈

1    하루 전날 화이트 초콜릿 글레이즈*를 미리 만들어 두세요.
     * 청사과 색이 나도록 초록색소를 사용했어요.

2    휘핑볼에 바닐라 생크림 재료 중 생크림만 계량하여 냉동실에 약 35~40분 동안 넣어 두어 테두리에 살얼음이
     얇게 생기도록 하세요.

3-4  사과는 8mm 크기로 깍뚝 썰어 준비해요.
     냄비에 시럽 재료를 모두 넣고 끓인 후 완전히 식혀 주세요.

5    제누와즈를 1.5cm 두께로 슬라이스하여 3장 준비합니다.

6    805호 원형깍지, 869K호 상투깍지를 짤주머니에 끼워 준비해 둡니다.

7 볼에 설탕과 박력분, 시나몬 가루를 섞어 두세요.

8-9 프라이팬에 중불로 버터를 넣고 녹인 후 버터가 끓어 오르면 설탕, 시나몬 가루 그리고 박력분을 섞어 둔 것과 물을 넣어 주세요.

10 잘 저어 주면서 중약불에서 끓이세요.

11 바글바글 끓으면 사과를 넣고 볶듯이 졸여 주세요. 가끔씩 저어 주면서 팬에 눌러 붙지 않도록 해 주세요. 이때 소스의 수분이 너무 부족하다면 물을 10g씩 추가하면서 농도를 조절하세요.

12 사과에서 수분이 빠져 크기는 작아지고 물렁해질 거예요. 사과의 아삭한 식감이 남아 있을 때 불을 끄고 완전히 식혀 주세요.

13 냉동실에 넣어 둔 생크림의 테두리에 살얼음이 생기면 꺼내어 설탕과 바닐라빈 페이스트를 넣고 60%까지 휘핑*하세요. 아이싱용으로 140g만 덜어 내서 랩을 씌워 냉장고에 넣어 두세요. * p.234 '휘핑하기' 참고

14-15 나머지 크림은 95%까지 휘핑하세요.

16-17 제누와즈 1장을 돌림판에 올리고 시럽을 적셔 주세요. 휘핑한 크림을 805호 깍지를 낀 짤주머니에 넣어 테두리에 한 바퀴 둘러 짜고 가운데에 사과 조림의 절반을 올려 주세요.

18-19 그 위에 생크림을 짜서 덮어 주세요.* 윗면은 평평하게 하고 옆면을 깔끔하게 마무리하세요.
 * 한 단에 바닐라 생크림 110g 정도 필요해요.
 두 번째 시트를 올리고 1단과 같은 과정을 반복하여 2단을 완성하세요.

20-21 세 번째 시트를 올리고 시럽을 바른 뒤 나머지 생크림을 이용해 애벌 아이싱을 해요.
 그리고 냉장실에 10~15분 동안 넣어 두어 차게 해 주세요.

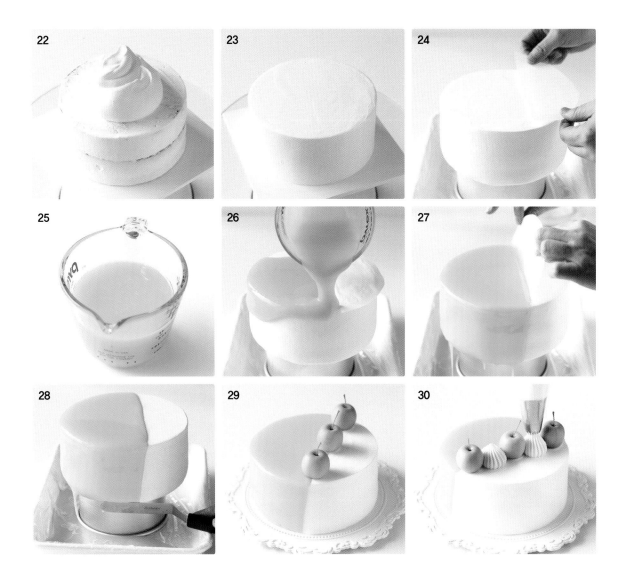

22-23 덜어둔 생크림 140g을 85%까지 휘핑한 후, 마무리 아이싱을 해 주세요.
아이싱이 끝나면 냉동실에 넣어 4시간 동안 얼려 주세요.

> **More** 케이크가 충분히 얼어 있지 않으면 유산지에 생크림이 달라 붙거나, 글레이즈를 부었을 때 생크림이 함께 흘러내릴 수 있어요.

24 유산지로 케이크 상단의 1/3 정도를 덮어 주세요.

25 준비된 글레이즈를 중탕이나 전자레인지로 데워 다시 부드럽게 만든 다음 34°~35℃까지 식혀 주세요. 글레이즈의 온도가 균일해지도록 천천히 저어 주세요.

26 케이크 위 2/3 부분에 천천히 붓다가 케이크 테두리를 따라 골고루 덮어 주세요.

27 글레이즈가 모두 흘러내리면 유산지를 조심스럽게 떼어 내세요. 유산지 위에 캐러멜이 많이 묻었다면 흐르지 않도록 잘 감싸서 들어 내세요.

28 케이크 하단에 맺힌 글레이즈가 더 이상 뚝뚝 흐르지 않을 때 작은 ㄴ자 스패출러 등쪽으로 글레이즈가 늘어진 부분을 케이크 안쪽 방향으로 쓸어 넣는 느낌으로 정리해 주세요.

29-30 미니 청사과를 글레이즈 경계 부분에 올리고, 생크림을 소량 휘핑하여 상투깍지로 짜서 장식해요.

White Mocha Caramel Cake

# 화이트 모카 캐러멜 케이크

# White Mocha
# Caramel Cake

쌀쌀해지면 역시 커피죠! 그리고 달콤한 캐러멜이면 세상 행복합니다. 이번 레시피는 화이트 커피 생크림에 달콤한 캐러멜을 곁들인 케이크로 고급스러운 맛이 일품이에요.

케이크 장식을 위해 담쟁이 잎을 이용했어요. 저희 집 앞에 많은 아이들이라 골라 데려 왔어요. 담쟁이는 독성이 없고, 한방에서는 약재로도 사용했다고 『동의보감』에 나와 있다고 해요. 그래도 이 잎을 베이킹에 사용하기 전에는 물에 잘 씻고 알코올로 소독 후 사용하였답니다~. 이 잎을 이용해 나뭇잎 모양 초콜릿을 만들어 장식했더니 더욱 가을 분위기가 나는 것 같아요.

모양도 가을가을하지만, 맛도 정~~말 맛있답니다. 크… 어서 만들어 보자고요. 제발!

냉장보관(3일)

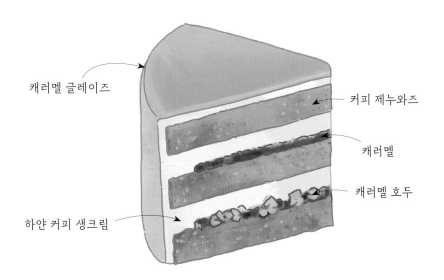

캐러멜 글레이즈

커피 제누와즈

캐러멜

캐러멜 호두

하얀 커피 생크림

| 시트

커피 제누와즈*1
(지름 15cm)

| 하얀 커피 생크림*2

커피 원두 52g, 생크림A 150g, 생크림B 250g,
설탕 28g

| 캐러멜*3

설탕 100g, 생크림 100g, 버터 10g, 소금 0.5g

| 캐러멜 글레이즈*4

젤라틴 5g, 설탕 83g, 물 100g, 물엿 83g,
연유 55g, 화이트 초콜릿 83g

| 커피 시럽

에스프레소 60g, 설탕 10g, 깔루아(커피 리큐르) 6g

| 캐러멜 호두

다진 호두 25g, 설탕 15g, 물 6g

| 데코레이션

나뭇잎 초콜릿 장식*5

| 도구

15cm 원형팬, 저울, 믹싱볼, 실리콘 주걱, 후라이팬,
핸드믹서, 붓, 스패출러, 유산지, 806호/804호 원형깍지,
미니 L자 스패출러

*1 p.71 공립법 제누와즈 / 커피 제누와즈

*2 p.242 하얀 커피 생크림

*3 p.204 캐러멜 / 건식 캐러멜

*4 p.349 캐러멜 글레이즈

*5 p.286 나뭇잎 초콜릿

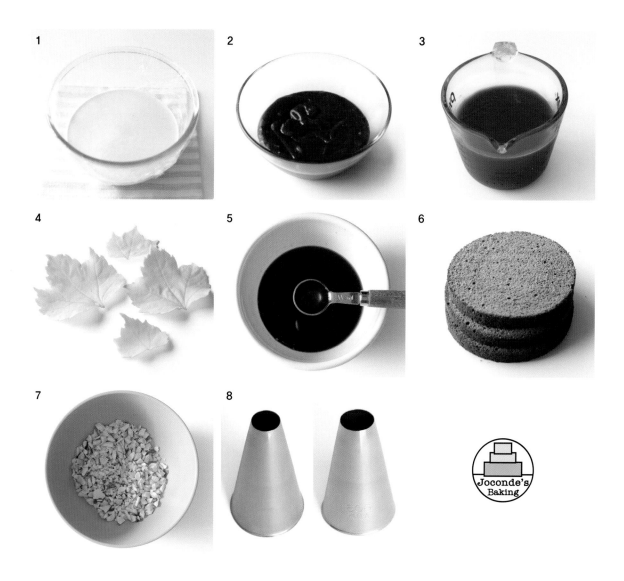

## 미리 할 일

1 하루 전날 하얀 커피 생크림 재료 중 설탕을 제외한 재료로 커피 생크림을 만들어 12시간 숙성시켜 두세요. 휘핑 전에 냉동실에 35~40분간 넣어 두어 테두리에 살얼음이 얇게 생기도록 하세요.

2 하루 전날 드라이 메소드로 캐러멜을 만들어 주세요.

3 하루 전날 캐러멜 글레이즈를 만들어 두세요.

4 초콜릿 나뭇잎을 만들어 준비하세요.

5 시럽 재료 중 에스프레소와 설탕을 끓인 후, 한김 식으면 깔루아를 넣고 완전히 식혀 주세요.

6 커피 제누와즈를 1.5cm 두께로 슬라이스하여 3장 준비합니다.

7 호두를 5mm 크기로 잘게 다져 준비하세요.

8 804호/806호 원형깍지를 짤주머니에 끼워 두세요.

## 캐러멜 호두

9  팬에 설탕과 물을 넣고 중약불에서 끓이세요. 젓지 말고 팬을 움직여 설탕이 물에 녹을 수 있도록 해 주세요.

10  설탕이 녹아서 투명해지고 자글자글 끓기 시작하면 다진 호두를 넣고 볶아 주세요.

11  호두를 계속 볶다 보면 설탕이 다시 크리스탈화 되면서 하얗게 코팅이 돼요.

12  그 단계를 지나서도 계속 볶아 주세요. 불을 약하게 하고 호두가 많이 타지 않도록 주의하세요.
    조금씩 설탕이 갈색으로 변하고 캐러멜화가 되면 불을 끄세요.

13  그릇에 최대한 펼쳐서 식혀 주세요.

## 하얀 커피 생크림

14  준비된 하얀 커피 생크림에 설탕을 넣고 60%까지 휘핑하세요.

15  그중 아이싱용으로 140g만 덜어내서 랩을 씌워 냉장고에 넣어 두세요. 나머지는 95%까지 휘핑해요.

16  휘핑한 생크림을 806호 깍지를 끼운 짤주머니에 넣어 주세요.

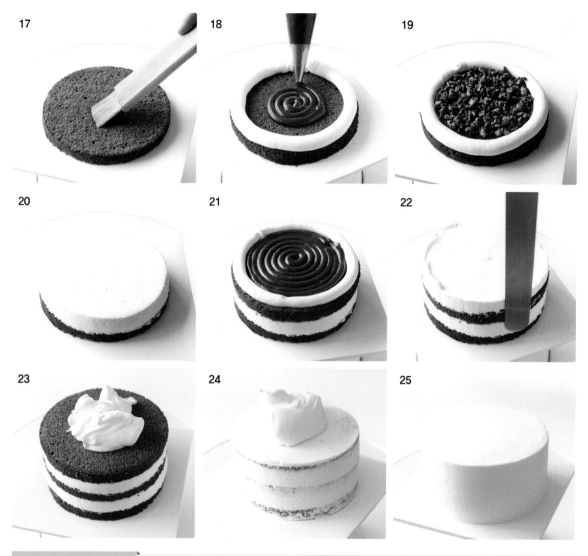

17  커피 제누와즈 한 장을 돌림판에 올리고 시럽을 발라 주세요.

18  생크림을 둘레에 짜 주세요. 그 가운데에 804호 깍지로 캐러멜*을 짜서 채워 주세요.
    * 한 단에 캐러멜이 약 60g 정도 필요해요.

19  그 위에 식혀 둔 캐러멜 호두를 모두 올려 주세요.

20  생크림*을 덮어 발라 주세요.   * 한 단에 하얀 커피 생크림이 95g 정도 필요해요.

21-22  두 번째 시트를 올리고 시럽을 적신 후 캐러멜을 채워 주세요. 두 번째 단에는 호두는 올리지 않고 생크림만 더
       올려 발라 주세요.

23-24  세 번째 시트를 올리고 시럽을 적신 후 나머지 크림으로 애벌 아이싱을 해 주세요. 그리고 냉장실에 10~15분
       동안 넣어 두어 차게 해 주세요.

25  아이싱용으로 남겨 둔 140g의 생크림을 85%까지 휘핑한 후 마무리 아이싱을 해 주세요. 아이싱이 끝난 케이
    크는 냉동실에 넣어 4시간 동안 얼려 주세요.

    **More**  케이크가 충분히 얼어 있지 않으면 유산지에 생크림이 달라 붙거나, 글레이즈를 부었을 때 생크림이 함께 흘
    러내릴 수 있어요.

26    얼린 케이크 위에 유산지로 케이크의 상단의 1/3 정도를 덮어 주세요.

27    만들어 둔 캐러멜 글레이즈를 중탕이나 전자레인지로 데워 다시 부드럽게 만든 다음 23.8℃까지 식혀 주세요.
      글레이즈의 온도가 균일해지도록 천천히 저어 주세요.

      **More** 캐러멜 글레이즈를 부어 주는 온도는 실내 온도에 따라 민감하게 달라져야 해요.
      보통은 22℃~25℃ 사이에 부어 주는 것이 적당한데요. 실내 온도가 높으면 22℃~23℃에 붓고, 낮으면 24℃~25℃도
      정도가 적당해요.

28    케이크 위 2/3 부분에 천천히 붓다가 케이크 테두리를 따라 골고루 덮어 주세요.

29    글레이즈가 모두 흘러내리면 유산지를 조심스럽게 떼어 내세요. 유산지 위에 캐러멜이 많이 묻었다면 흐르지
      않도록 잘 감싸서 들어내세요.

30    케이크 하단에 맺힌 글레이즈가 더 이상 뚝뚝 흐르지 않을 때 작은 L자 스패출러 등쪽으로 글레이즈가 늘어진
      부분을 케이크 안쪽 방향으로 쓸어 넣는 느낌으로 정리해 주세요.

31    초콜릿 나뭇잎을 글레이즈 경계 부분에 올려 장식합니다.

Amazing Taste Chestnut Cake

# 부드러운 인생 밤 케이크

# Amazing Taste
# Chestnut Cake

부드러운 인생 밤 케이크 재료 소개에 있는 보늬밤. 영화 〈리틀 포레스트〉에서 주인공이 가을에 밤을 모아서 만들던 그 밤 조림, 맞아요. 그게 바로 보늬밤이에요. 전 시판용 보늬밤을 구입했어요. 하지만 가을에 집에 밤이 많다면 한번 만들어 보셔도 좋을 것 같아요. 이번엔 보늬밤 보다는 '인생 밤크림' 만드는 레시피를 전해드릴게요. 조꽁드 레시피는 꼭 따라해 보세요. 한번 먹어 보면 바로 정착하게 될 거예요.

맛 보고 놀랄 여러분의 모습을 상상하며 레시피 알려 드릴게요!!

◎ ★ ★ ★

🍽 냉장보관(3일)

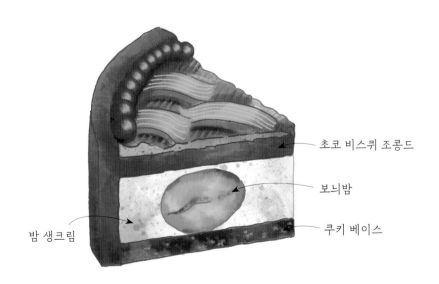

초코 비스퀴 조콩드

보늬밤

쿠키 베이스

밤 생크림

**| 시트**

초코 비스퀴 조콩드*1

**| 크렘 무슬린*2**

달걀노른자 18g, 설탕 26g, 박력분 7g, 우유 85g,
바닐라 익스트랙 4g, 버터 65g

**| 밤 크림**

크렘 무슬린 전량, 보늬밤 페이스트 170g, 럼 6g

**| 밤 생크림**

생크림 85g, 밤 크림 170g, 설탕 8g

**| 시럽**

보늬밤 시럽(시판) 40g

**| 필링**

보늬밤(시판) 6~7개

**| 쿠키 베이스**

통밀 쿠키 80g, 코코아 가루 3g, 녹인 버터 35g

**| 데코레이션**

밤 크림 160g, 초콜릿 나뭇잎 튀일*3,
초콜릿 크런치 볼(발로나)

**| 도구**

1/2 빵팬(39×29cm), 저울, 믹싱볼, 실리콘 주걱,
핸드믹서, 붓, 미니 L자 스패츌러, 고운체, 스크래퍼,
807호 원형깍지, 895호 바구니깍지

*1 p.145 비스퀴 / 초코 비스퀴 조콩드

*2 p.218 크렘 무슬린

*3 p.313 나뭇잎 튀일

**1-2** 키친타월로 보늬밤의 수분을 닦아 주세요. 보늬밤 시럽을 덜어 준비해 주세요.

**3-4** 초코 비스퀴 조콩드를 구워서 식힘망에 올려 완전히 식혀 주세요. 시트의 테두리를 잘라 내고 폭 6cm되는 직사각형 두 개와 지름 14cm 정도인 원 1개를 재단해 주세요.

**5** 지름 15cm 무스링 바닥 쪽에 랩을 씌우고 안쪽 옆에 초코 비스퀴 시트를 둘러 주세요. 두 장의 시트를 연결하고 남는 부분은 잘라내 주세요.

> **Tip** 시트는 시간이 지나면 조금씩 수축해요. 처음에 딱맞게 하기보다는 약간 길게 잘라서 꽉 끼워 준다는 생각으로 둘러 주세요.

**6** 807호 원형깍지, 895호 바구니깍지를 짤주머니에 끼워 준비해요.

쿠키 베이스

7      통밀 쿠키를 곱게 빻아 주세요.

8-9    코코아 가루와, 녹인 버터를 넣어 잘 섞어 주세요.

10-11 시트를 두른 무스링 바닥에 쿠키 가루 반죽을 넣고 바닥이 평평한 도구를 이용해 단단히 다져 주세요.

12     랩을 씌워 냉장고에 넣어 두세요.

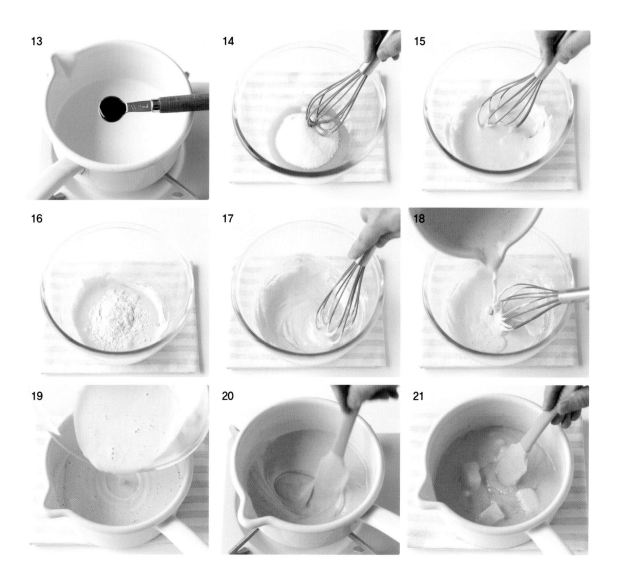

## 크렘 무슬린

13    냄비에 우유와 바닐라 익스트랙을 넣고 끓기 직전까지 데워 주세요.

14-15  달걀노른자를 먼저 풀어 준 뒤 설탕을 넣고 뽀얗게 될 때까지 휘핑해 주세요.

16-17  박력분을 넣고 완전히 섞어 주세요.

18    '13'의 데운 우유를 조금씩 부으면서 매끄럽게 섞어 주세요.

19    반죽을 다시 냄비에 부어 주세요. 그리고 중약불에 올려 가열하면서 계속 저어 주세요.

20    수프 질감처럼 되직해지고 기포가 폭폭 올라오면 조금 더 저어 주다가 불에서 내려요.

21    크림이 뜨거울 때 깍뚝 썬 상온의 버터를 조금씩 넣으면서 녹여 주세요. 완전히 유화될 수 있도록 잘 섞어 주세요.

> **Tip**  원래 크렘 무슬린은 커스터드 크림에 버터를 넣으면서 휘핑하여 묵직한 크림을 만들지만 이 레시피는 휘핑하
> 지 않고 묽은 상태를 그대로 식혀서 사용해요.

22-23 크렘 무슬린을 체에 내려 혹시 있을지 모를 덩어리를 걸러 주세요.

24　체에 내린 크렘 무슬린을 랩을 바짝 붙여 덮은 후 상온에서 완전히 식혀 주세요.

**밤 크림**

25-26 보늬밤 페이스트를 고운체에 내려 굵은 속껍질이나 섬유질 등을 걸러 주세요.

27-28 보늬밤 페이스트에 럼을 넣고 잘 섞어 주세요.

29-30 밤 페이스트에 완전히 식은 크렘 무슬린을 넣고 잘 섞어 준 다음 냉장고에 넣어서 차게 만들어 주세요.

## 밤 생크림

31-32 차갑게 준비한 생크림에 설탕을 넣고 100%까지 단단하게 휘핑해 주세요.

33-35 다른 볼에 '30' 밤 크림 중 170g만 넣고 휘핑한 생크림을 두 번에 나누어 넣으면서 잘 섞은 후, 밤 생크림을 807호 깍지를 끼운 짤주머니에 담아 주세요.

## 어셈블

36    '12'에서 준비한 무스링 바닥에 밤 생크림을 한 겹만 둘러 짜 주세요.

37    그 위에 보늬밤을 올려 지긋이 눌러 주세요.

38-39 그 위에 밤 생크림을 한 번 더 짠 후 평평하게 다듬어 주세요. 이때 크림을 채우고도 약 1.5cm 정도 높이의 공간이 남아야 해요.

40    원형의 시트를 틀 안쪽 지름에 맞게 가위로 잘라 주세요.

41-42  '39' 위에 시트를 올리고 보늬밤 시럽을 발라 주세요.

43-44  남은 밤 크림을 895호 바구니깍지를 끼운 짤주머니에 담고 니트 짜기로 윗면을 채워 주세요.

45    니트 짜기를 한 후 테두리에 초코 크런치를 장식해 주세요. 여기까지 한 후 케이크를 냉장실에 넣어 6시간 동안
      굳혀 주세요.

46-47  무스링 아래의 랩을 떼어 내고 무스링을 제거해 주세요.

48    보늬밤과 초코 나뭇잎 튀일을 올려 장식합니다.

# 헤이즐넛 초코 주르륵 케이크

# Hazelnut Chocolate Cake

초코가 주르륵~ 흘러내린 케이크는 너무 예쁘지 않나요? 제가 영상에서 다양한 '주르륵 시리즈'를 만들어 보았는데요, 이번에는 책 출간을 염두에 두고 특별히 헤이즐넛 시트를 활용한 케이크를 만들어 보았어요. 이 두 조합은… 맞아요, 페레로로쉐와 비슷한 느낌이 날 겁니다. 그러나 단언컨데 비교가 힘들 만큼 더 고급스럽고 화려한 초콜릿 풍미에 흠뻑 빠지실 거예요.

그래서 전 이 케이크를 밸런타인데이 선물용으로 추천해 봐요. 사랑하는 사람을 생각하며, 내 사랑을 표현하기 위한 세상에 단 하나뿐인 나만의 케이크 선물, 생각만 해도 너무 로맨틱하지 않나요. 저에게도 이런 선물해 주실 분, 어디 안 계신가요?

🎯 ★ ☆ ☆

🍽 냉장보관(3일)

미니 초콜릿 바

가나슈 드립

헤이즐넛 초코 제누와즈

다크 초코 가나슈 몽테 크림

**ㅣ시트**

헤이즐넛 초코 제누와즈*1
(지름 15cm)

**ㅣ다크 초코 가나슈 몽테*2**

생크림A 100g, 다크 초콜릿 커버춰 67g,
생크림B 200g(또는 생크림184g, 식물성 생크림 16g),
베일리스(초콜릿 리큐르) 4g

**ㅣ가나슈 드립*3**

다크 초콜릿 커버춰 33g, 생크림 30g

**ㅣ코코아 시럽**

물 70g, 설탕 30g, 코코아 가루 12g

**ㅣ데코레이션**

초콜릿 볼*4, 미니 초콜릿 바*5,
페레로로쉐 초코볼(시판), 파스티아쥬 꽃*6, 자스민 잎

**ㅣ도구**

15cm 원형팬, 저울, 믹싱볼, 핸드믹서, 스패츌러,
케이크 돌림판, 붓, 실리콘 주걱

*1 p.80 헤이즐넛 초코 제누와즈     *4 p.271 초콜릿 볼

*2 p.252 다크 초코 가나슈 몽테     *5 p.278 미니 초콜릿 바

*3 p.352 가나슈 드립               *6 p.327 파스티아쥬 꽃

1  하루 전날 다크 초코 가나슈 몽테를 만들어 12시간 동안 숙성시켜 주세요. 케이크 만들기 전 숙성한 화이트 초
   콜릿 가나슈 몽테를 냉동실에 약 30~40분 동안 넣어 두어 살얼음이 얇게 생기도록 하세요.

2  냄비에 코코아 시럽 재료를 모두 섞어 끓여 준 후 완전히 식혀 줍니다.

3  초코 헤이즐넛 제누와즈를 1.5cm 두께로 슬라이스하여 4장 준비합니다.

4-6  초콜릿 볼, 미니 초콜릿 바, 파스티아쥬 꽃을 준비해 주세요.

**다크 초코 가나슈 몽테**

7    만들어 둔 다크 초코 가나슈 몽테가 테두리에 살얼음이 얇게 생기면 꺼내 60% 정도 휘핑해요.

8    생크림이 60%까지 휘핑이 되면 아이싱용으로 140g을 덜어 두세요. 아이싱하기 전까지 랩을 씌워 냉장실에 보관합니다.

9    나머지 생크림은 샌딩용으로 95%까지 휘핑하세요.

**아이싱 & 데코레이션**

10-12    헤이즐넛 초코 제누와즈 시트 1장을 돌림판에 올리고 코코아 시럽을 적신 후, 샌딩용 가나슈 몽테 크림을 약 60g 올리고 펴 발라 주세요.

13-14    1단과 같은 방법으로 2단, 3단을 완성한 후, 4번째 시트를 올리고 코코아 시럽을 적셔 주세요. 남은 가나슈 몽테 크림을 올려 애벌 아이싱을 하고, 냉장실에 10~15분간 넣어 두어 차게 해 주세요.

15    '8'의 덜어 둔 생크림 140g을 85%까지 휘핑한 후, 마무리 아이싱을 해 주세요. 아이싱을 마친 케이크는 냉동실에 15분 동안 넣어 두어서 아주 차갑게 준비하세요.

16-17 그 사이 다크 초콜릿에 80℃로 데운 생크림을 붓고 잠시 기다렸다가 초콜릿이 부드러워지면 잘 녹여 가나슈를 만들고 식혀 주세요.

18 냉동실에 있던 케이크를 꺼내 오세요. 가나슈 온도가 34°~35℃가 되면 중앙에 모두 부어 주세요.

19 돌림판을 돌리면서 스패츌러로 가나슈를 케이크 가장자리 쪽으로 밀어 내 펼쳐 주세요.

20 가나슈가 전체적으로 다 덮이면 스패츌러 끝을 케이크 중앙에 위치하고, 스패츌러의 날은 수평으로 유지하세요. 이때 날 앞쪽은 아주 조금 벌리고 날 뒤쪽은 가나슈 위에 살짝 얹어 주세요. 그 상태에서 반대 손으로 돌림판을 돌려 주면, 스패츌러가 가나슈를 가볍게 밀어 주게 되어 케이크 아래로 흐를 거예요. 가나슈가 옆면으로 1~1.5cm 내려올 때쯤 스패츌러를 케이크 바깥쪽(돌림판이 도는 반대 방향)으로 부드럽게 이동하면서 떼 주세요. 이때 수평을 끝까지 유지해야 돼요. 가나슈는 저절로 계속 흘러내릴 거예요. 가나슈가 흐르는 것이 멈추면 냉장실에 넣어 굳혀 주세요.

21 초콜릿 볼, 미니 초콜릿 바 그리고 헤이즐넛 초코볼(시판), 파스티아쥬 꽃으로 장식해요.

# 카카오닙스 초코 글레이즈 케이크

# Kakao Nips
## Chocolate Glaze Cake

조꽁드 레시피 영상 중에서요, 특히 남녀노소에게 인기 있는 레시피입니다. 그래서 저도 케이크를 선물할 일이 생기면 더 이상 고민하지 않게 되었죠.

한번은 육아에 지친 친구 집으로 응원차 가게 된 적이 있어요. 첫아이라 모든 게 서툴었던 친구는 외출이 힘들 것 같다며 지저분하지만 집으로 와 달라고 하더라고요. 그래서 조금이라도 기분 좋아지라고 케이크를 만들어 들고 갔죠. 아니나 다를까 아기가 있는 안방을 제외하곤 주방과 거실은 어젯밤 파티가 방금 끝난 대학생의 자취방 같은 느낌이었어요. 전 밥도 제대로 못 먹고 있던 친구에게 따뜻한 차 한잔과 이 케이크를 한 조각 잘라 주며 웃어 줬어요. 친구는 먹다가 너무 맛있다며 울더라고요. 그동안의 고단함을 알아 주는 친구와 그 친구의 달콤한 케이크~. 여러분도 달콤한 카카오닙스 초코 글레이즈 케이크 한 조각 드시고 힘내세요!

@ ★ ★ ★

🔔 냉장보관(3일)

헤이즐넛 초코 스펀지

카카오닙스 생크림

초콜릿 글레이즈

**Ⅰ 시트**

헤이즐넛 초코 스펀지*1
(지름 15cm)

**Ⅰ 카카오닙스 생크림*2**

카카오닙스 50g, 데운 생크림 170g,
차가운 생크림 220g, 설탕 28g,
바닐라빈 페이스트 2g

**Ⅰ 초콜릿 글레이즈*3**

젤라틴 6g, 물 40g, 설탕 100g, 물엿 100g,
생크림 66g, 다크 초콜릿 커버춰 100g

**Ⅰ 시럽**

물 70g, 인스턴트커피 가루 3g, 설탕 23g,
깔루아(커피 리큐르) 6g

**Ⅰ 데코레이션**

카카오닙스 튀일*4, 카카오닙스 적당량

**Ⅰ 도구**

15cm 원형팬, 저울, 믹싱볼, 핸드믹서, 스패츌러,
케이크 돌림판, 붓, 실리콘 주걱

*1 p.112 별립법 스펀지 / 헤이즐넛 초코 스펀지

*2 p.240 카카오닙스 생크림

*3 p.341 초콜릿 글레이즈

*4 p.316 카카오닙스 튀일

1    하루 전날 다크 초콜릿 글레이즈를 만들어 두세요.

2    하루 전날 카카오닙스 생크림을(설탕 제외) 만들어 12시간 동안 숙성시켜 주세요. 케이크 만들기 전 숙성된 화이트 초콜릿 가나슈 몽테를 냉동실에 약 30~40분 동안 넣어 두어 살얼음이 얇게 생기도록 하세요.

3    냄비에 시럽 재료 중 물과 설탕을 넣어 끓인 후, 한김 식으면 깔루아를 넣고 완전히 식혀 주세요.

4    헤이즐넛 초코 스펀지를 1cm 두께로 슬라이스하여 4장 준비하세요.

5    카카오닙스 튀일을 만들어 두세요.

6    코코아닙스 생크림에 설탕을 넣고 60% 정도 휘핑*하세요.    * p.232 '휘핑하기' 참고

7    생크림이 60%까지 휘핑이 되면 아이싱용으로 100g을 덜어 두세요. 아이싱하기 전까지 랩을 씌워 냉장실에 보
     관합니다.

8    나머지 생크림은 샌딩용으로 95%까지 휘핑하세요.

9    헤이즐넛 초코 스펀지 시트 1장 위에 커피 시럽을 13~15g 정도만 발라 주세요. 이 스펀지 시트는 그 자체로
     촉촉하기 때문에 조금만 발라 주세요.

10-11  그 위에 95%까지 휘핑한 카카오닙스 생크림을 샌딩해 주세요.    * 한 단에 카카오닙스 생크림이 63g 정도 필요해요.

12   1단과 같은 방법으로 2, 3단을 모두 완성해 주세요.

13   마지막 네 번째 시트를 올리고 시럽을 바른 뒤 나머지 생크림을 이용해 애벌 아이싱을 해요.
     그리고 냉장실에 10~15분 동안 넣어 두어 차게 해 주세요.

14   덜어둔 생크림 100g을 85%까지 휘핑한 후, 마무리 아이싱을 해 주세요. 아이싱을 마친 케이크는 냉동실에
     30~40분간 얼려 주세요.

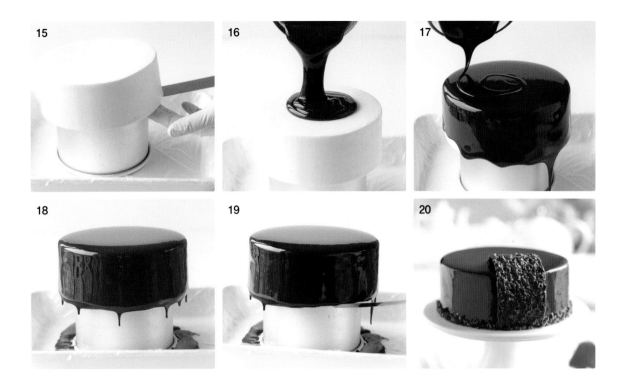

15  냉동실에 얼려 둔 케이크를 꺼내 옵니다. 이때, 표면 온도가 −18°~0℃여야 해요. 케이크보다 지름이 작은 팬을 거꾸로 놓고 그 위에 케이크를 올려 놓으세요.

16–17  글레이즈 온도가 30℃일 때 케이크 중심부터 테두리까지 돌려가며 빠진 곳 없이 부어 주세요.

18  글레이즈가 더 이상 뚝뚝 흐르지 않을 때까지 잠시 그대로 두세요.

19  작은 L자 스패출러 등쪽을 이용해 글레이즈가 늘어진 부분을 케이크 안쪽 방향으로 쓸어 넣는 느낌으로 정리해 주세요.

20  카카오닙스를 케이크 하단에 둘러 주고 카카오닙스 튀일을 장식해 주세요.

Classic Tiramisu

# 클래식 티라미수

# Classic Tiramisu

티라미수는 이탈리아어로 "나를 들어 올리다"라는 뜻이라 하죠. 너무나도 맛있어서 땅굴로 들어가는 기분도 하늘로 붕뜨게 하는 그런 맛입니다.

제 조꽁드 레시피 영상 채널에서 많은 분들이 후기를 남겨 주셨는데 이 클래식 티라미수가 한결같이 최고라며 칭찬해 주셨어요. 이 레시피는 일본에서 배워 온 파티시에의 방법과 조꽁드 노력의 산물로 탄생한 레시피예요.

전 이 레시피에서 특별히 마스카포네 치즈를 사용해요. 당연히 맛 때문이죠. 거기에 파타 봄브 크림을 사용해 한층 깊은 풍미로 업그레이드!! 클래식 티라미수인 만큼 기본에 충실하기 위해 노력한 흔적, 보이시죠?

정성들여 만든 티라미수 한입에 내 몸이 떠오를 것 같은 기분을 느껴 보세요!

 ★ ★ ★

🔔 냉장보관(3일)

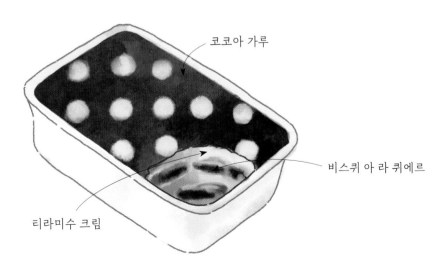

코코아 가루

비스퀴 아 라 퀴에르

티라미수 크림

## 준비하세요

**| 비스퀴 아 라 퀴에르*1**

달걀노른자 18g, 설탕A 10g,
달걀흰자 33g, 설탕B 20g,
박력분 24g, 옥수수 전분 5g

**| 파타 봄브*2**

달걀노른자 30g, 설탕 35g, 물 6g

**| 크림-파타 봄브**

달걀노른자 30g, 설탕 35g, 물 6g

**| 티라미수 크림**

마스카포네 치즈 250g, 깔루아(커피 리큐르) 6g,
골드럼 2g, 쿠앵트로(오렌지 리큐르) 2g
파타 봄브 전량, 생크림 100g, 설탕 10g

**| 시럽**

에스프레소 100g, 설탕 15g, 깔루아(커피 리큐르) 10g
(에스프레소 대체: 뜨거운 물 100g, 인스턴트커피 4g)

**| 데코레이션**

코코아 파우더, 슈가파우더

**| 도구**

18×12×6.5(h)cm 직사각 용기(부피 약 1.4L),
믹싱볼, 사각 시트팬, 핸드믹서, 테프론시트, 짤주머니,
실리콘 주걱, 손거품기, 붓, L자 스패츌러, 분당체,
도트 문양 케이크 스텐실

## 참고하세요

*1 p.152 비스퀴 아 라 퀴에르

*3 p.221 파타 봄브 / 중탕 메소드

1    레시피에 제시된 분량으로 비스퀴 아 라 퀴에르를 구워 준비하세요.

2    시럽 재료의 뜨거운 에스프레소에 설탕을 넣어 녹인 후 깔루아를 섞고 완전히 식혀 주세요.

3    레시피에 제시된 분량으로 중탕 메소드를 이용해 파타 봄브를 만들어 주세요.

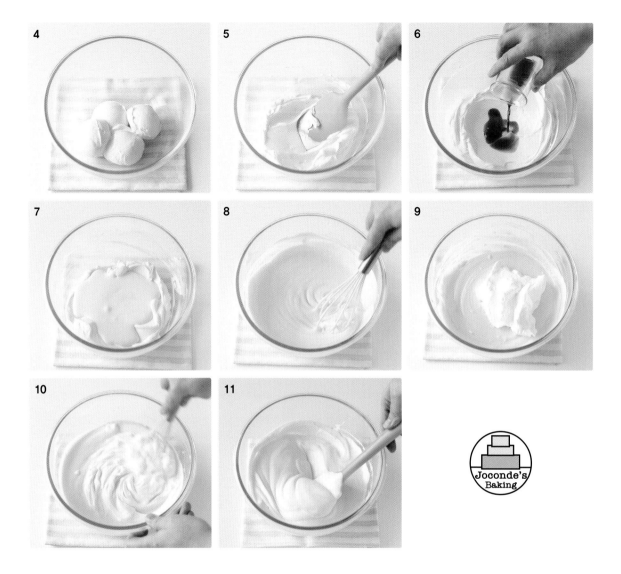

## 티라미수 크림

4-5    마스카포네 치즈를 주걱으로 눌러가면서 부드러워질 때까지 잘 풀어 주세요.

       **Tip** 마스카포네 치즈는 꼭 차가운 상태로 사용해 주세요.

6      잘 풀어진 마스카포네 치즈에 깔루아, 골드럼, 쿠앵트로를 모두 함께 계량해 1/2씩 넣어 가면서 섞어 주세요.
       액체가 들어가면 마스카포네 치즈가 잘 안 풀릴 수 있으니 손거품기를 사용해 꼼꼼히 저어 주세요.

7-8    그리고 만들어 둔 파타 봄브 크림을 넣어서 잘 섞어 주세요.

9-10   생크림에 설탕을 넣어 95~100% 정도로 단단히 휘핑 한 뒤 크림 반죽에 넣어 잘 섞어 주세요.

11     완성된 크림은 볼륨감이 있고 너무 묽지 않은 상태가 되도록 해 주세요.

**12-13** 에스프레소 시럽에 비스퀴를 하나씩 적셔서 용기 바닥에 깔아 준 후 붓으로 시럽을 조금 더 적셔 줍니다.

> **Tip** 비스퀴는 단단하고 바삭해 보이지만 시럽에 넣는 순간 빨리 흡수하고 부드러워져요. 그렇게 되면 손으로 집어 올리는 순간 축 처질 수 있어요. 처음에 앞 뒤로 두 번씩만 적신 후 용기에 깔고 브러쉬로 시럽을 더 충분히 적셔 주세요. 티라미수는 에스프레소 시럽을 충분히 적셔야 맛있어요.

**14-15** 그 위에 티라미수 크림의 절반을 올린 다음 윗면을 대강 평평하게 다듬어 주세요.

**16** 그 위에 한 번 더 비스퀴를 에스프레소 시럽에 적셔 가지런히 놓아 주세요.

**17** 나머지 티라미수 크림을 위에 올려 주세요.

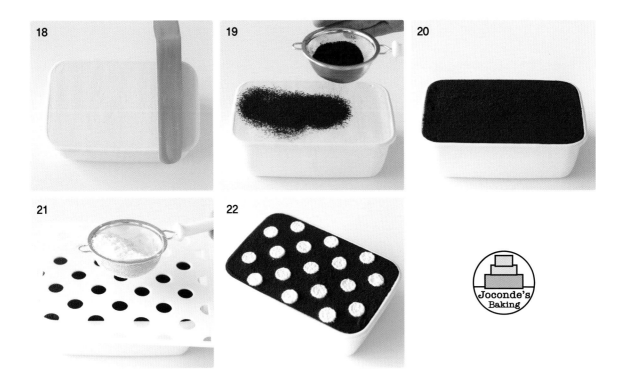

18      스패츌러로 크림의 윗면을 평평하게 다듬어 주세요. 그리고 냉장고에 넣어서 안정화시켜 주세요.

19-20  크림이 어느 정도 안정되면 코코아 가루를 분당체를 이용해 윗면에 골고루 뿌려서 덮어 주세요.

21-22  케이크 데코용 스텐실을 가까이 대고 슈가파우더를 뿌려서서 장식해 주세요.

> **Tip** 티라미수를 냉장고에 보관할 경우 슈가파우더는 습기를 먹어 녹아 버릴 수 있습니다.
> 뚜껑을 덮어 두거나 서빙 바로 전에 장식하는 것을 추천드려요.

# 박하사탕 오레오 초코 케이크

# Mint Candy
# Oreo Chocolete Cake

고백하건대 저는 민초를 좋아하지 않아요. 왜 초코에 민트를 넣는
건가, 늘 궁금했어요. 그런데 제 남편은 민초를 좋아해서 저한테 오
래전부터 민트 초코 케이크를 만들어 달라고 했었죠. 그래서 결국
만들었답니다. 박하사탕 오레오 초코 케이크를요.

어느 날 마트를 돌다가 갑자기 눈에 따악 띈 박하사탕! 이 사탕을
갈아 넣어서 제누아즈를 만들고 생크림을 만들자는 생각을 하며
지난주 내내 테스트, 테스트해 봤지요. 민트 맛은 강하지 않고 은은
하게 프레시하고 콧속에서 민트 향이 솔솔 풍기는 맛이라니.

저는 박하사탕에게 감사해요. 민초 싫어하는 저도 이 박하사탕 덕
에 정말 맛있는 박하사탕 오레오 초코 케이크를 만들 수 있었으니
말이에요. 저처럼 민초를 사랑하지 못했던 분들도 정말 좋아하실
거예요. 강추!

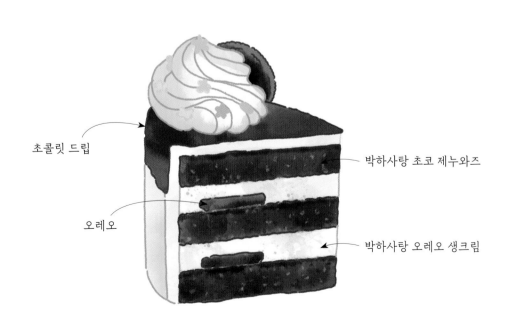

초콜릿 드립

박하사탕 초코 제누와즈

오레오

박하사탕 오레오 생크림

## 준비하세요

**| 시트*1**

박하사탕 초코 제누와즈(지름 15cm)

**| 박하사탕 가루**

박하사탕 80g, 옥수수 전분 1g

**| 박하사탕 생크림*2**

생크림 325g, 박하사탕 가루 40g, 민트색 식용색소

**| 박하 오레오 생크림**

박하사탕 생크림 220g, 오레오 쿠키 가루 21g

**| 초콜릿 드립*3**

다크 초콜릿 커버춰 33g, 생크림 30g

**| 박하 초코 시럽**

물 70g, 박하사탕 가루 35g, 코코아 가루12g

**| 파이핑 용 생크림**

생크림 100g, 박하사탕 가루 8g, 민트색 식용색소

**| 필링**

크림 제거한 오레오 쿠키 6개

**| 데코레이션**

오레오 쿠키, 별 모양 스프링클(시판 제품)

**| 도구**

15cm 원형 케이크 팬, 저울, 믹싱볼, 실리콘 주걱,
블렌더, 가루체, 핸드믹서, 붓, 일자 스패출러,
L자 스패출러, 윌튼 1M 깍지, 짤주머니

## 참고하세요

*1 p.81 공립법 제누와즈 / 박하사탕 초코 제누와즈

*2 p.261 박하사탕 생크림

*3 p.351 다크 초콜릿 가나슈 드립

**미리 할 일**

1–2   박하사탕을 옥수수 전분과 함께 블렌더에 곱게 간 후, 가는 체에 덜 갈린 덩어리는 거르고 고운 박하사탕 가루
　　　를 준비해 두세요.

　　　**Tip** 박하사탕은 민트 에센스 함량이 높고 쓴맛이 적은 것으로 준비해 주세요.

3   8∼9개의 오레오 쿠키 속 크림을 제거하고 그중 21g은 가루 내어 준비하세요.

4   냄비에 박하 초코 시럽 재료를 모두 넣고 끓여 준 후 완전히 식혀 주세요.

5   박하사탕 초코 제누와즈를 1.5cm 두께로 슬라이스하여 3장 준비합니다.

6   윌튼 1M 깍지를 짤주머니에 끼워 준비해 주세요.

7-8    냉동실에 35~40분 동안 넣어 두어 차가운 생크림에 박하사탕 가루를 넣고 60%까지 휘핑하세요.

9      아이싱용으로 140g만 덜어 내서 랩을 씌워 냉장고에 넣어 두세요.

10     덜어 내고 남은 생크림(약 220g)은 샌딩용으로 95%까지 휘핑해 주세요.

박하사탕 오레오 생크림

11-12  '10'의 박하사탕 생크림에 오레오 쿠키 가루를 넣고 섞어 주세요.

       **Tip** 쿠키 가루를 섞을 때는 휘핑한 생크림의 볼륨이 무너지지 않도록 주걱으로 조심스럽게 섞어 주세요.

510 / 511

## 아이싱 & 데코레이션

13   박하사탕 초코 제누와즈 시트 1장을 돌림판에 올리고 박하 초코 시럽을 바른 후 '12'의 박하사탕 오레오 생크림을 약 30g 올려 바릅니다.

14-15   위에 크림을 제거한 오레오 쿠키 1겹을 올려 배열해 준 후 65g의 크림을 올려 펴 바릅니다.

   * 한 단에 약 95g의 박하사탕 오레오 크림이 필요해요.

16   두 번째 시트를 올리고 1단과 같은 방법으로 2단을 완성하세요.

17-18   세 번째 시트를 올리고 시럽을 바른 뒤 나머지 생크림으로 애벌 아이싱을 하고, 냉장실에 10~15분간 넣어 두어 차게 해 주세요.

19   '9'의 덜어 둔 아이싱용 생크림 140g에 민트색 식용색소를 넣고 85%까지 휘핑하세요.

20-21   애벌 아이싱한 케이크에 마무리 아이싱을 해 주세요. 아이싱을 마친 케이크는 냉동실에 15분 동안 넣어 두어서 아주 차갑게 준비하세요.

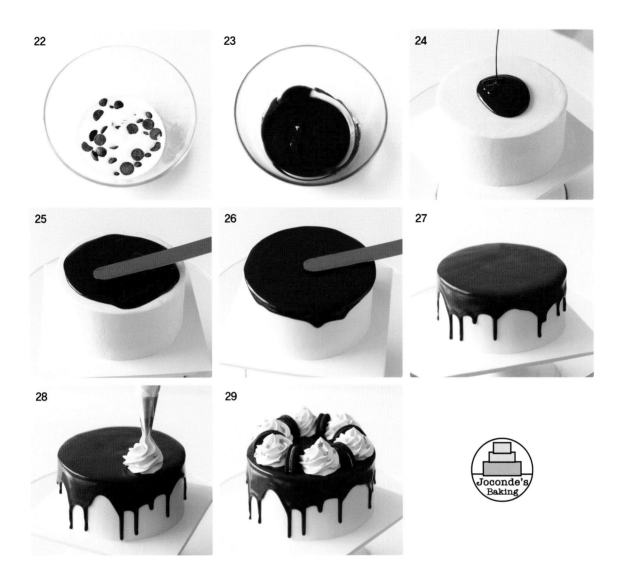

22-23 그 사이 다크 초콜릿에 80℃로 데운 생크림을 붓고 잠시 기다렸다가 초콜릿이 부드러워지면 잘 녹여 가나슈를 만들고 식혀 주세요.

24 냉동실에 있던 케이크를 꺼내 오세요. 가나슈의 온도가 34℃~35℃가 되면 중앙에 모두 부어 주세요.

25 돌림판을 돌리면서 스패츌러로 가나슈를 케이크 가장자리 쪽으로 밀어내 펼쳐 주세요.

26-27 가나슈가 전체적으로 다 덮이면 스패츌러 끝을 케이크 중앙에 위치하고. 스패츌러의 날은 수평으로 유지하세요. 이때 날 앞쪽은 아주 조금 벌리고 날 뒤쪽은 가나슈 위에 살짝 얹어 주세요. 그 상태에서 반대 손으로 돌림판을 돌려 주면, 스패츌러가 가나슈를 가볍게 밀어 주게 돼 케이크 아래로 흐를 거예요. 가나슈가 옆면으로 1~1.5cm 내려올 때쯤 스패츌러를 케이크 바깥쪽(돌림판이 도는 반대 방향)으로 부드럽게 이동하면서 떼 주세요. 이때 수평을 끝까지 유지해야 돼요. 가나슈는 저절로 계속 흘러내릴 거예요. 가나슈가 흐르는 것이 멈추면 냉장실에 넣어 굳혀 주세요.

28 파이핑용 생크림을 85% 정도 휘핑한 후, 윌튼 1M 깍지를 끼운 짤주머니에 넣고 아이스크림 콘 모양으로 6군데에 짜 주세요.

29 별모양 스프링클을 뿌려 주고 사이사이에 오레오 쿠키를 올려 장식해 주세요.

# Red Velvet Cake in White Chocolate

## 화이트 초콜릿을 입은 레드벨벳 케이크

# Red Velvet Cake in White Chocolate

조꽁드 레드벨벳 케이크 레시피를 영상에서 본 분들 계신가요? 전 아주 쉬운 방법으로 간단하지만 완벽한 시트 만드는 방법을 제안 드렸는데요, '시트'편에 자세하게 설명해 드렸으니 확인해 주세요. 여기서 짧게 힌트 한가지만 말씀드리면 반죽에 들어가는 사워크림 이 가장 중요해요. 대체는 가능하지만 가능하다면 꼭 지켜 주시길 바라요.

이 완벽한 시트에 전 화이트 모델링 초콜릿으로 장식을 했어요. 사 진으로 보시면 "너무 어려울 것 같아"라고 생각할 수도 있지만 레시 피대로 해 보면 결코 어렵지 않아요. 대신 너무나도 고급지고 맛있 는 케이크가 완성되지요. 한번만 맛 보면 제 레시피의 진가를 알게 되실 거예요. 장담합니다!

 ★ ★ ★

🔔 냉장보관(3일)

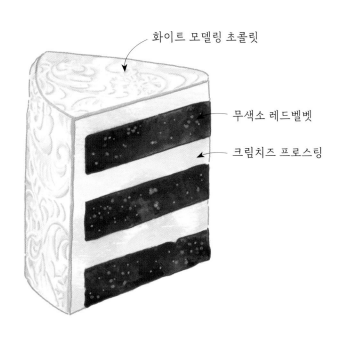

화이트 모델링 초콜릿

무색소 레드벨벳

크림치즈 프로스팅

**l 시트**

무색소 레드벨벳 스펀지*1
(15cm)

**l 크림치즈 프로스팅**

크림치즈 270g, 생크림 270g, 설탕 43g,
바닐라 익스트랙 6g

**l 시럽**

물 60g, 설탕 15g, 리몬첼로 7g

**l 데코레이션**

화이트 모델링 초콜릿*2, 생화 장미 꽃잎,
미로와*3 또는 물엿 소량

**l 도구**

15cm 원형 케이크 팬, 저울, 믹싱볼, 실리콘 주걱,
핸드믹서, 붓, 스패출러, 유산지, 806호 원형깍지,
엠보싱 롤링핀

*1 p.108 별립법 스펀지 / 무색소 레드벨벳 스펀지

*2 p.295 화이트 모델링 초콜릿

*3 미로와(Miroir)란 과일 등의 변색을 막는 코팅제이면서 케이크에 윤광을 주기 위해 사용하는 광택제입니다.

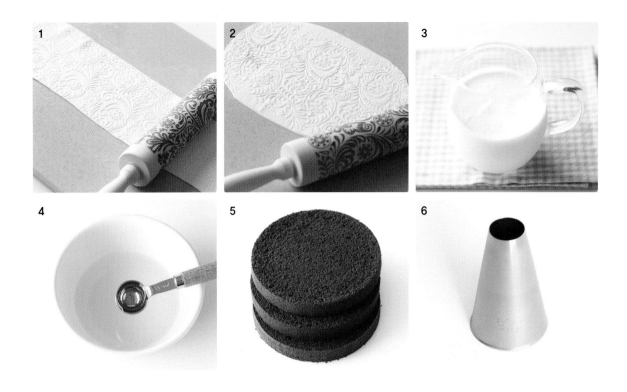

1-2 하루 전날 화이트 모델링 초콜릿을 만들고, 케이크 만들기 직전에 엠보싱 롤링핀으로 3mm 두께로 길게 밀어
펴 후 냉장고에 보관해 두세요. * p.292 모델링 초콜릿 / 모델링 초콜릿 엠보싱 원단 참고

**Tip** 길이가 긴 모델링 초콜릿을 냉장보관할 때는 케이크 크기로 둥글게 말아 세워 놓으면 된답니다.

3 크림치즈 프로스팅 재료 중 생크림만 계량컵에 담아 냉동실에 20~25분간 넣어 두어 약간의 살얼음이 생긴 상
태를 만들어 주세요.

4 시럽 재료 중 물과 설탕을 냄비에 넣고 끓여 준 후. 한김 식으면 리몬첼로를 넣고 완전히 식혀 주세요.

5 무색소 레드벨벳 스펀지를 2cm 두께로 슬라이스하여 3장을 준비해 주세요.

6 806호 원형깍지를 짤주머니에 끼워 준비해 주세요.

## 크림치즈 프로스팅

7-8   크림치즈에 설탕과 바닐라 익스트랙을 넣고, 주걱으로 크림치즈를 덩어리가 없이 부드럽게 풀어 주세요.

9-10   '3'의 아주 차가운 생크림을 1/3만 붓고 생크림이 균일하게 섞일 정도로만 휘핑해 주세요.

11-12  나머지 생크림을 모두 붓고 60% 정도까지 휘핑해 주세요.

13   휘핑한 크림 중 아이싱용으로 150g만 덜어서 랩을 씌워 냉장실에 넣어 두세요.

14   나머지 크림은 샌딩용으로 95%까지 휘핑하세요.

Joconde's Baking

## 아이싱 & 데코레이션

**15-17** 레드벨벳 스펀지 시트 1장을 돌림판 위에 올리고 시럽을 바른 후, 크림치즈 프로스팅을 둥글게 짜 주고, 스패출러로 윗면과 옆면을 깔끔하게 마무리해 주세요. * 한 단에 크림치즈 프로스팅이 160g 정도 필요해요.

> **More** 여기서 크림을 깍지로 짜는 이유는 좀 더 높이감 있는 레이어를 만들기 위해서랍니다.
> 크림을 넣은 짤주머니를 손으로 오래 만지면 크림이 버글거릴 수 있으니 최대한 신속하게 짜 주세요.

**18** 두 번째 시트를 올리고 시럽을 바른 후 1단과 같은 방법으로 완성해 주세요.

**19-20** 세 번째 시트를 올리고 시럽을 바른 후 나머지 크림으로 애벌 아이싱을 해 주세요. 그리고 케이크를 냉장실에 10~15분 동안 넣어 두어 차게 해 주세요.

**21-22** 남겨 둔 200g의 크림을 85%까지 휘핑한 후, 애벌 아이싱한 케이크에 마무리 아이싱을 해 주세요.
아이싱을 마친 케이크의 지름과 높이를 정확하게 측정해 두세요. 아이싱을 마친 케이크는 냉동실에 1시간 정도 넣어 두어서 아주 차갑게 준비하세요.

> **More** 냉동실에 케이크를 넣어 두어 크림치즈 프로스팅이 얼게 되면 표면이 쭈글거릴 수 있어요. 데코레이션을 마치면 큰 문제가 없으니 안심하세요.

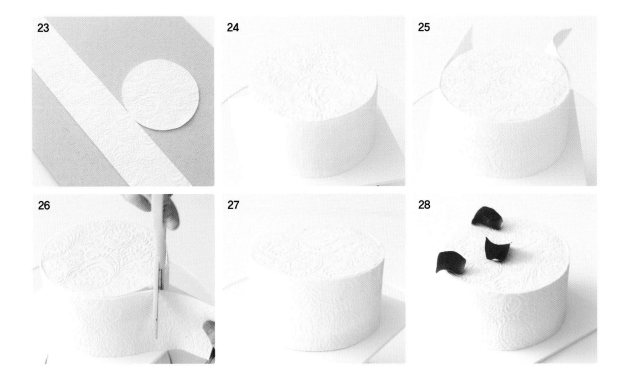

**23-24** '1', '2'의 모델링 초콜릿으로 측정해 둔 수치에 맞게 케이크 옆면의 띠와 윗면의 원을 재단하세요. 띠는 길이에
여유분을 더하여 만들어 주세요.

> **Tip**  저의 경우 높이 9.5cm, 길이 48.67(+α)cm인 띠와 지름 15.5cm인 원을 재단했어요. 케이크의 둘레 길이는 케
> 이크 지름×3.14로 계산하세요.

**25** 얼려 두어 단단한 케이크 위에 원형의 모델링 초콜릿을 올려 주세요. 그리고 케이크 옆면에 띠를 둘러 주세요.

> **More**  올리기 전에 정말 높이를 잘 잘랐는지 한번 더 확인하고 진행하세요. 띠를 두를 땐 너무 느슨해지지 않게 타
> 이트하게 붙여 주세요.

**26** 띠가 1cm 정도 겹칠 만큼만 제외하고 나머지는 가위로 잘라 냅니다. 겹치는 부분은 손으로 몇 번 지그시 문질
러 주세요.

**27-28** 장미 꽃잎에 미로와 등을 바르고 케이크에 붙여 장식해요.

# Brown Butter
# Carrot Cake

당근 케이크는 당근을 안 먹는 사람도 흡입하게 되는 매력이 있지요. 이 당근 케이크는 제가 가장 좋아하는 케이크 중 하나인데요. 그동안 제 유튜브 채널을 통해서 많은 분들이 만들어 보시고 극찬을 아끼지 않았던 레시피랍니다. 이 책에서는 원 레시피를 살짝 보완하여 완벽하게 만들어 소개해 드리려고 해요.

이 케이크 맛의 포인트는 브라운 버터입니다! 버터를 끓여서 고소한 맛을 최대한 끌어올린 후 반죽에 넣어 보세요. 그 풍미는 상상 이상이랍니다. 흔한 당근 케이크에 혼을 불어 넣었달까요? 아마 첫 입에 깜짝 놀라실 거예요. 거기에 살짝살짝 씹히는 호두는 식감을 밋밋하지 않게 해 준답니다. 한번 조꽁드 레시피를 믿고 그대로 만들어 보시길 강추합니다!

⊙ ★ ☆ ☆
🍽 냉장보관(3일)

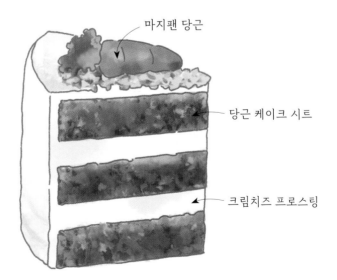

마지팬 당근

당근 케이크 시트

크림치즈 프로스팅

l 당근 케이크(지름 15cm)

달걀 110g, 설탕 110g, 꿀 30g, 바닐라 익스트랙 2g,
버터 60g, 식용유 50g, 박력분 150g, 시나몬 가루 2g,
베이킹파우더 4g, 베이킹소다 1g,
당근 150g, 다진 호두 20g, 간 호두 50g

l 크림치즈 프로스팅

크림치즈 284g, 생크림 180g, 슈가파우더 72g
레몬즙 8g, 레몬 제스트 3g

l 데코레이션

구운 호두 분태 20~25g, 마지팬 당근*1

l 도구

15×7cm 원형팬, 저울, 믹싱볼, 실리콘 주걱,
손거품기, 채칼, 핸드믹서, 스패출러, 807호 원형깍지,
삼각 스크래퍼

*1 p.309 마지팬 당근

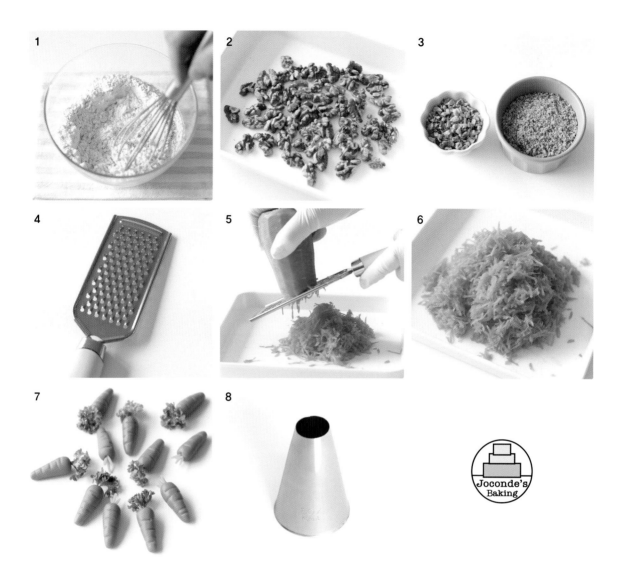

1    당근 케이크 재료 중 박력분, 시나몬 가루, 베이킹파우더, 베이킹소다를 함께 거품기로 골고루 섞어 두세요.

2-3    당근 케이크 재료 중 호두 70g을 160℃로 예열한 오븐에 6분간 로스팅한 후 식혀 주세요.
그중 20g은 5mm 크기로 다지고 나머지 50g은 모래알 굵기로 갈아서 준비해요.

4-6    채칼의 크기가 3~5mm 정도 되는 것으로 당근을 채 썰어 주세요. 사용 전까지 랩을 씌워 마르지 않도록 하세요.

      More  1. 당근 케이크 반죽의 모든 재료는 미리 상온에 놓아 두어 찬기가 없도록 준비하세요.
         2. 당근을 너무 작게 채썰거나 갈아 버리면 수분이 너무 많이 나와서 시트가 떡진 질감이 될 수 있고, 너무 굵으면
(5mm 이상) 완성한 케이크가 잘 부서질 수 있으니 주의하세요.

7    당근 모양 마지팬을 만들어 주세요.

8    807호 깍지를 짤주머니에 넣어 준비해요.

## 브라운 버터

9-10 냄비에 깍둑 썬 버터 60g을 넣고 중불에 끓여 주세요. 버터가 다 녹은 후, 잔 거품이 생기고 자글자글 소리가 나면서 끓기 시작할 거예요. 이때 불을 약간 줄여 주세요.

11 시간이 지나면 잔 거품이 더욱 많이 생기다가 다시 조금씩 줄어들고, 소리도 잦아들게 돼요. 동시에 냄비 주변 테두리부터 갈색의 가루가 생겨요.

12 거품이 잦아들면서 바닥까지 갈색 가루가 생기면 불을 끄세요.

> **Tip** 이때 버터는 골든 브라운 색이 되고 고소한 냄새가 진동한답니다. 바닥에 그을음 가루가 생기기 시작하면 불을 끄세요. 불을 꺼도 냄비의 잔열로 브라우닝은 계속 진행될 거예요. 그러니 너무 많이 태우지 않게 조심하세요.

13-14 불을 끄자마자 체에 걸러 주세요. 많이 굵은 탄 가루만 버리고 나머지는 모두 사용해요.
브라운 버터는 상온에 놔두어 60℃까지 식힙니다.

> 브라운 버터란?
> 버터를 끓여서 태운 버터를 브라운 버터라고 해요. 이때 풍미가 더욱 좋아지고 고소한 너트향이 나기 때문에 '헤이즐넛 버터'라고도 불러요. 버터를 끓이면 수증기가 빠져나가는 과정에서 잔 거품이 끓어 오르고, 음식 튀기는 것 같은 소리가 나요. 수증기가 다 빠져나가면 거품이 잦아들게 되고 소리도 줄어들어요. 동시에 냄비 주변부터 갈색 가루 같은 것이 생기는 데, 비교적 빠르게 갈색으로 변하게 돼요. 이 가루는 유고형분(Milk Solid)이 그을려서 생긴 거예요. 바로 마이야르 반응(Maillard reaction)에 의해 나타나는 것이죠. 이것이 브라운 버터에서 너트 아로마(Nut Aroma)가 느껴지는 이유예요. 만일 탄 갈색 가루가 많다고 다 걸러 내 버리면 이 고소한 풍미가 줄어들어요. 그렇지만 너무 많이 태우지는 않도록 조심하세요.

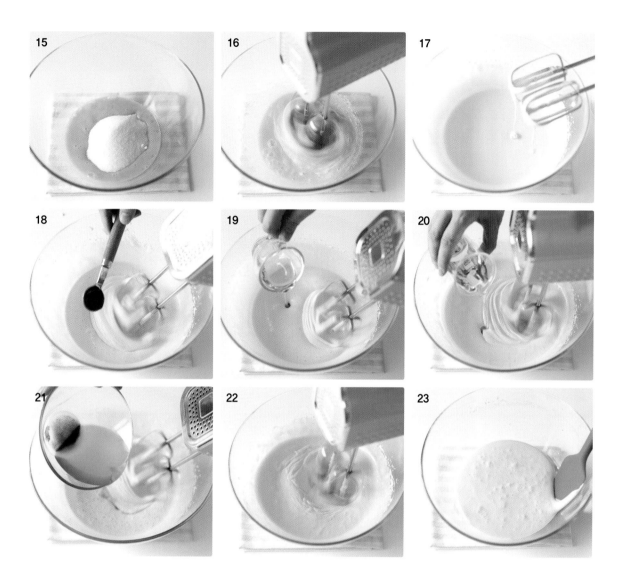

## 당근 케이크 반죽

먼저 오븐을 예열하세요. * p.9 '오븐 온도 찾기' 참고

실제 온도계 기준 170℃ / 컨벡션 오븐 160℃ / 열선오븐 180℃로 20분 이상 예열하세요.

15    큰 볼에 상온의 달걀을 풀어 주고 설탕을 넣어 섞어 주세요.

16-17  핸드믹서 고속으로 5분간 달걀의 부피가 커지고 거품이 조밀하고 뽀얗게 변할 때까지 휘핑해 주세요.

18-19  핸드믹서를 저속으로 바꾸고 바닐라 익스트랙과 꿀을 넣으면서 계속 휘핑해 주세요.

20    그다음 식물성 오일을 조금씩 부으면서 계속 휘핑해요.

21    이어서 따뜻한 브라운 버터를(60℃) 조금씩 넣으면서 휘핑해요. 이렇게 액체 재료를 섞는 과정을 1분 안에 해
      주세요.

22-23  마지막으로 전체적으로 20초 정도 휘핑한 후 주걱으로 볼 주변의 반죽을 깨끗이 훑어 정리해 주세요.

24-25 '23'에 '1'의 미리 섞어 둔 가루 재료를 체에 치면서 넣고 주걱으로 섞어 주세요. 날가루가 보이지 않을 만큼 섞이면 볼 주변을 훑어 정리해 주세요.

26-27 채친 당근과 굵은 호두와 간 호두 모두 넣고 주걱으로 섞어 주세요. 항상 볼 주변에 묻은 덜 섞인 반죽을 훑어가면서 섞는 것을 잊지 마세요.

28 모든 재료가 완전히 섞이고 나면, 10회 정도 더 섞은 후 마무리해 주세요.

29 그리고 반죽을 지름 15cm 높이 7cm인 원형팬에 부어 주세요.

30-31 케이크가 부풀 때 윗면이 깨끗하게 터지도록 작은 나이프나 꼬치 끝에 식물성 오일을 묻혀서 반죽에 칼집을 내주세요.

32 예열한 오븐에서 50~55분간 구워 주세요. 다 구운 후 바로 팬에서 분리하고 식힘망에 올려 완전히 식혀 주세요.

## 크림치즈 프로스팅

33      생크림은 미리 계량컵에 담아 냉동실에 20분 동안만 넣어 두어 살얼음이 살짝 끼도록 해 주세요.

34      레몬 제스트를 갈아 낸 후 다시 더 곱게 다져서 준비해요.

35-36 휘핑볼에 차가운 크림치즈와 슈가파우더를 넣고 휘핑해 주세요.

37      휘핑볼 아래에 얼음 볼을 받친 후, 차가운 생크림을 두 번에 나누어 넣으면서 60%*까지 휘핑해 주세요.
        * p.232 '휘핑하기' 참고

38-39 그중 아이싱용으로 200g을 덜어서 랩을 씌운 후 냉장고에 넣어 두세요. 나머지 크림은 샌딩용으로 95%까지 휘핑해요.

40      가장 마지막에 레몬즙과 레몬 제스트를 넣어 주세요.

41      주걱으로 전체적으로 고르게 섞어 주세요. 그리고 크림 중 약 290g을 807호 원형깍지를 끼운 짤주머니에 담아 주세요.

42      당근 케이크를 2cm 두께로 슬라이스해 3장을 준비해 두세요.

> **Tip** 당근 케이크는 반죽에 입자가 비교적 굵은 호두와 당근 채가 들어가기 때문에 굽자마자 식혀서 바로 슬라이스
> 하면 쉽게 부서질 수 있어요. 하루 전에 구워 랩을 밀착하여 감싼 후 상온 또는 냉장고에 놓아 두었다가, 사용할 때
> 슬라이스하는 것이 좋아요. 케이크가 더 촉촉해지고 부스러기가 덜 생겨요. 슬라이스한 후에는 시트를 한 손으로 집
> 어들지 말고 두 손으로 들거나 손이나 스패출러로 아래를 받쳐서 들어 주세요.

43-44   케이크 시트 한 장을 돌림판에 올리고 동그랗게 짜서 크림을 채워 주세요.

  * 한 단에 약 140~145g의 크림이 필요해요

45      두 번째 시트를 올리고 1단과 같은 방법으로 2단을 완성하고 세 번째 시트를 올려 주세요.

46      남은 크림으로 애벌 아이싱을 한 후 10~15분간 냉장고에 넣어서 차게 해 주세요

47-48   남겨 둔 크림 200g으로 아이싱하되 테두리에 솟은 댐 부분은 깎아서 정리하지 말고 남겨 두세요.

49      옆면을 삼각 스크래퍼를 이용해 줄무늬를 내 주세요.

50      호두 분태와 마지팬 당근으로 장식하세요.

# Sacher Torte

드디어 자허토르테 레시피까지 왔습니다. 조꽁드의 자허토르테 레시피는 너무나도 유명하죠. 그만큼 제가 자신 있게 소개드려요.

조꽁드의 자허토르테는 오리지날 레시피를 기반으로 아주 약간씩만 변화를 주었어요. 뭔가 크리스마스, 연말과 가장 잘 어울리는 케이크라고 생각지 않으신가요?

이 케이크 영상에서 구독자 분들의 다양한 댓글이 재밌었는데요, 그중 가장 많은 것이 '놀랍다'라는 반응이었어요. 이렇게 훌륭한 케이크가 레시피대로만 한다면 따라할 수 있고, 따라했더니 맛도 '놀랍다' 정도가 아니었을까 싶어요. 그만큼 부드러운 시트와 너무나도 잘 어울리는 살구 시럽과 다크 초콜릿 가나슈는 as good as it gets!!

🎯 ★ ☆ ☆

냉장보관(3일)

다크 초콜릿 가나슈

자허 스펀지

살구 퓨레

## 준비하세요

**I 자허 스폰지(지름 15cm)**

버터 65g, 슈가파우더 30g, 다크 초콜릿 60g,
달걀노른자 60g, 달걀흰자 95g, 설탕 60g,
박력분 50g, 코코아 가루 13g

**I 다크 초콜릿 가나슈**

다크 초콜릿 90g, 생크림 90g, 버터 9g

**I 살구 퓨레**

시판 살구잼 160g, 물 15g

**I 살구 시럽**

뜨거운 살구 퓨레 30g, 뜨거운 물 20g

**I 데코레이션**

초콜릿 도장*1

**I 도구**

15×7cm 원형팬, 저울, 믹싱볼, 실리콘 주걱,
손거품기, 핸드믹서, 케이크 돌림판, 스패츌러

## 참고하세요

*1 p.280 초콜릿 스탬프

먼저 오븐을 예열하세요.  * p.8 '오븐 온도 찾기' 참고

실제 온도계 기준 170℃ / 컨벡션오븐 160℃ / 열선오븐 180℃로 20분 이상 예열하세요.

1    미리 박력분과 코코아 가루를 섞어 체쳐 두세요.

2    다크 초콜릿 60g을 뜨거운 물에 중탕으로 잘 녹여 주세요. 35℃까지 식혀서 사용해요.

3    상온의 부드러운 버터를 핸드믹서 중속으로 부드럽게 풀어 주세요.

   Tip    계량한 버터는 상온에 놓아 두어 부드러운 상태로 사용해요. 손가락으로 눌러 보면 저항감 있게 움푹 들어가
         요. 버터의 표면 온도는 20~22℃가 적당해요.

4-5   잘 풀어진 버터에 슈가파우더를 넣고 중속으로 1분간 휘핑해 충분히 크림화해 주세요.
      중간중간 볼 주변을 주걱으로 훑어 깨끗하게 정리해 주는 것을 잊지 마세요.

6-7   달걀노른자를 풀어 조금씩 3~4번에 나누어 부으면서 계속 휘핑해 주세요.

8-9   '2'의 미지근하게 녹인 초콜릿(35℃)을 넣고 휘핑해 주세요.

10-11 핸드믹서 중속으로 달걀흰자에 설탕을 3번에 나누어 넣으면서 머랭 끝이 부드럽게 휘어지는 부드러운 머랭을
만들어요.  * p.85 '머랭 만들기' 참고

   Tip  여기서 달걀흰자는 8°~12℃의 찬기가 있는 것으로 사용하세요. 그래야 머랭이 푸석해지지 않아요. 푸석한 머
   랭은 버터 반죽과 섞으면 급속도로 꺼지게 돼요. 또 거품 입자가 커서 스폰지 시트에 너무 많은 공기주머니를 만들
   수 있답니다.

12-13 '9'의 반죽에 머랭을 1/3만 넣고 주걱으로 머랭 자국이 살짝 남아 있을 때까지만 섞어 주세요.

14-15 '1'의 체 쳐 둔 박력분과 코코아 가루를 다시 체에 치면서 넣고 잘 섞어 주세요.

16-18 반죽에 나머지 머랭을 모두 넣고 완전히 섞어 주세요. 중간중간 볼 주변과 바닥을 깨끗이 훑어 주는 것을 잊지
마세요.

19  반죽을 팬에 붓고 예열한 오븐에 45분간 구워 주세요.

20-21  다 구운 후 바로 팬에서 분리하고 식힘망에 올려 식혀 주세요. 완전히 식으면 2cm 두께로 슬라이스해 주세요.

22  살구 퓨레 재료 중 살구잼에 물을 넣고 전자레인지에 돌려 끓기 전(80℃)까지 데워 주세요.

23  블렌더로 곱게 간 후 퓨레를 만들어 줍니다. 35℃까지 식혀 주세요.

24  살구 퓨레 중 30g을 덜어 뜨거운 물 20g을 섞어서 살구 시럽을 만들어 두세요.

25  케이크 돌림판 위에 자허 스펀지 크기보다 작은 팬을 엎어 놓고 그 위에 시트를 올린 후 시럽을 적셔 주세요.

26-27  '23'의 살구 퓨레를 1/3 정도만 올리고 펴 발라 주세요.

28-29　두 번째 시트를 올리고 시럽을 바른 후 남은 살구 퓨레를 모두 부어 주세요.
　　　　윗면에 골고루 펴 바르고 옆으로 흘러내린 퓨레를 매끈하게 펴 발라 정리해 주세요.

30　　　퓨레의 표면이 안정되고 살짝 굳을 때까지 냉장고에 넣어 두세요.

## 다크 초콜릿 가나슈

31-33　작은 볼에 다크 초콜릿과 생크림을 넣고 뜨거운 물을 받쳐 중탕으로 초콜릿을 녹여 주세요. 바로 버터를 녹이고
　　　　잘 섞어 준 후 중탕에서 내리고 식혀 주세요.

　　　　Tip　가나슈의 온도가 너무 높아지지 않게 하세요. 버터가 다 녹으면 바로 중탕에서 내리고 유화가 잘 되도록 꼼꼼
　　　　하게 저어서 매끄러운 가나슈를 만들어 주세요.

34-35　가나슈가 38°~39℃가 되면 케이크 위에 부어 주세요. 옆으로 자연스럽게 흘러내리도록 놓아 둔 후 더 이상 뚝
　　　　뚝 흐르지 않을 때 케이크 아랫부분에 맺힌 가나슈를 스패출러로 깔끔하게 정리해요.

36　　　초콜릿 도장을 올려 마무리해요.

Opéra Cake

# 오페라 케이크

# Opéra Cake

조꽁드 케이크 레시피의 마지막은 모두가 사랑하는 오페라 케이크 예요. 이 케이크는 1955년 메종 달루와요의 파티시에 시리아크 가비 용이 처음 선보였는데 이때 매장이 파리 오페라 극장 근처에 위치했 었고, 시리아크의 아내가 앙트르샤(Entrechat) 발레 동작을 하던 오 페라의 프리마돈나와 무용수들에게 헌정하는 뜻으로 이 케이크에 오페라(Opéra)라는 이름을 붙였다고 해요.

이 오페라 케이크는 파타 봄브 크림을 넣은 프렌치 버터크림으로 만들었어요. 이는 농후하면서도 부드러운 크림으로 오페라 케이크 의 맛을 더 깊고 우아하게 만들어 준답니다. 또한 오페라 케이크로 서 딱 좋은 단맛을 내기 위해 여러번 테스트 하여 완성했답니다. 맛 을 보면 여러분도 이 오페라 케이크와 사랑에 빠질 거예요.

저를 믿고 오페라 케이크 레시피를 보고 꼭 한번 만들어 보시길 추 천드려요!

★ ★ ★

냉장보관(3일)

초콜릿 코팅

커피 버터크림

아몬드 비스퀴 조콩드

커피 시럽

다크 초콜릿 가나슈

**| 시트**

아몬드 비스퀴 조콩드*1

**| 커피 버터크림**

달걀노른자 70g, 설탕 82g, 물 33g,
차가운 버터 176g, 커피 농축액 전량

**| 다크 초콜릿 가나슈**

다크 초콜릿 110g, 생크림 110g

**| 커피 시럽**

에스프레소 94g, 설탕 25g, 깔루아 6g

**| 커피 농축액**

인스턴트커피 가루 5g, 뜨거운 물 7g, 깔루아 7g

**| 초콜릿 코팅**

다크 초콜릿 130g, 식물성 오일 19g

**| 도구**

1/2 빵팬(39×29cm), 믹싱볼, 브러시, 실리콘 주걱,
핸드믹서, 스패츌러, 895호 바구니깍지,
804호 원형깍지

*1 p.137 아몬드 비스퀴 조콩드

1 커피 시럽 재료 중 뜨거운 에스프레소에 설탕을 녹이고 깔루아를 추가한 후 식혀 주세요.

2 커피 농축액 재료 중 뜨거운 물에 인스턴트커피 가루를 녹이고 깔루아를 추가한 후 식혀 주세요.

3 아몬드 비스퀴 조콩드를 구워 3등분하여 12×26cm 크기 시트 3장을 준비해요.
사용 전까지 마르지 않게 비닐을 덮어 두세요.

4-5 다크 초콜릿과 생크림을 중탕으로 데워요. 초콜릿이 부드러워지면 주걱으로 계속 저으면서 초콜릿을 녹이고 매끄럽게 유화시켜 주세요. 상온에서 완전히 식혀 주세요

> **More** 가나슈는 상온에 두어서 자연스럽게 굳도록 기다려 주세요. 상온에서 사용하기 적당한 굳기가 되기까지는 약 2시간 걸려요. 만일 빨리 식혀야 할 경우라면 냉장고에 넣어 두되 중간중간 꺼내어 표면과 속의 질감과 온도가 균일해 지도록 수시로 저어 주세요. 가나슈는 너무 되직하지 않아야 펴 바르기 쉬워요.

6 895호 바구니깍지, 804호 원형깍지를 짤주머니에 넣어 준비해 주세요.

## 커피 버터크림

**7-9**   먼저 파타 봄브를 만들 거예요. 달걀노른자를 핸드믹서 고속으로 부피가 증가하고 뽀얗게 될 때까지 휘핑해요. 그리고 잠시 놓아 두세요.

**10-11**   냄비에 설탕과 물을 넣어 끓여 주세요. 설탕이 모두 녹고 시럽이 118℃ 정도가 되면 불에서 내려요.

**12**   곧바로 '9'의 노른자를 다시 휘핑을 시작하면서 동시에 뜨거운 시럽을 조금씩 졸졸졸 흘려 넣으세요.

> **Tip**   시럽이 118℃에 도달하자 마자 휘핑한 노른자에 조금씩 흘려 주세요. 단, 거품날에 닿지 않도록 주의하세요.
> 시럽이 사방으로 흩어지고 굳어 버리기 때문에 시럽양에 손실이 생겨요.   * p.222 '파타 봄브 시럽메소드' 참고

**13**   시럽을 다 부은 후 고속으로 계속 휘핑하다가 볼 아랫부분을 손으로 만져 보아 미지근해질 때 멈추세요. 사진 속 완성된 파타 봄브의 질감을 참고해 주세요.

**14**   2cm 크기 큐브 모양으로 자른 차가운 버터를 2~3 조각씩 넣으면서 중속에서 휘핑하세요.
앞서 넣은 버터가 다 섞이면 조금씩 계속 추가하는 식으로 반복해 주세요.

**15**   버터를 다 넣으면 2분 동안 휘핑해 주세요. 중간중간 주걱으로 볼 주변을 깨끗하게 훑어 덜 섞이는 부분이 없도록 해 주세요.

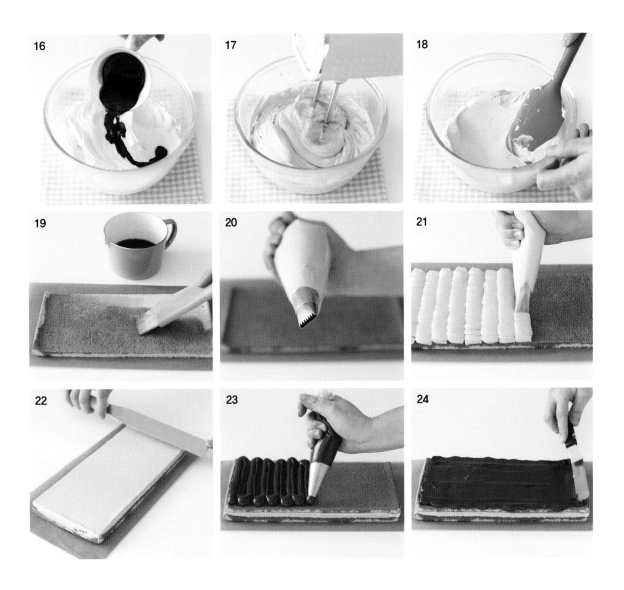

16-18 '15'에 '2'의 커피 농축액을 추가하고 중속에서 1분, 그다음 저속에서 2분 동안 천천히 휘핑해 주세요. 주걱으로
       볼 주변을 깨끗이 훑어주고 몇차례 섞어 마무리해 주세요.


**어셈블**

19      '3'의 아몬드 비스퀴 시트를 한 장 놓고 '1'에서 만들어 둔 커피 시럽 중 1/3을 시트에 듬뿍 발라 주세요.

20      바구니깍지를 끼운 짤주머니에 커피 버터크림을 넣어 주세요.

21-22  깍지의 톱니 부분이 아래로 가게 잡고 커피 버터크림의 1/2을 시트 위에 가지런히 짜 주세요.
       다 짠 후 스패츌러로 평평하게 펴주세요.

23      두 번째 비스퀴 시트를 올리고 남은 커피 시럽의 1/2을 충분히 적신 후, '5'의 다크 초콜릿 가나슈 전량을 균일
       하게 짜서 덮어 주세요.

24      스패츌러로 평평하게 펴 주세요.

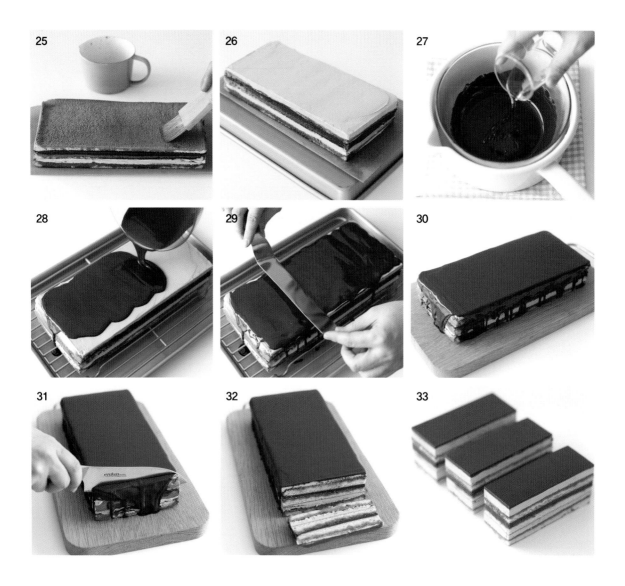

25    세 번째 비스퀴 시트를 올리고 남은 커피 시럽을 모두 적셔 주세요.

26    그 위에 남은 버터크림을 모두 짜 올린 후 평평하세 발라 주세요. 냉장고에 넣어서 굳혀 주세요.

27    초콜릿 코팅 재료 중 다크 초콜릿을 중탕으로 녹여 주세요. 여기에 식물성 오일을 넣고 매끄럽게 잘 섞어 주세요. 그리고 32℃까지 식혀 주세요.

28–29  오븐팬에 식힘망을 올리고 위에 차게 굳힌 케이크를 올려 놓아요. 가나슈(32℃)를 케이크 위에 골고루 부어 주고 곧바로 스패출러로 얇게 코팅되도록 밀어 펴 주세요.

30    가나슈가 더이상 흐르지 않을 때 다시 냉장고에 넣어서 굳혀 주세요.

31–32  가나슈가 완전히 굳으면 따뜻하게 데운 칼로 사방의 테두리를 깔끔하게 잘라 주세요.

33    4×10cm(가로×세로) 크기의 조각 6개로 잘라서 완성하세요.

# Joconde
## Cakery

## Joconde Cakery
# 조꽁드 케이커리 | 생크림 케이크

**1판 1쇄 발행**  2024년 5월 25일

**저  자** | 조꽁드 허혜원
**발행인** | 김길수
**발행처** | 영진닷컴
**주  소** | (우)08507 서울특별시 금천구 가산디지털1로 128
　　　　　STX-V타워 4층 401호
**등  록** | 2007. 4. 27. 제16-4189호

ⓒ 2024. (주)영진닷컴
ISBN | 978-89-314-6782-6

YoungJin.com **Y.**
영진닷컴